职业教育农业农村部"十四五"规划教材

# 宠物
# 护理与保健

王丽华 卓国荣 主编

中国农业出版社
北京

# 内容简介 ✂

　　宠物护理与保健是高等职业院校宠物养护与驯导专业学生必修的核心课程。本教材由行业企业专家与院校教师共同开发，编写时将工作岗位所需的知识与技能纳入其中，并与职业资格对接，实用性与技能性强。

　　本教材内容包括宠物犬的护理与保健、宠物猫的护理与保健、观赏鸟的护理与保健、异宠的护理与保健4个项目。每个项目包含若干学习任务，每个任务有明确的学习内容，任务后有分析与思考题。

　　本教材结构合理，内容紧凑，图文并茂，通俗易懂，可作为职业院校畜牧兽医类、动物医学类及宠物相关专业的教学用书，以及宠物护理与保健相关岗位的培训用书，也可供广大宠物医护人员及宠物爱好者参考、阅读。

## 编审人员名单

主　编　王丽华　卓国荣

副主编　李凤玲　王清艳　杨宏琴

编　者　(以姓氏笔画为序)

王丽华　王清艳　李凤玲　杨宏琴

陈　滨　陈爱凤　卓国荣　顾月琴

高俊波

审　稿　段修军

# 前　言

　　随着我国经济的不断发展，社会生活方式的变化，宠物已经走入千家万户，成为人们的伴侣动物。 饲养宠物有诸多益处，如能够改善人的心理状态、增加运动量、增加社会交往、促进身心健康，作为"精神调节器"帮人们释放压力、改善精神生活，增进儿童的进取心和自尊心，还有利于老年人的康复和疗养，使生活充满活力。 此外，宠物还具有搜救、导盲等功能。 因此，宠物行业逐渐成为我国发展潜力巨大的行业。

　　随着我国宠物数量的急剧增加，对宠物的科学选择、驱虫、保健、护理不仅关系到宠物的健康，也关系到人类的健康，因此宠物护理与保健行业应运而生。如今，社会对宠物行业从业人员的需求不断增加，同时专业的宠物护理与保健人才的培养也带动了宠物行业的良性发展。《宠物护理与保健》紧跟行业的发展需求，内容涵盖宠物的科学选择、饮食护理、防疫、驱虫、运动护理、基础护理、疾病护理等内容，可同时满足教师、学生、宠物爱好者与宠物行业从业者对宠物护理与保健知识与技能的需求。

　　本教材由行业企业专家共同参与编写，每一位编者都具有丰富的宠物护理、饲养及保健的专业经验，所开发的项目教材内容与实际工作岗位衔接紧密。 本教材编写分工如下：江苏农牧科技职业学院王丽华编写了项目一（任务一、任务五），项目二（任务一、任务四、任务五）；江苏农牧科技职业学院卓国荣编写了项目一（任务三），项目二（任务三）；黑龙江职业学院李凤玲编写了项目一（任务四、任务六），项目二（任务二）；温州科技职业学院王清艳编写了项目一（任务二）；瑞派宠物医院（无锡派特宠物医院）杨宏琴编写了项目一（任务七），项目二（任务七）；江苏农牧科技职业学院顾月琴编写了项目二（任务六）、项目四（任务四、任务六）；黑龙江职业学院陈滨编写了项目四的（任务一、任务五）；铜仁职业技术学院高俊波编写了项目四（任务二、任务三）；江苏农牧科技职业学院陈爱凤编写了项目三。 全书由卓国荣统稿。 江苏农牧科技职业学院段修军教授为本教材审稿。 本教材在编写的过程中参考了相关专业资料，在此向各参考资料的作者表示衷心的感谢。

本教材在编写的过程中，虽经努力，但由于水平所限，不足之处还请广大读者批评、指正。

编　者

2020 年 1 月

# 目 录

## 项目四　异宠的护理与保健 / 176

# 项目一　宠物犬的护理与保健

对宠物犬进行保健，目的是为宠物犬创造适宜的生活与生长环境，使宠物犬身体健康、清洁美丽。同时更好地喂养与护理宠物犬。随着饲养宠物犬的种类与数量的增加，宠物的保健也逐渐被重视，保健的方式不断地完善，使其更加人性化、普遍化。宠物犬的护理与保健内容主要有：新养犬的护理；犬的饮食护理；犬的防疫与驱虫；犬的运动护理；犬的基础护理；犬的日常保健；犬疾病状态的护理。

## 任务一　新养犬的护理

犬的祖先是狼，虽然经过1万多年的饲养与驯化，但还是遗传许多狼的习性，例如群居及阶级地位等社会属性。犬把人类当成族群之中的一分子，和人类一起生活，一起游戏，一起狩猎出游。在与人类共同生活的时间里，感觉敏锐的犬已在人们不知不觉中，为自己确定了在家中的定位。犬对于自己主人的命令非常服从，对于他人则爱理不理。人们养犬的另一个原因是犬容易接受训练，具有服从领袖的天性。因此犬在家里面的地位是由家中每个人对它的期望、态度及相处方式共同决定的。使犬能够服从命令的先决条件就是先让人成为犬的"领袖"。犬在人们的日常生活中扮演着重要的角色，似家人、似朋友、似伴侣。

### 学习内容

1. 新养犬的选择
2. 养犬准备的物品与药品
3. 新养犬的护理
4. 犬的正常生理指标

5. 犬的接近与保定
6. 犬的感知能力
7. 犬的习性与能力
8. 犬的年龄鉴别

## 一、新养犬的选择

如果是第一次养犬，在养犬前，必须掌握一定的养犬知识，初步了解犬的品种、外貌、生理特点、生活习性、性格特点及护理保健等知识。另外，还要考虑家庭条件及周围环境，再结合自己的性格与爱好，来选择适合于自己的犬种。可以从以下几个方面来考虑：

**1. 犬的品种**　根据个人的爱好、饲养条件、当地环境及犬的品种特点等因素来综合考虑饲养的犬种，不能只看犬的外貌，而忽略了所选择品种是否符合饲养者需求。老年人应该选择安静型犬种，如巴哥犬、拉萨犬、喜乐蒂牧羊犬等；年轻人喜好运动型犬种，如西伯利亚雪橇犬（哈士奇）、阿拉斯加雪橇犬、萨摩耶德犬、柴犬、阿富汗猎犬等；工作繁忙者应选择短毛型犬，如比格犬、吉娃娃犬、法国斗牛犬、英国斗牛犬等；有儿童的家庭选择性格温顺友爱的犬种，如拉布拉多寻回猎犬、金毛寻回猎犬、苏格兰牧羊犬、圣伯纳犬等；有时间照顾犬并喜欢具有造型特点的犬的人可选择贵宾犬、雪纳瑞犬、比熊犬、可卡犬等；有时还要考虑地域区别，如短毛吉娃娃犬，这种犬毛短、少，怕冷，在北方冬季无法进行户外活动；人们也会根据犬的血统与用途来考虑犬种。总之，所养犬的品种要与主人的个性及需要相契合。

**2. 犬的年龄**　从养犬的经验来看，养犬应该从幼犬养起，如 2～6 月龄的犬，最好挑选 2 月龄左右刚刚断奶的犬。幼犬记忆力尚未成熟，能很快地适应新环境，与新主人建立牢固的友谊与深厚的感情，并且易于训练与调教。如果成年犬有不良习惯，则很难纠正。但有些品种的犬在幼龄时期显示不出本品种的特征，如博美犬（松鼠犬）最好在 6 月龄以后购买；如果需要有专门技能的犬，如导盲犬，那就要购买经过专门训练的成年犬。

**3. 犬的健康状况**　健康的犬对于首次养犬的人来说很重要，对于无养犬经验的人来说，根本无法照顾好一只病犬。健康的犬活泼好动；眼睛有神，无过多的分泌物；被毛柔顺有光泽，皮肤上无外寄生虫、癣、癞及湿疹等；鼻镜湿润；口腔与耳内无异味；肛门紧缩，肛周清洁无异物。而病犬则表现精神沉郁，不愿活动或对周围事物过于敏感，表现为惊恐不安等。

**4. 其他情况**　除上述情况以外，还要考虑其他条件。

（1）犬的身高、体重。家里是否有足够的活动空间来饲养大型犬。

（2）犬是否有攻击性。我国的有些城市具有相关的限养法规，家中有儿童的要慎重选择，以免发生意外。

（3）犬的活跃程度。活跃的犬比较好动，容易兴奋，会给人们带来更多的乐趣，也需要人们花更多的时间去关注它，同时需要训练犬，使其服从主人的命令。

（4）易掉毛的犬。长毛犬要经常进行被毛的护理与修剪，也有些犬易掉毛，如家中有对犬毛过敏的人，则更应该慎重考虑。

总之，在饲养犬之前要考虑以上因素，使犬与人和谐共处。

## 二、养犬准备的物品与药品

**1. 犬舍、犬笼**　选一个适合犬居住的地方，不要影响人的活动与起居。如养在庭院内，要有围栏、犬舍或犬笼（图1-1）；养在室内则需要犬床或犬窝；如果不让其随意走动或防止在家里排泄，则要准备犬笼；如要经常带犬外出，则要准备旅行箱和犬窝（图1-2）。

养犬准备的物品

**2. 食具**　根据犬的食量大小准备相应的食盆与水盆（水壶），最好有 2 个，为防止犬踩翻食盆或水盆，要选择底座大且稳固性好的；为防止啃咬，则选不锈钢盆或瓷盆（图1-3、图1-4）。

图 1-1 犬 笼

图 1-2 犬窝、旅行箱

图 1-3 不锈钢盆

图 1-4 瓷 盆

**3. 牵引绳** 根据犬的体型、品种、年龄选择适合的一种，有的颈圈和牵引绳是分开的，也有合在一起的，有长度固定的，也有伸缩型的（图 1-5、图 1-6）。

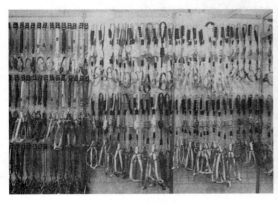

图 1-5 牵引绳

图 1-6 胸背带

**4. 玩具** 玩具可以帮助犬缓解精神上的压力，可以让犬发泄多余的精力，无论多大的犬，都要准备玩具，玩具的种类可根据犬的品种、年龄、喜好准备，玩具也可成为人犬互动的媒介物，来增进感情。犬咬胶（图 1-7）、绳球、布娃娃等都是犬的最爱。一般来说，聚乙烯和乳胶玩具比较柔软，常被制成各种颜色。有些甚至会发出吱吱的响声，这样的玩具让犬觉得更有意思。这些玩具比较适于那些没有攻击性撕咬习惯的小型宠物犬。玩具在犬换牙的时候还能用于磨牙。一个好的玩具可以说是家具与物品的"保护神"，如果没有玩具，犬则有可能会撕咬和吞咽一些危险物品。

图 1-7　犬咬胶

**5. 犬粮与零食**　犬粮（图 1-8）可根据犬的品种、年龄、喜好、适口性等来选择。零食是日常的调剂食物，可引诱犬、训练犬，可作为营养的补充物，但要适量，不宜过多，过多会影响犬的正常采食量与营养平衡（图 1-9）。

图 1-8　犬　粮

图 1-9　犬零食

**6. 护理与清洁用品**　小剪刀、棉棒、脱脂棉、纱布、碘伏、酒精、镊子、耳毛钳（拔耳毛）、梳子、吸水毛巾、洗毛液、护毛素、吹风机等（图 1-10、图 1-11）。

图 1-10　犬洗毛液与护理液

图 1-11　犬用口腔清洁剂与牙膏、牙刷

## 三、新养犬的护理

刚买到家的犬，应以适应环境为主，尽量维持其原有的生活环境或氛围。主要从以下几个方面进行护理：

## （一）饮食要求

最好食用原来品牌的犬粮，不要立即更换，如需更换，则以适口性好为主。犬粮营养要全面，喂食省时、省力、省心。如无条件，可以喂稀饭等容易消化的食物，为了加强犬的食欲和营养，可加入少量犬爱吃的辅料，如菜汁、肉末或少量的鸡肝碎末等，第1周，按犬大小每天喂适量的维生素C或用其他适宜食物补充维生素，提高抵抗力。所喂的食物应是犬特别喜欢吃的东西，如肉或骨头等。

注意：忌喂鱼肉类、牛乳、火腿、碎骨等难以消化或易卡到的食物；忌吃得过饱或运动后采食。

## （二）环境要求

幼犬来到新的环境以后，常因惧怕而精神高度紧张，任何较大的声响和动作都可能使其受到惊吓。让犬适应一下新环境后再接近它，防止受惊。给犬准备的犬窝晚上可放在离人较近的地方，让犬有安全感。室内温度保证在20℃以上，防止犬受凉患病。

## （三）调教

犬养在家里，要防止犬随地排泄，因此要训练犬在固定地点及固定的时间排泄（图1-12）。另外还要让犬习惯待在笼内（图1-13），防止犬被关在笼内时嚎叫。

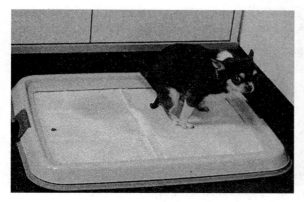

图1-12　训练犬定点排泄

图1-13　训练犬习惯待在笼内

**1. 训练犬定时定点排泄的方法**　仔犬在4周龄左右能走出窝外定点排便，当幼犬出来排便时，常用鼻子嗅其周围，一旦嗅到它以前遗留下来的排泄物的气味，立刻到同一地点排便。因此可在窝的附近放置具有其排泄物气味的报纸，引导其定点排泄，另外报纸易于吸收尿液，油墨的味道能减轻尿的气味。8～12周龄的幼犬除了晚上睡觉，通常隔几个小时就要排泄1次，因此每天晚上睡觉前、早晨苏醒后必须带犬排泄，当犬吃完食物10～30min要带犬排泄，如有时间可在白天每隔2h带犬排泄1次。如果无法做到按时带犬排泄，这时可以将其关在笼内，定时定点地放其出来排泄。久而久之，犬就不会在笼内或窝内排泄，养成良好的习惯。调教排泄的方法很多，主要有箱式训练法和厕所训练法。

**2. 训练犬习惯待在笼内的方法**　经常把犬独自留在家里，很容易让它产生抑郁的情绪。或者低声悲号，或者不停地狂吠，有时会进行一些疯狂的破坏活动，如大叫、毁坏家具、在家里随地排泄。这些极端的行为通常是过度的焦虑引起的。

（1）方法一。先把犬放进宠物箱内，然后把箱子放到训练者的房间，像往常一样，轻松地和犬聊两句，打消犬的疑虑和不安。开始的时候先离开几分钟，等犬适应以后再逐渐延长离开的时间。每次回来之后，表扬它一番或者奖赏它一点儿食物，注意不要表现得过于激动。当训练者离开的时候留给犬一些带有训练者气味的物品，这些物品可以给犬安慰，或者给犬一个零食，这样它就会把注意力集中在美味上而不在意训练者的离开。经过一段时间的练习，即便不能完全消除它的烦躁和不安，但可以安抚不满的情绪。

（2）方法二。把犬放进宠物箱中，如果犬能乖乖地趴下或者静静地坐着，再把它从箱子里放出来。有些犬只要看到训练者就非常听话，但是，只要训练者一转身离开，它便开始激烈地"抗议"。这样的话，训练者可以试着在屋里多进出几次，并逐渐延长出去的时间。当犬开始大叫的时候立即回来，拍拍箱子，命令它安静下来。对有些较顽固的犬则需要采取强硬的措施，如用喷水枪喷它，这个方法很有效。

（3）方法三。放犬进宠物笼之前最好给它喂点食物，如可以把犬粮放进宠物笼，然后让其自己走进去。当犬进去以后，要进行表扬，如可以额外喂点它喜欢的零食作为奖励。不要一听到犬在笼子里叫就把它放出来。而训练者回家后第一件事就是将犬放出笼子，带它去散步及排泄，给它安抚与奖励。久而久之，犬就会适应笼内的生活。

**（四）不要带犬外出**

刚带回来的犬不宜立即外出，要在家中饲养并观察一段时间，当它适应了家里的环境，不再有紧张感时，可短时间或短距离外出。另外，幼犬的抵抗力差，甚至刚接种过疫苗，在不具有抵抗力的情况下要减少与其他犬接触的机会，等到它完全适应周边环境及具有了抗传染病的能力后再带其外出，这样最安全。

## 四、犬的正常生理指标

**1. 体温**　正常的体温是成年犬为 37.5～38.5℃，幼犬要高一些，为 38.5～39.2℃。兴奋时与运动后体温略微上升。

**2. 脉搏**　测量脉搏的位置一般在大腿内侧的股动脉，将手指压住股动脉，感觉到脉搏后开始计数计时，小型犬为 90～120 次/min，大型犬为 65～90 次/min。

**3. 呼吸次数**　犬在休息状态下，正常的呼吸次数为 10～30 次/min（幼犬比成年犬呼吸次数要高），健康正常的犬呼吸平顺。

**4. 排泄次数**　3 月龄以下幼犬排便次数较多，每日 3～4 次，粪便软，4 月龄以上的幼犬每日 2～3 次，粪便成形，成年犬每天排便 1～2 次。排便的次数与喂食量有关，但正常情况下应每天排便，否则会便秘。幼犬的尿液量少，色淡，排泄频繁，成年犬尿量大，色深，每天可定时 3～4 次。

## 五、犬的接近与保定

**（一）如何接近犬**

从事与宠物接触工作的人要经常接触陌生的犬，如宠物医生、宠物美容师等，为了安全要学会接触犬的方法，要了解不同犬种的习性特点。和陌生犬接触前一定要和犬主进行充分的沟通，了解犬的性格特点与爱好。犬的想法会通过动作表现出来，如犬在发怒进攻的时候会耸起肩部的毛，使它看上去比平时要大一些。犬摇尾巴并不都是表示亲热，亲热时尾巴摇得很柔顺，而警告或进攻时尾巴会摇摆得僵硬。

**1. 不在夜晚与犬接触**　犬在夜晚警戒心会增强，如果想和一只陌生的犬迅速熟悉，最好不要把初次见面的时间安排在黄昏之后。

**2. 从上风方向接近犬**　对于比较温顺的犬，地点的选择并不是很重要。但对于凶猛的犬来说，首先，要站在上风向的位置，让犬可以嗅到你的气味，这样会使它更容易接受你；其次，你要与其保持一定的安全距离，不要让它伤到。

**3. 接触犬时的态度**　第一次接近陌生犬时要先了解犬是否具有攻击性，有恐惧心理和警戒心的犬，要边唤它的名字边靠近，在其视线下方用手背去试探，使其安定，放松警惕。不要突然去抚摸和搂抱犬，以免被咬。对于温顺的犬只需要轻柔地对它讲话，抚摸它，稍加逗引便可完成熟悉的过程。不管犬是凶猛还是温顺，你都要有"你真可爱，真乖"的想法，你的想法与态度会对犬会产生重要的影响。

总之在我们接触的犬中，凶猛的犬仍是我们要时刻注意的对象，不要立即接近它，要在它的视线范围之内和它的主人亲切交谈，让它看到主人对你友善。需要注意的是，你的行动不要太大，否则会引起犬的戒备。不要盯着它的眼睛看，让犬感觉到你对它很友善没有威胁，如果犬对你扑叫不止，切忌大吼或假装打它，而是让它冷静下来再进行交流。切忌蹲在大型犬面前，体型大的犬相对体型小的犬来说攻击性更强一些，如果它对你发起攻击，蹲下往往来不及躲闪。所以在大型犬面前，如果想要减小对犬产生压迫感，可以弯下腰。

**（二）犬的保定**

**1. 美容台上的保定**　为了防止犬从美容台上跳下受伤，可以用吊绳将犬固定在美容台上，要调整美容台上的固定杆高度，并将旋钮固定紧，以防固定杆因松动下落砸伤犬。有时要用绳圈斜挎于犬的前躯，不要直接套在犬脖颈上，将绳圈的大小调整至适当位置，将绳圈的一端与固定杆连接。如果美容台过滑，要用防滑垫。

**2. 犬的操作保定**　在护理或保健的过程中，不要握住犬的前肢将犬拎起来，以免造成骨折或脱臼，也不要拉扯犬的一条腿、耳朵或抓皮肤以免引起犬疼痛，造成犬咬人或使犬受伤。

**3. 抱犬保定**　在护理的过程中，很多时候需要抱住犬来操作，但不能同时抱 2 只犬，抱犬时要稳稳地抱住犬，防止犬突然蹿起而摔伤。

总之，犬在接受相应的护理与保健的时候，要有一个合理的保定姿势，防止犬逃脱或扭伤。

## 六、犬的感知能力

**1. 听力**　犬的听力是人的 4 倍，对声音来源的方向感也很敏锐，当犬在睡觉的时候，耳朵还是在工作，突来的声响仍能惊醒它。

**2. 视力**　犬是夜行性的动物，在夜间仍能看清物体，但它们对移动着的物体感觉灵敏，对静止的物体反应迟钝，对色彩没有分辨力，也就是人们常说的色盲。犬可以用眼神来表达感情，例如开心、无助、惊恐等。

**3. 嗅觉**　犬的感觉中，最发达的是嗅觉。犬与人初次见面或初次到一个陌生的地方，首先通过嗅闻来了解情况。对犬来说，味道是它的情报来源之一。它并非对所有味道都感兴趣，对动物的味道非常敏感，表达出强烈的关心，但对花或药品的味道毫无兴趣。

**4. 敏感**　犬对人或动物的情绪变化非常敏感。如高兴、哀伤、生气、害怕等情绪的变化，人的血液中肾上腺素会激增，身体的味道也会因此产生变化，犬对这种感情的变化最敏感。

**5. 习惯** 犬会有生物钟的反应，只要在固定时间进行喂食、散步、游戏等活动，时间久了会形成一种习惯，时间一到便会主动来催促你。

## 七、犬的习性与能力

**1. "群"的行为** 犬是社会性动物，拥有与生俱来的群体意识。犬具有保护主人或家族的本能，即使是和不同种类的动物相处，只要住在一起就是伙伴。在野外，犬是成群结队的，犬有极强的意愿要融入"群"成为"群"的一分子。独行的犬在野外很难生存，野外犬群有其社会秩序，用以决定哪只犬可繁衍后代及优先进食等规矩。

**2. 等级制度** 野生"犬群"与"狼群"中高阶者可优先交配与进食，也可占据最安全的位置休息，享受其他成员替它梳理毛发，在群中挑选与联结盟友自保。在人的社会中，家犬知道人占有高阶位置与优先权，则接受次阶地位，犬的此种"次阶"认知必须在其被驯养过程中加以调教使其适应与接受。

**3. 标记** 犬有各式各样的势力范围，为了保护自己免受外来侵犯，常通过便溺做记号来表示自己的势力范围。做记号的犬几乎都是公犬，偶尔也有母犬像公犬一样抬起腿来排尿做记号。

**4. 狩猎行为** 犬有着狩猎的欲望及追逐的原始本能，借此突显自己比其他犬能力强，有时甚至用争斗来表现。人们利用犬的这种特点为人类服务，如牧羊、搜索、救援、导盲等。当主人或有亲密关系的人遭遇危险时，犬基于对人类强烈的伙伴意识，常会进行援救。

**5. 敷衍与掩饰** 有的犬碰到对自己不利的事或不喜欢的事，不是立刻躺下来，就是发出哀号，来借机逃避。这种行为就是由于经历过很多次类似的经验而产生的敷衍行为。有经验的犬也会为了不挨骂或为了被夸奖而跟着主人，故意装作不舒服的样子，想引起主人的注意与关心。

**6. 犬的学习能力** 犬是具有快速学习能力的机会主义者。当发现其行为受到奖赏，就会重复此项行为，这是犬学习后的结果。犬的智力为人类 2～3 岁的程度，如感情表现、应对能力、思考力、理解力及对事物的适应性、顺应性等。犬的年龄增长或经过一定时间的训练都可以提高它们的智力。犬求生意志的智力可以与 5～6 岁的儿童相比。

**7. 识途的能力** 犬具有较强方向感，但想要完成人类交给的高难度的任务，则要经过特定的训练来培养这种能力。例如，对于没有到过离家较远地方的犬，把它放到那样的地方，再让它自己回家也是很困难的。

**8. 观察的能力** 犬能判断人类的表情及某些行为表现是喜欢它还是厌恶它，从而做出相应的反应，如走开或撒娇。

**9. 犬的语言能力** 犬用声音或行为来表达感情，并与人类进行沟通。最常见的是通过面部表情的变化及尾巴的动作等来显示它的喜、怒、哀、乐。

**10. 嫉妒心** 犬的嫉妒心很强，如果同时养几只犬或有其他宠物，犬会因争宠而打斗，所以要公平地对待它们，令它们和平相处。

## 八、犬的年龄鉴别

正确地判定犬的年龄，是进行宠物犬护理与保健的必备知识，可以防止在操作的过程中出现意外。年龄判别的方法很多，可以通过犬的外貌形态变化、行为变化、牙齿生长与更换的规律来判定。犬的寿命一般在15年左右，但不同品种的犬寿命有所不同，小型犬比大型犬的寿命更长些，如博美犬的寿命为12～17年，巴哥犬的寿命为12～14年，拉萨犬的寿命为14年左右，马尔济斯犬的寿命为12～15年，可卡犬的寿命为14～16年，而拳师犬的寿命为8～10年，圣伯纳犬的寿命为8年，阿拉斯加雪橇犬的寿命为10～12年，狼犬的寿命为12～14年。

**（一）通过牙齿的生长、更换与磨损程度来判定犬的年龄**

在不同的营养状况、不同的饲养环境或不同的养护方法的情况下，犬牙齿的生长与磨损状况会有所不同，依靠犬的牙齿来鉴定犬的年龄会有所偏差，因此要综合考虑以上情况。犬的牙齿在一生中有两种状态，一是乳齿，二是永久齿。

**1. 乳齿**　犬出生后3周开始生长门齿、前臼齿，生后40d长齐（图1-14）。第1前臼齿和后臼齿还没长出，乳齿上颌14颗，下颌14颗，共28颗。

**2. 永久齿**　乳齿在出生后2～7个月换为永久齿（图1-15），第1前臼齿和后臼齿直接生出永久齿。成年犬的牙齿数为，上颌由前方至左右分别按切齿3颗、犬齿1颗、前臼齿4颗、后臼齿2颗的顺序共计20颗，下颌由前方至左右分别按切齿3颗、犬齿1颗、前臼齿4颗、后臼齿3颗的顺序共计22颗，上下合计牙齿数为42颗。犬的头颅骨分为三种：长头颅骨、短头颅骨和中头颅骨。长头颅骨永久齿42颗，短头颅骨永久齿38颗。

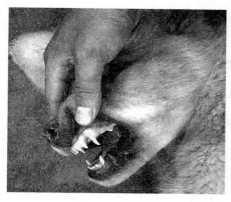

图1-14　乳　齿

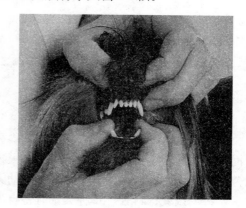

图1-15　永久齿

**3. 牙齿更换规律与磨损程度**　犬长至1.5岁时，下颌第2门齿大尖峰磨损至与小尖峰平齐，此现象称为尖峰磨灭，2.5岁下颌第2门齿尖峰磨灭，3.5岁上颌第1门齿尖峰磨灭，4.5岁上颌第2门齿尖峰磨灭，5岁下颌第3门齿尖峰稍磨损，下颌第1、2门齿磨损面为矩形，6岁下颌第3门齿尖峰磨灭，犬齿钝圆，7岁下颌第1门齿磨损至齿根部，磨损面为纵椭圆形，8岁下颌第1门齿磨损面向前方倾斜，10岁下颌第2门齿及上颌第1门齿磨损面呈纵椭圆形，10～16岁门齿脱落，犬齿不齐。

**（二）通过外貌形态变化判定犬的年龄**

青年犬性格活泼，爱活动，被毛有光泽且耳目聪慧，警戒心强。老年犬一般会因嗅觉减退而食欲不佳，老年犬的抵抗力降低，既怕冷又怕热，老年犬变得好静喜卧，运动减少，睡眠增多，很容易疲劳，容易骨质疏松，骨刺和骨折的发病率也增高。

### 🐾 分析与思考

1. 如果你要养犬，选择哪个品种？为什么？
2. 你想养一只犬时征求家里人的意见了吗？结果如何？
3. 你养犬的目的是什么？
4. 以你的能力，你能养一只什么品种的犬？
5. 对于陌生的犬，你是如何让它接受你的？

## 任务二　犬的饮食护理

犬驯化前为肉食性动物，具有以肉食性为主体的消化系统，对肉类食物特别敏感，喜食肉类和脂肪，同时喜欢咬啃骨头用来磨牙。经过长期驯化与豢养，现已变为杂食性动物，肉类、蛋类、大麦、小麦、蔬菜等均成为犬的食物。因此，犬的食物来源种类繁多，食谱也很丰富。在对犬进行饮食护理时要考虑不同食品的营养价值，并要掌握正确的喂养方法和各种注意事项。

**学习内容**

1. 犬饲料的分类
2. 犬日粮的营养功能
3. 犬的营养需要
4. 犬的饮食保健
5. 喂犬时应注意的问题

### 一、犬饲料的分类

依据饲料来源与营养特点，可将饲料分为动物性饲料、植物性饲料、矿物质饲料、维生素饲料、添加剂饲料、商品性饲料等。根据饲料调制时原料的使用情况，可分为单一饲料和配合饲料。还可根据犬的生理阶段分为幼犬料与成年犬料等，根据犬的品种分为腊肠犬料、北京犬料、藏獒饲料等。每种犬都有各自的营养需要，商品犬粮营养均衡又方便饲喂，但有的犬主还是喜欢亲自为犬制作食物，认为这也是养犬的乐趣之一。养犬场为了节约成本，也会自行配制饲料。

**1. 动物性饲料**　动物性饲料是指来源于动物有机体的一类饲料，动物性饲料易消化，蛋白质、维生素含量较高，主要包括各种畜禽的肉、内脏、骨粉、血粉、乳汁，以及鱼及其加工后的副产品。这类饲料含有丰富且高质量的蛋白质，故又称为动物性蛋白饲料。犬的饲料中必须有一定数量的动物性饲料，才能满足犬对蛋白质的需要。犬能很好地利用动物性饲料中的蛋白质，并可从中获得脂肪、矿物质和维生素等营养成分。

**2. 植物性饲料**　植物性饲料的来源广泛，富含糖类和维生素，但纤维素较多。犬常用的植物性饲料有谷类、麦类、豆类、薯类、瓜菜等。

**3. 矿物质饲料** 矿物质饲料是一类不含能量和蛋白质，仅含各类矿物质的饲料。常见的矿物质饲料主要用于补充犬对钙、磷、钠、钾、氯、铜、铁、锌等矿物元素的需要。

**4. 维生素饲料** 维生素饲料分布广、数量多、成本低、适口性好、消化率高，主要用来补充犬对各种维生素的需要。常用的维生素饲料有白菜、胡萝卜、甘蓝等。

**5. 添加剂饲料** 添加剂饲料又称辅加料，指为补充宠物犬日粮营养，防止饲料品质下降，提高饲料中营养成分的利用率，保持并增进健康，促进生长等而在配合饲料中添加的少量或者微量的营养或非营养成分。因此，应根据不同的目的添加不同的饲料添加剂。

**6. 商品性饲料** 犬的商品性饲料又称犬粮、宠物食品（图1-16），是根据犬营养需要，经科学配比和工业合成的全价平衡食品，能够满足不同生长发育阶段犬对各种营养物质的需要。

（1）干燥型饲料。此类饲料是由肉类、谷物类、矿物质和维生素等混合，经过加温、加压等加工过程使之成为颗粒型或饼干型（图1-17）。

图1-16 商品性犬粮

图1-17 颗粒型犬粮

（2）罐装型饲料。此类饲料分为全肉型、混合型和蒸煮型3种（图1-18）。全肉型是除加入少量主要的维生素和矿物质元素外，几乎将各种肉类按比例配制而成；混合型是将肉类、谷物类、维生素和矿物质等按比例混合而成；蒸煮型是肉类、植物类饲料混合而成，也常加入一些主要的维生素和矿物质。罐装型饲料比一般干燥型饲料优越，虽然含水量（62%～78%）高于干燥型饲料，但都经过处理和密封保存，更易储藏保质，营养价值全面，干物质可消化率高，平均为75%～85%，能量含量也高，如每千克全肉型饲料能量可高达25.08 MJ。但罐装型饲料价格较高，长期使用成本较高，一般家庭难以承受。

（3）混合型饲料。此类饲料是以鲜肉、大豆饼及谷物为主要原料，再加入维生素、矿物质、抗氧化剂等饲料添加剂，混合制成颗粒状、条状或饼状并密封包装而成。其特点是各种营养物保持完好，可消化率高达80%～85%，能量含量较高，一般为5.43～5.64 kJ/kg，优越性介于干燥型和罐装型之间。使用时应注意打开后要及时用完，否则容易腐败变质。

（4）冰冻型饲料。此类饲料是将单一的肉类或制成的混合日粮置于冷藏器内进行冰冻而成。其特点是各种营养物质不被破坏，保鲜状态好。其水分含量极不相同，取决于冰冻前的产品含水量。可消化性及能量含量取决于饲料的种类。单一冰冻的肉类可作为新鲜配料的混合物，解冻后立即食用，否则容易腐败变质。

（5）处方食品。目前，有些对疾病控制的方法是利用处方饮食来控制病情（图1-19）。

并且是专门针对某种疾病的，如糖尿病和肾、肝、心脏、胃肠、膀胱等的疾病都能通过特别的饮食来辅助治疗。为了让食疗产生效用，多半的犬在治疗期间不能吃其他食物，这样有助于病犬恢复健康。处方食品是在充分研究了某些疾病病理的基础上，通过在食物中减少或增加某些成分，改变体内的代谢过程，从而达到防止疾病的发生或促进疾病愈合的作用。

图 1-18　犬罐装饲料

图 1-19　犬处方食品

## 二、犬日粮的营养功能

宠物犬日粮的营养物质达几十种，可以概括为六大类，即水、蛋白质、脂肪、糖类、矿物质、维生素。它们各自具有独特的营养功能，在机体代谢过程中密切联系，共同参加、推动和调节生命活动。

### （一）水

水是生命中不可缺少的物质，是仅次于氧气的生命第二必需物质。动物机体内约有 2/3 是水，体内发生的所有生物化学过程都在水里进行。正常缺水或因疾病失水，如腹泻，都可引起机体脱水，甚至死亡。特别是对青年犬更加重要，生长发育期的犬每天每千克体重需要水 150mL；成年犬每天每千克体重需要水 100mL。

在炎热的夏季，脱水会造成犬的急速死亡，因此要保证供水充足。当和犬外出时，不要忘记带水和饮水的容器，要每隔一段时间停下来让犬饮些水。

### （二）蛋白质

蛋白质一直被认为是昂贵的营养成分，因为它一直被比作躯体之本，有助于身体组织发育成长与再生。然而，食物中蛋白质含量的高低并不一定反映食物质量的好坏。蛋白质是由氨基酸组成，氨基酸的构成比例与平衡性决定了蛋白质的生物学价值和其能否满足个体的营养需求。蛋白质不同于脂肪和糖类，过剩的蛋白质并不能存储在体内，因此宠物食品配方的专业技术体现在蛋白质的质与量的平衡，避免浪费。蛋白质的维持需要标准是根据同类犬的体重变化制定的。一般犬饲料中蛋白质含量为 16％ 就可以满足犬对氨基酸的需要。但对于处于配种、妊娠和哺乳期的犬应将蛋白质水平提高到 21％～23％。额外增加的蛋白质有利于产生抗体，以提高机体对疾病的抵抗力。成年犬对食物中蛋白质含量的适应性非常强，当构成蛋白质的氨基酸比例适合时，犬能适应 20％～50％ 的蛋白质含量。大多数犬粮的蛋白质水平都超过了犬的需要，对于患病的犬则导致肝负担过重，并损害老年犬的血液循环。因为饲喂高蛋白质饲料时，高蛋白质能在其体液和组织中积累过量氮而损害犬的肾和肝，只有少数犬因为要做大量的运动而需要高蛋白质的食品。

**（三）脂肪**

脂肪是食物中提供能量和必需脂肪酸的主要来源，脂肪还能提高食物的适口性，同时也是脂溶性维生素吸收的载体。

犬的饲料中脂肪类的需要标准与摄入脂肪的种类和成分有关。美国国家研究委员会（NRC）动物营养学会推荐的脂肪水平为脂肪占犬的干食物 5%，它可提供犬 11% 左右的能量需要。脂肪主要为日粮提供必需的能量浓度和适口性。缺少时犬出现皮炎、皮屑增多、被毛失去光泽、皮肤干燥等症状。

**（四）糖类**

许多犬的饲料中广泛应用廉价的糖类作为能源。因此必须制定出犬合理利用糖类饲料的严格标准。如马铃薯、燕麦和玉米等淀粉类食物必须经过蒸煮处理后才能提高利用率。研究证明，低糖类高脂肪食物能增强犬的活动能力，犬的食物中若糖类占总能量的 40%～50% 尚可忍受，但高糖食物是不能饲养出现代犬的体型、体质和毛色的。

糖类中含有适量的纤维素，在消化道里起通肠利便的作用，部分纤维素经蒸煮后还能被消化作为能源利用。但犬难以消化糠麸和植物性饲料中的纤维。商品性食物中粗纤维的含量为 5% 左右。

犬的饲养标准中允许使用一些利用率很高的糖，但许多犬因不能合成足量的乳糖消化酶而不能充分利用乳中的乳糖。特别是老年犬，乳糖易在消化道中积累发酵而引起腹泻。犬日粮没有最小的糖需要量，只要供给足够的脂肪或蛋白质就足以保证葡萄糖代谢的需要。

**（五）矿物质**

（1）常量元素。

①钙和磷。骨骼的形成除要求钙和磷保持足够的水平和适宜的比例外，还要求镁、维生素 D、胆碱、铁和锰等营养素的数量平衡。机体内钙和磷的需要是密切相关的，它们是骨骼和牙齿的主要成分，钙还是血凝和神经兴奋传递的必需物质，血钙水平与这些功能关系极为密切。磷不仅是构成骨骼和牙齿的成分，还是许多酶系统的成分，并能储藏和传递能量。

犬食物中的钙和磷比例非常重要，最合适的钙磷比应为（1.2～1.4）∶1。农副产品能提供丰富的钙，但缺乏磷。一些食物中的钙和磷很不平衡，如瘦肉中大约含钙 0.01% 和磷 1.18%，如饲喂商品性瘦肉，则要注意钙的补充，以达到平衡。添加时必须注意计算钙和磷之间的比例和数量。钙和磷代谢与维生素 D 关系密切，钙和磷比例适当时，需要维生素 D 的量最少。

犬缺钙时，常伴随甲状旁腺机能亢进、骨骼失重和软化。其中颌骨最先出现症状，然后牙槽骨和齿龈退化，牙齿脱落。严重缺钙时，青年犬出现佝偻病，成年犬可能出现抽搐、出血、不能繁殖和自发性骨折。犬一般很少发生磷缺乏，试验性地喂饲犬低磷食物，可引起青年犬佝偻病、食欲减退、生长缓慢；成年犬骨质软化。食入过量磷能引起缺钙样症状。

②钾。犬组织细胞内含有大量钾，神经兴奋的传递、体液电解质平衡和肌肉代谢等都需要钾。

钾缺乏时，可引起犬肌肉无力、生长缓慢、心脏和肾损伤。由于钾广泛地存在于食物中，自然出现的缺钾极其罕见。

③钠和氯。钠和氯的主要作用是维持正常的生理功能，如酸碱平衡、胃液分泌等。某些自然食物含有足够的钠和氯，有些水也含有丰富的钠，能满足犬的正常需要，所以一般不会发生钠缺乏。

食盐补充钠和氯这两种元素的效果最佳。新鲜的肉中含盐量很少，而在家庭的残汤剩菜中又有超过犬饲养标准需要的钠。一些老年犬因食盐超量使心脏遭受损害，其结果是造成心脏周围和机体内的体液积滞。盐是胃产生胃酸的必需成分，食物中盐分过高则增加犬的饮水量。

氯和钠缺乏时，犬容易出现疲劳无力、饮水量减少、皮肤干燥，同时蛋白质的利用率降低。

④镁。镁既存在于骨骼，也存在于软组织、心脏中。骨骼肌及神经组织依靠钙与镁之间的平衡来维持其功能，镁在许多酶反应中起关键作用，尤其是能量代谢的反应中。

缺镁会引起肌肉萎缩，严重时发生痉挛。自然日粮一般不缺镁。患镁缺乏症的幼犬站立姿势就像站在光滑的地板上。饲料中缺镁会影响心脏、血管等软组织中钙的沉积。镁不足能使主动脉中钙的水平提高 40 倍。人们一般只注意钙和磷的补充，而忽视了镁的不足。

（2）微量元素。

①铁。缺铁会引起贫血，其典型的临床症状为虚弱和疲劳。常用肉喂犬时，不容易发生铁缺乏。过量饲喂铁可引起厌食、体重下降和胃肠炎。

②铜。铜缺乏会抑制铁的吸收、运输和降低血红蛋白合成。即使铁采食正常，日粮中缺铜也会引起贫血。缺铜会导致骨骼病变，其原因是含铜酶活性降低，引起骨胶原稳定性和韧度下降。相反，日粮铜过量也会引起贫血，这是因为肠道内铜多影响铁吸收。众所周知的贝灵顿犬有一特殊的缺陷，过量铜在肝中产生毒性，会引起肝炎、肝硬化，而且表现出遗传性。对这种特殊的品种，应禁用铜含量高的食物及避免使用含铜的矿物质添加剂。

③锰。锰是犬的营养所必需的。锰可激活许多代谢系统，与许多反应过程有关。锰被认为是毒性较小的元素。但有报道，锰的毒性可以引起猫的繁殖力下降。锰过量的另一种表现是影响血红蛋白的形成，其原因与铜相似，在消化道内锰过多会影响铁的吸收。

缺锰症状表现为生长缓慢、脂类代谢紊乱。其原因是多种酶促反应减弱和调节失常。

④锌。锌是 8 种金属酶和核酸的成分；还参与氨基酸合成及蛋白质的代谢。成年犬每天每千克体重需 1.1mg，锌与日粮钙有拮抗作用。如果食物中钙含量过高，可能要增加锌的需要量。食肉量多，锌的需要量可减少。

缺锌的症状为生长缓慢、厌食、睾丸萎缩、消瘦及皮肤损伤。锌采食过量相对而言无毒。

⑤碘。碘是合成甲状腺素的成分。甲状腺素能调节机体的代谢率，可用补充碘盐的办法满足犬对碘的需要。甲状腺肿是缺碘的典型表现。

严重缺碘会使甲状腺机能降低，使正在生长发育的幼犬患呆小症；成年犬患黏液水肿，病犬表现为被毛短而稀疏、皮肤硬厚脱皮、迟钝和困倦。过量食入碘可引起中毒。

⑥硒。硒是容易过量的微量矿物质元素，对硒的研究多集中在它的毒性上。硒是谷胱甘肽过氧化物酶的特异成分，这种酶可以保护细胞膜不受机体各种代谢过程中释放的氧化物的损伤。缺硒可引起犬骨骼和心肌衰弱。硒过量则会产生剧毒。硒的需要量和中毒量之间差异很小，所以向宠物饲粮中添加硒应特别慎重，把握好添加量。

### （六）维生素

（1）脂溶性维生素。脂溶性维生素在机体内储存量大于水溶性维生素，主要包括维生素A、维生素D、维生素E、维生素K。

①维生素A。自然界中植物不含维生素A，只含有其前体β-胡萝卜素，维生素A能与特殊蛋白质结合，形成视网膜上的视紫质，动物有视紫质才能看见东西。维生素A的其他功能还有：维持上皮组织的正常结构和上皮细胞的正常生长，骨骼和牙齿的生长也离不开维生素A。

缺乏维生素A会引起夜盲症，并出现食欲减退、生长发育不良、体质衰弱等症状。主要表现眼睛干燥、共济失调、结膜炎、皮肤及上皮表层损伤等。长期严重不足还能导致犬呼吸道感染，甚至死亡。日粮中配给的脂肪缺乏也能导致维生素A的吸收不足。

维生素A过量也是有害的。长期过量地饲喂维生素A可引起骨骼疾病、齿龈炎和牙齿脱落。因此犬食物中的维生素A最好适量。

②维生素D。维生素D有几种存在形式。其中以维生素$D_2$和维生素$D_3$的活性最强。犬的维生素D是来自动物性饲料中的维生素$D_3$和来自植物性饲料中的维生素$D_2$。维生素D最重要的作用是升高血钙和血磷水平，促进正常骨骼钙化。犬对维生素D的需要量取决于食物中钙、磷浓度及钙、磷比例，食物中两者的浓度和比例适当，需要量就少。两者的浓度和比例不当，易引起骨骼疾病。

维生素D对正在生长发育时期的犬非常重要，缺乏时可引起佝偻病，成年犬在太阳光紫外线的照射下，皮肤中的7-脱氢胆固醇能转化成维生素$D_3$。

过量的维生素D可引起犬的软组织、肺、肾和胃钙化，牙齿和颌骨畸形，大剂量饲喂甚至能引起犬死亡。所以饲喂维生素D时，一定要注意需要量。

③维生素E。犬食物中缺乏维生素E会造成睾丸生殖上皮变性以及母犬妊娠困难。

④维生素K。包括维生素$K_1$、维生素$K_2$、维生素$K_3$几种，有促进血凝作用。正常健康犬的肠道内细菌能合成维生素K，所以一般不缺乏。

（2）水溶性维生素。

①B族维生素。维生素$B_1$又称硫胺素，是一种含硫化合物。它是构成丙酮酸氧化脱羧酶的辅酶成分，能促进糖类的代谢。因此，食物中糖类含量高，维生素$B_1$需要量大；高脂肪低糖类的食物，维生素$B_1$的需要量就小。维生素$B_1$易被热和含硫胺素酶的生鱼破坏。因此，喂给犬加热处理的食物或生鱼时，应多给维生素$B_1$。缺乏维生素$B_1$时，血液和组织中的丙酮和乳酸含量就增高，表现食欲不振、呕吐和神经紊乱，行动不稳，最后虚弱、心力衰竭死亡。可以采用增加马铃薯或面包之类食物获得维生素$B_1$。维生素$B_1$毒性很低，但给犬静脉注射维生素$B_1$会引起呼吸中枢衰竭而导致死亡，口服引起上述后果需要40倍的注射剂量。

维生素$B_2$又称核黄素。是黄色的结晶化合物，黄素蛋白的组成部分，在氢和电子转移中起重要作用，影响蛋白质、脂肪和核酸的代谢。犬小肠内的细菌可以合成部分需要的维生素$B_2$。维生素$B_2$缺乏时，表现厌食、失重、后腿肌肉萎缩、睾丸发育不全、结膜炎和角膜混浊等。

泛酸是辅酶A的成分，辅酶A参与糖类、脂肪和氨基酸代谢。泛酸缺乏时，表现生长发育缓慢、呕吐、脱毛、胃肠溃疡、机能紊乱、肝脂肪变性等。由于动植物组织中广泛含有

泛酸，所以一般不会缺乏。

烟酸（尼克酸）是动物机体内非常重要的辅酶Ⅰ和辅酶Ⅱ成分。烟酸在体内可以迅速地转变为具有生理活性的衍生物烟酰胺。烟酰胺是所有主要养分利用过程中氧化还原反应所必需的。在犬的日粮中，烟酸的需要受色氨酸水平的影响，在犬体内，在维生素 $B_2$ 与维生素 $B_6$ 的参与下，色氨酸可以转化为烟酸。缺乏烟酸会引起黑舌病，其症状为皮炎、食欲减退、溃疡或便秘等。烟酸廉价而稳定，商品性饲料中经常保持在 13.6mg/kg 的水平就可以满足犬的需要。

维生素 $B_6$ 又称吡哆醇。维生素 $B_6$ 具有 3 种相等活性的物质：吡哆醇、吡哆醛和吡哆胺，它们在自然界中广泛存在，并在体内正常代谢过程中可以相互转换。维生素 $B_6$ 主要参与氮及氨基酸的代谢，与氨基酸的厌氧分解有关，因此犬消化高蛋白质含量的食物时对维生素 $B_6$ 的需要量增多。维生素 $B_6$ 缺乏时犬表现厌食、生长缓慢和体重下降，小红细胞低色素性贫血，皮肤发炎和脱毛。维生素 $B_6$ 毒性不大，过量饲喂对犬影响不大。

维生素 $B_{12}$ 是生命所必需的物质，也是唯一含钴的维生素，维生素 $B_{12}$ 也称钴胺素。维生素 $B_{12}$ 可以促进红细胞的生成，它对疾病有预防和治疗作用，是促进犬的健康和完成繁重任务不可缺少的营养素。当犬感染钩虫贫血时，必须应用维生素 $B_{12}$，以利于血液的补充。

②生物素。因为犬肠道内细菌能合成生物素，所以用一般食物饲喂犬不会产生生物素缺乏。当饲喂犬大量生鸡蛋蛋白时，它能和食物或肠道中的生物素牢固结合，使生物素失去活性。但是生物素蛋白对热较敏感，因此用熟鸡蛋喂犬较好。

生物素缺乏时，早期表现为皮屑状皮炎。

③叶酸（蝶酰谷氨酸）。叶酸缺乏的典型症状为贫血和白细胞减少。肠道内细胞能合成叶酸，犬一般不会缺乏，只有犬服用大量抗生素，肠道细菌合成被抑制时，才会出现叶酸缺乏。

④胆碱。胆碱可以形成部分磷脂，它是细胞膜的基本成分，是乙酰胆碱的前体，乙酰胆碱是机体神经递质的一种，是一种重要的甲基供体。胆碱缺乏时，引起犬严重的肝和肾机能障碍，如肝脂肪浸润和血凝不良。

⑤维生素 C。出生 1 周后的仔犬就能利用葡萄糖合成维生素 C，因此犬食物中不需要添加维生素 C。犬缺乏维生素 C 时呈现阵发性剧烈疼痛，然后恢复正常状态。如犬在睡后醒来时，脚在数分钟内难以伸展。在睡前饲料中按规定添加维生素 C，该症状就可消失。如条件允许，可在犬饲料中常添加维生素 C，20kg 体重的犬每天 50mg 即可。

## 三、犬的营养需要

犬的营养需要是指每日对蛋白质、脂肪、矿物质和维生素等营养物质的需要量。不同品种、性别、年龄、体重及生理阶段的犬，其营养需要存在差异。犬的营养需要量是通过饲养试验、消化试验、屠宰试验、平衡试验以及生物学等方法测得的。

犬的营养需要包括所需营养物质的数量、种类和各营养物质间的适当比例。使用时应注意：首先，营养表中列出的一般是推荐值，往往是最低需要量，使用时应根据实际情况进行修正。其次，由于对犬的营养需要研究有限，营养表中的许多数据仍是过去的科研成果，许多数值可能并不能恰当地反映犬的实际需要量。第三，不同体重、不同体型的犬单位体重所需的营养素的量是不相同的。因此，在根据犬的体重喂食时，不能照搬表上的内容，应根据食物中含水量的多少来确定（表 1-1）。

表 1-1　犬的营养需要

| 营养成分 | 单位 | 100g 风干饲料中含量 | | 每天每千克体重的需要量 | |
| --- | --- | --- | --- | --- | --- |
| | | 成年维持期 | 生长育肥期 | 成年维持期 | 生长育肥期 |
| 蛋白质 | g | 22 | 35.5 | 4.8 | 9.6 |
| 脂肪 | g | 5 | 23 | 1.1 | 2.2 |
| 亚油酸 | g | 1 | 1.7 | 0.22 | 0.44 |
| 钙 | g | 1.1 | 1.3 | 0.24 | 0.48 |
| 磷 | g | 0.9 | 1.0 | 0.2 | 0.4 |
| 钾 | g | 0.6 | 0.7 | 0.13 | 0.26 |
| 氯化钠 | g | 1.1 | 0.87 | 0.24 | 0.48 |
| 镁 | g | 0.04 | 0.07 | 0.009 | 0.018 |
| 铁 | mg | 6 | 11 | 1.32 | 2.64 |
| 铜 | mg | 0.73 | 2.7 | 0.16 | 0.32 |
| 锰 | mg | 0.5 | 1.7 | 0.11 | 0.22 |
| 锌 | mg | 5 | 5.7 | 1.1 | 2.2 |
| 碘 | mg | 0.15 | 3.6 | 0.034 | 0.068 |
| 硒 | $\mu$g | 11 | 13 | 2.42 | 4.84 |
| 维生素 A | IU | 500 | 2 850 | 110 | 220 |
| 维生素 D | IU | 50 | 771 | 11 | 22 |
| 维生素 E | IU | 5 | 16 | 1.1 | 2.2 |
| 维生素 $B_1$ | mg | 0.1 | 1.74 | 0.022 | 0.044 |
| 维生素 $B_2$ | mg | 0.22 | 0.9 | 0.048 | 0.094 |
| 泛酸 | mg | 1 | 4.4 | 0.22 | 0.44 |
| 烟酸 | mg | 1.14 | 16.3 | 0.25 | 0.5 |
| 维生素 $B_6$ | mg | 0.1 | 0.73 | 0.022 | 0.044 |
| 生物素 | $\mu$g | 10 | 12 | 2.2 | 4.4 |
| 叶酸 | $\mu$g | 18 | 29 | 4.0 | 8.0 |
| 维生素 $B_{12}$ | $\mu$g | 2.2 | 3 | 0.5 | 1.0 |
| 胆碱 | mg | 120 | 400 | 26 | 52 |

## 四、犬的饮食保健

犬粮应该结合犬的体型、年龄、活力水平及不同犬种的生理特点以及生活方式等条件的不同而选择。对于大型犬来说，犬粮是用来控制体重及减少因体重超标带来的机能紊乱等问题。好的犬粮会为宠物犬提供均衡的营养，如成年犬的饮食搭配丰富，不需要高蛋白质的犬粮。

### （一）喂餐桌食物与生食的危害

**1. 喂食餐桌食物的危害**　多数人认为犬吃人剩的食物没有问题，其实不然。这有 3 个

方面的原因：

（1）犬对食物营养成分的需求。犬属于以肉食为主的杂食性动物，蛋白质的摄入量占有较大的比例，宠物犬蛋白质摄入量达 65％才能满足健康生存的需要，在幼犬时更高。这也是牛乳不能成为代用犬乳的主要原因；但是人类的食物中含有较多的脂肪、糖类等高热量营养，很容易让已经不再为饮食发愁的犬出现超重问题；此外，盐分也会过剩，维生素、矿物质也不符合犬的需要。同时，各种食材在烹饪的过程中性状发生了改变，其中所富含的营养成分（如维生素等）有所损失，因此厨余食物对犬来说有很大的健康隐患。

（2）不符合犬的消化规律，容易形成各种慢性疾病。犬的原始食性对犬的消化系统已经形成器质性的影响，犬的消化系统适合犬消化高蛋白质的食物，对于摄入的纤维、淀粉消化和吸收能力是有限的。尽管这些食物成分中也含有很多对犬机体有益的营养，可是犬自身并不能消化这些食材，因此只会增加其消化系统的负担，并且长期过量摄入会造成犬的体质下降、营养不良甚至患病。

（3）人类烹饪过程中使用的调味剂对犬有害。厨师在烹饪过程中会添加油、盐、酱、醋、味精等调味品改善菜肴的色泽、味道及口感，这些经提纯得到的成分对犬来说纯度过高，很容易摄入过量。以盐分为例，如果犬食物中的盐分含量超过 1.5％，会使犬毛发干枯暗淡，也会使犬眼泪增多。

另外，出于卫生的考虑，家庭的剩余食物多是人食用过的骨头等，易把人畜共患病传染给犬。放置时间较长的餐桌食物会变质，犬食用后可能中毒。一些家庭喂饲的火腿肠等食物对体重较小的宠物犬来说，化学防腐剂的毒害会更大，可能缩短犬的寿命。

**2. 喂生食的危害**　在一些宠物行业比较发达的地区，越来越多的犬主人在给犬挑选食物的时候，开始选择第 3 种思路：既非人类的餐桌剩饭，也非工业化流水线上生产的犬粮，而是纯粹的新鲜生肉，加入蔬菜和部分营养补充剂，还原犬在被人类驯化之前的食谱。

喂生食对饲主的专业要求比较高，生食喂养并不是仅仅将犬粮换成生肉那么简单，而是需要专业食谱来保证犬食物中的营养均衡。尽管生肉是犬最爱吃的食物，但生肉无法提供犬所需的全部营养。长期喂食单一肉食同样也会引发犬的各种健康隐患。犬主一定要在专业人士的指导下搭配犬食物。推荐生食的营养师会建议食材不经任何烹饪，但这意味着宠物犬患内寄生虫病的风险提高，食物的储存成本较高。所以生食喂养的养宠方式更适合有一定专业基础、时间充裕且经济条件良好的家庭，目前还无法全面推广。

**（二）犬粮对犬健康的益处**

（1）犬粮是根据犬的生理需求和品种特点研制而成的。犬粮中含有犬需要的蛋白质、维生素、矿物质等，其营养针对性强，营养全面均衡，有利于宠物犬的成长与需求。

（2）专业研制而成的犬粮含有提高犬免疫力的营养物质，可以大大提高宠物犬的抗病能力。

（3）犬粮的质地多半都比较坚硬，而对犬来说是非常好的。坚硬的犬粮有一定的清洁及锻炼牙齿的作用。可以更好地锻炼宠物犬的咬合能力，清洁牙齿上的残渣，保持口腔健康。

（4）给宠物犬喂食犬粮还可以很好地防止犬养成挑食、厌食的坏毛病。每天定期给犬吃犬粮，培养犬养成良好的饮食习惯。

**（三）更换犬粮的方法**

犬粮的种类有很多，有针对不同体型的、不同长短被毛的、不同生理阶段的、健康与疾病状态的、减肥的、有增重的，有牛肉味儿的、鸡肉味儿的、鱼肉味儿的等。任何一种犬粮都有独立的营养成分的比例，不能单一地长期给犬吃一种犬粮。给犬换犬粮可以让犬的营养摄入全面。犬需要更换犬粮时，应该逐渐进行，如果全换成新犬粮，就算是成年犬也有可能出现腹泻等肠胃问题。可将要更换的犬粮与目前用的犬粮按一定的比例混合，并逐渐增加新犬粮的比例，让其胃肠适应新犬粮，如一开始原犬粮吃 90%，新犬粮吃 10%，3～5d 以后，原犬粮为 80%，新犬粮为 20%。犬粮更换的时间需持续 7～10d。

**（四）关注犬粮包装袋上的信息**

专业、优质的犬粮应该包含犬成长所需要的各种营养物质，如蛋白质、维生素、矿物质、脂肪等，所以判断犬粮是否优质，可以先看其营养搭配比例，是否满足犬成长的需求，营养是否丰富、全面。每种犬粮包装袋上都有原料成分表，一般情况下，营养成分按顺序排列。饲料法规规定，饲料的各种成分必须按照比例从高到低依次列出，所以排在第 1 位的成分就是最关键的"第一主成分"。

（1）肉类成分的等级越高，犬粮品质也越高。肉类成分的等级依次为纯肉（meat）、禽肉（poultry）、肉粉（meat meal）、禽肉粉（poultry meal）。而目前绝大多数较高级的大厂饲料，大部分是以肉粉为主要材料，使用纯肉的非常罕见。

（2）"第一主成分"至少是肉粉或禽肉粉以上等级，而不是谷物。添加谷物和肉是为了提高蛋白质含量。

（3）尽量不要使用含有肉类副产品或级数更低的饲料。因肉类副产品包括内脏、头、脚、杂渣、羽毛，甚至还会有粪便等，这些全部混在一起经过干燥油炸制成的饲料营养价值很低。

（4）不能使用含有人工防腐剂与人工抗氧化剂的饲料。目前天然成分的抗氧化剂种类已经很多了，如维生素 C、维生素 E、柠檬酸等，化学合成的抗氧化剂虽然节省成本，但对犬的身体有害。

（5）原料成分表所表示的前 5 种成分当中，谷物类所占比重不需要太大。尤其是玉米或黄豆这 2 种，它们是最廉价的蛋白质来源，但不易消化吸收且容易产生过敏，在谷物类当中，糙米或燕麦等较为有益，也较易被吸收。

（6）原料成分表前 5 个成分至少保证 2 种动物性原料加 3 种植物性原料。目前市场上绝大多数犬粮是"1 种肉粉、3 种谷物、1 种动物性脂肪"的组合模式，如果连这种组合的标准都没有达到，说明这种犬粮的成本极低。

（7）要判断犬粮品质的好坏，还要检查犬粮的颗粒大小。简单地说，不同体型大小的犬所适合吃的犬粮颗粒大小不一样。如年幼的小型犬适合吃颗粒小的犬粮，大型犬适合吃大颗粒的犬粮。

（8）目前市场上犬粮包装规格较多，多是商家为消费者提供方便而设计，包装上通常有品牌、规格、主要原料比例、厂商等内容，选购犬粮时应仔细考察。此外，饲养大型犬宜选择 3kg 或 5kg 的中型包装犬粮，实惠又方便，饲喂时间不宜过长；饲养小型犬或幼犬宜选择 1～3kg 的小型包装犬粮，随吃随买，不至于太浪费。

（9）最后，还要看看犬粮的软硬度。年龄不一样的犬所适合吃的犬粮是不一样的。幼犬牙齿还没长全，所以适合吃容易浸泡、易消化吸收的犬粮，同样老年犬也比较适合吃这种软硬度适中的犬粮。相反，对于成年的宠物犬来说，可以吃适当坚硬一些的犬粮。

总之，一般犬的最佳饲粮标准为：粗蛋白质含量为 20%～25%，脂肪含量为 5%～8%，糖类含量为 60%～70%。不论使用何种品牌的颗粒饲料，其品质好坏必须通过实践来验证，可通过饲喂后犬体重变化、健壮程度、食欲、毛色、粪便等方面来验证。饲喂最适合的犬粮后，犬有食欲旺盛、生长发育良好、健康活泼、被毛有光泽、体格健壮、成活率高等表现。

**（五）犬的饲喂量的控制**

犬的饲喂量是指犬 1d 内所吃食物总量，通常以干物质或风干物质衡量。宠物食品生产商不可能对任何品种犬的个体需求量都进行精确地测算，商品犬粮的包装袋上的给食量仅可作为参考。犬的饲喂次数应根据犬的品种、年龄、活动量、饲料的营养量以及环境条件等区别对待。一般幼犬喂的次数多，成年犬喂的次数少。若饲喂次数太频繁，犬会有吃不完的情形，这时应减少饲喂次数。若次数太少，犬则会在下一次饲喂前显得急躁不安，这时就应增加饲喂次数。犬也和人一样，不同年龄、不同体型的食量有很大差别，犬主应根据犬的体重和总体情况对采食量加以判断和调整，可以从以下几个方面入手：

**1. 观察犬的进食情况** 如果犬很快就吃完了食物，还对着食盆恋恋不舍，表明饲喂量不足，下次饲喂时应该适当增加；如果犬采食结束后，犬盆内还有食物，说明饲喂量过多，可适当减少；如果犬吃几口就离开犬盆或根本没有食欲，犬可能染上疾病，需请宠物医生检查。

**2. 皮毛状况** 可根据犬的皮毛判断营养状态，如果皮毛失去光泽、晦暗、干燥，即可能表示饲喂量不足，犬营养状况较差，可适当增加饲喂量；若皮毛光亮，则营养状况较好。

**3. 排泄物** 犬的粪便应该实而不硬，若粪便较稀，特别对于消化机能尚不完善的幼犬，意味着饲喂量过多；粪便过少，则饲喂量不足；如粪便有腥臭味则需要检查。

**4. 体重** 定期称重可随时发现犬体重的变化。若短期内犬体重大增，可相应减少喂食量；若体重下降，则需增加喂食量来维持正常体重。

**5. 肋骨测量法** 用手触摸犬的肋骨，如果皮下肋骨突出明显就应增加喂食量；如果摸不到肋骨，说明皮下脂肪过多，这时应减少喂食量。

**（六）挑食犬的护理**

**1. 有规律地喂食** 1～3 月龄的犬，可以每天喂食 4 次；4～8 月龄时，每天喂食 3 次；8 月龄以后就可以改为每天喂食 2 次。让犬养成定时、定点采食的习惯，并限定在 30min 内吃完。在规定时间内未吃完则等下个喂食时间。

**2. 食物品种丰富、营养搭配全面** 将每种食物进行有机搭配，不能让犬长期食用某一种食物或者犬粮，对于幼犬可尝试将羊乳粉、犬钙粉进行组合搭配成营养套餐，另外要注意的是不能随意地更换食物。当然也不能突然换粮，要循序渐进，让犬慢慢适应新的食物。

**3. 及时补充微量元素及维生素** 有挑食习惯的犬是由于犬体内缺乏某些微量元素或维生素。例如，犬体内缺少锌元素后最典型的症状就是厌食，食欲明显下降，这是因为锌元素起着调节味觉的作用，缺锌后犬味觉敏感度下降，大大地影响其食欲。

**4. 定点喂食** 犬的食盆、水盆要放在固定的地方，不要随意换地点。当犬想要饮食的时候，就会到固定的地点去找，也能告诉人们它的需求。食盆、水盆不要放在过道或人经常经过的地方，以防碰翻或引起采食的犬不安，或者陌生人经过犬会因护食咬人。

### （七）何时需要补钙

犬对钙的代谢调控能力有一定的限度，摄入过高或过低量的钙都会对机体造成一系列的损害，如骨骼与牙齿发育不良，食欲与精神状态不佳，肌肉无力、毛色暗淡等问题。因此，科学饲喂宠物犬，根据其品种、生长阶段及生理需求对其日粮中钙含量进行调整十分必要。在宠物犬的饲养中，饲养者多按照传统方法进行饲养，有时忽略了犬的营养与需求比例，使犬未能展示其各方面的性能。不仅如此，还造成了饲料浪费以及多种营养代谢性疾病的发生。

**1. 幼犬在哺乳期间无须补钙** 幼犬断奶后，饲喂的犬粮如果是迷你型犬和小型犬幼犬食用的奶糕则无须补钙，因为这类幼犬犬粮中所含的钙能满足其生长需要。

**2. 大中型犬在生长期时应适量补钙** 因为犬的体型越大，生长速度越快，对钙质的需求量也越大，一般幼犬粮中所含的钙质很难满足它们生长的需要。

**3. 哺乳期母犬必须及时补钙** 母犬哺乳期，乳汁中钙质流失量很大，必须及时补钙，否则就会出现抽搐、痉挛等产后缺钙的情况，也可以服用葡萄糖酸钙口服液。

**4. 长期食用动物肝或以肉类为主食的犬应适量补钙** 因为这类食物中不但含钙量很低，而且含有高浓度的维生素 A，犬长期摄入高浓度的维生素 A 可抑制钙的吸收。所以应该减少喂犬肝的习惯或及时为其补钙。

## 五、喂犬时应注意的问题

### （一）犬不可以吃的食物

**1. 巧克力** 巧克力中的咖啡因可使犬输送至脑部的血液流量减少，从而导致心脏病以及其他有致命威胁的疾病。纯度越高的巧克力咖啡因含量就会越高，对犬的危害也就会越大。致毒量：6～9kg 的小型犬食用牛乳巧克力 226～340g 或者黑巧克力 28g，就有危及生命的可能。

**2. 葱类** 洋葱、大葱都含有二硫化物成分，它对人体无害，但会造成犬的红细胞氧化，可能会引发溶血性贫血，甚至危及性命。西餐中多用洋葱配菜，有的汉堡包中夹有洋葱，虽然量少，但也会对小型犬会造成很大的影响。致毒量：1 周 1～2 小片洋葱便足以损害红细胞，从而会影响输氧量，进而无法提供犬身体所需足够的氧气量。

**3. 肝** 少量的肝对犬有益，但过量可能引起不良反应。因为肝含有大量维生素 A，会引起维生素 A 中毒或者维生素 A 过多症，犬会出现骨骼畸形、体重减轻等症状。中毒量：1 周 3 个鸡肝（或对应量的其他动物肝）的量，就会引发骨骼问题。

**4. 禽类的骨头** 犬爱啃骨头，骨髓是极佳的钙、磷、铜来源，啃大骨有助于清除牙垢。但易碎裂的骨头，如鸡、鸭、鹅等禽类的骨既小又硬，犬囫囵吞下这些骨头可能会刺穿喉咙，或割伤犬的嘴、食管、胃或肠，引起胃肠出血，甚至会引起窒息。如要喂禽类的骨头，应用压力锅煮烂或者烘脆来喂。

**5. 生鸡蛋** 生鸡蛋含有一种卵白素的蛋白，它会耗尽犬体内的生物素，导致犬脱毛、生长迟缓、骨骼畸形等症状。生物素是犬生长及促进毛皮健康不可或缺的营养，此外生鸡蛋通常也含有病菌，容易导致犬腹泻或生病。煮熟的蛋则非常适合犬。

**6. 海鲜** 犬吃虾、蟹、墨鱼、章鱼、海蜇等容易引起消化不良，出现腹泻现象。另外部分犬对海鲜产品易产生过敏，尽量不喂犬吃。

**7. 刺激性食物**  辣椒、生姜、大蒜、胡椒、大料等不宜吃，会刺激犬的味觉，甚至会影响犬的嗅觉灵敏度。

**8. 高糖、高脂肪、高盐分食物**  高糖、高脂肪食物易使犬发胖而诱发一系列疾病，如心脏病、动脉硬化、脂肪肝等。美国国家科学院的一份报告显示，美国 1/4 的家猫、家犬患肥胖症。为遏制这一趋势，已生产出各种低热量，富含维生素、蛋白质和矿物质的减肥猫粮和犬粮。而咸鱼、鱼虾干、腊肉、火腿及腌肉等盐分高的食品势必会加重犬肾排泄的负担，影响肾健康，打破体液平衡，造成各种皮肤疾病。

**9. 生肉**  生的家禽及其他肉类对犬有危险，最常见的是沙门氏菌及芽孢杆菌感染，另外猪肉内的脂肪球比其他肉类大，可能阻塞犬的微血管。因此在饲喂时应避免猪肉制品，尤其是含硝酸钠的培根。

**10. 食用菌类**  市售的食用香菇、蘑菇等对犬是无害的。但还是应避免让犬食用，以免养成吃蘑菇的习惯，在野外误食。

**11. 葡萄**  有些宠物犬天生对葡萄过敏，饲喂时很容易引起肾衰竭，导致犬呕吐、腹泻，犬会变得沉郁，食欲不振，腹痛。严重时临床上少尿、无尿，最后肾衰竭。

**12. 牛乳**  一般冷藏的牛乳、冰激凌和其他乳制品也不能给犬吃，特别是对发育未完全的幼犬影响最大。通常几口冷牛乳就会造成幼犬腹泻，长期如此会形成习惯性腹泻，导致犬体虚弱，阻碍幼犬发育生长。其实，即便是加热的牛乳和其他乳制品也只能少量地喂犬，很多犬有乳糖不耐受症，如果犬喝了牛乳后出现腹泻、脱水或皮肤发炎等症状，应停止喂牛乳。一般有乳糖不耐受症的犬应食用不含乳糖成分的牛乳。

**13. 过量维生素 C**  犬可以在体内合成维生素 C。因此，不需特意投喂含维生素 C 的新鲜蔬菜和水果，吃得过多还容易引起消化不良，对此应注意。

### （二）犬有食草的习惯

在自然状态下，它们仅吃生的肉和骨头，偶尔食少量的野生植物或青草，以补充必需的维生素和矿物质。由于长期被圈养，犬几乎成了杂食性动物，通常一般的食物都能吃。犬吃草也不用紧张，有时会出现呕吐物为黄绿色汁液，这个现象是在吃草后出现的则不用紧张。由于犬不能自己控制饮食，也会暴饮暴食，所以家庭养犬要完全依靠人的科学安排，掌握犬的饮食规律，科学合理地安排犬的饮食对犬的健康非常重要。

### （三）让犬保持合适的体重

目前人们普遍对自己的犬溺爱有加，表现在饮食上就是给予过量食物，导致犬超重，这就引起了一系列的健康问题。如果犬的体重超出了正常的体重范围，应该每天带犬出去玩耍，给予适量营养均衡的食物，使犬保持适当的体型体重。对于非专业的人士来说无法判断犬体型是否标准。在这里推荐一个简单易行的方法，即用外部观察法判断犬的体重是否适当。用此方法检查，标准体重的犬应该达到以下 3 个要求：

（1）通过触摸可以感觉到胸部侧面的肋骨，但看不到。

（2）俯视犬时，可以看到犬腰部比胸、臀部窄。

（3）侧视犬时，可以看到犬的腹线沿着胸廓上收的弧度向上收。

### （四）其他应注意的问题

**1. 定时、定量、定温、定质**  饲喂犬时应注意做到"四定"，即定时、定量、定点和定温。

（1）定时。定时是指每天饲喂时间要固定。定时饲喂可使犬形成条件反射，每到喂食时间，胃酸分泌增多，胃肠蠕动加强，饥饿感加剧，从而使其采食量增大，消化吸收能力也增强。不定时饲喂的犬易患消化道疾病。一般情况下成年犬早晚各喂1次比较合适。

（2）定量。定量是指每天喂的饲料量要相对固定，防止犬吃不饱或暴饮暴食而导致消化不良。避免幼犬因未吃饱而咬木板、沙发、拖鞋、犬笼等，但又不能无限制地让其过量吃饱。

（3）定温。犬喜欢温热的食物，饲料的温度控制在40℃左右为宜，当食物的温度超过50℃时，犬有可能拒食。因此，应避免食物太热或过冷，太热的食物会烫伤犬的口腔，而太冷的食物则又容易导致犬腹泻。

（4）定质。定质是指日粮的配合不要变动太大，喂的饲料质量一定要保持清洁新鲜，变更饲料时要逐步进行，防止吃霉烂腐败的饲料，一定要保证饲料的安全。

**2. 定食具、定场所**

（1）定食具。犬应固定食具，不要经常更换。食盘要大一点，每次添食不要太多，盖住盘底即可。让犬舔食，吃完再添加，使其养成不剩食的习惯。

（2）定场所。犬的喂食场所要相对固定。因为犬有在固定地点睡觉、进食的习性，有些犬在更换饲喂场所后食欲不振，甚至拒食。犬在固定地点进食是一个非常好的习惯，养成这种习惯的宠物犬一般不会到外面乱吃东西。宠物犬的进食地点要远离厨房和餐厅，以免它养成到餐桌附近找东西吃的不良习惯。喂食地点最好是在犬窝附近。

**3. 观察犬的进食情况**　因饲料单一、不新鲜、有异味等，犬不愿采食；饲料中含有大量化学调味品，或含芳香、辣味等有刺激性气味的物质，以及特别甜或咸的食物，均影响犬的食欲。喂食的场所不合适，如强光，喧闹，几只犬在一起争食，有陌生人在场或其他动物干扰等。如上述原因都排除了而食欲仍不见好转，应考虑疾病问题，要注意观察犬体各部有无异常表现，发现问题及时请兽医诊疗。

**4. 合理的饲喂次数**　犬一般根据其年龄来确定一天吃几餐，科学合理的饮食方式应按3个阶段进行划分：

（1）断奶至10周龄。每天吃4餐：第1餐8：00，第2餐13：00，第3餐18：00，第4餐22：00—23：00。

（2）11～16周龄。喂食的次数减少至每天吃3餐：8：00、14：00和20：00。

（3）17周龄以后。每天吃2餐：8：00和20：00。

犬的食量有一个很好且简单的估测方法，就是食量大约是体重的1/20。喂食成品犬粮的，可依照商家提供的食用量进行饲喂。

**5. 饮水**　水对犬的意义重大，犬几天不食不会对身体造成很大影响，但几天不饮水则对其身体造成极大影响，甚至导致死亡。可在犬舍内或运动场所放一盆清洁的水，让其自由饮水。

**6. 饲喂犬残羹**　残羹剩饭的营养不平衡。即使喂食的话，也不应该超过食量的10%。肉上的脂肪应该剔除，骨头也不能直接喂食，最好喂前用水冲一下，冲去表面的盐与油。

**7. 奖赏和零食**　奖赏和零食都应该尽量少给。在训练时给犬奖赏零食，同时要控制食物的供给。对于幼犬和老年犬来说，咀嚼对身体的健康有益。如咀嚼人造犬骨头，有

助于刮除牙垢，清洁犬的牙齿。另外，咀嚼可以为它们带来巨大的愉快，让它们有事可做，不会用过盛的精力去破坏家里的物品。市场上有猪耳朵、蹄子、犬骨头等耐嚼的零食，这些都是犬喜欢的零食。猪耳朵含有丰富的脂肪和蛋白质，咀嚼用的蹄子由蛋白质构成。二者都是天然的动物产品，有利于消化。但蹄子和骨头一样容易碎裂，所以喂犬的时候要注意。另外不要随意给犬饮用饮料，有些饮料中含有咖啡因，会导致犬呕吐或不适。

### 分析与思考

1. 如何选择犬饲料？
2. 犬日粮的营养功能有哪些？
3. 为何不能给犬喂餐桌食物？
4. 哪些食物犬不能吃？
5. 喂犬的注意事项有哪些？

# 任务三　犬的防疫与驱虫

犬的传染病与寄生虫病对犬危害大，严重的可以导致犬死亡，因此要做好防疫与驱虫。

### 学习内容

1. 驱虫的重要性
2. 疫苗免疫的重要性

## 一、驱虫的重要性

### （一）驱虫要先于免疫

在犬的基础防疫体系当中，驱虫和疫苗是不可或缺的两个重要组成部分。驱虫要先于免疫，因为疫苗的效果会受到体内寄生虫的影响，假如犬肠道内有寄生虫，那么免疫失败的可能性会非常大。

驱虫就是利用药物清除犬体内及体外的寄生虫的过程。犬的体内寄生虫包括蛔虫、钩虫、绦虫、心丝虫等，体外寄生虫有跳蚤、蜱、疥螨等。如果得不到及时清理，这些寄生虫会造成犬的营养不良、免疫系统脆弱等问题，进而为其他病菌的肆虐创造机会，有些寄生虫本身也会传播犬的恶性疾病，所以驱虫的重要性不言而喻。

### （二）犬要驱虫的原因

刚出生的幼犬体内也有可能生活着寄生虫。典型的如蛔虫，携带蛔虫的母犬会通过胎盘将蛔虫传染给幼犬。除胎盘外，乳汁也是幼犬从母犬身上感染寄生虫的一个重要的途径。所以即使是刚刚出生的幼犬也需要驱虫，如果驱虫不及时，那么幼犬很快就会表现出各种病症，例如食欲不振、消瘦、发育迟缓、呕吐等，严重的甚至会引发死亡。

### （三）犬常见的体内寄生虫与危害

**1. 蛔虫**　蛔虫（图1-20、图1-21）感染属于人畜共患病，幼犬蛔虫感染率很高。母犬常经胎盘将蛔虫幼虫传递给幼犬，蛔虫幼虫在幼犬体内移行，经由血管、呼吸道、胃肠道完成移动，如果顺利，蛔虫则到达肠道寄生；有时会移到眼睛、胆管等器官，造成的损伤更严重。除了通过胎盘感染，犬吃入鼠和蛔虫卵亦可造成感染。

犬常见寄生虫

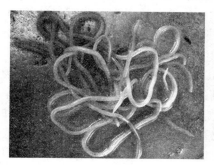
图 1-20  犬蛔虫成虫

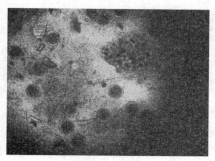
图 1-21  犬蛔虫虫卵

**2. 钩虫**  钩虫（图 1-22、图 1-23）的感染途径、体内路径与蛔虫类似，它甚至可以趁犬在草地上玩耍的时候直接穿透皮肤感染。感染犬表现剧烈瘙痒，啃咬自己，形成严重的皮肤病。另外，钩虫每天都要更换在肠道的吸血部位，但是钩虫会向吸血部位注入大量抗凝血物质，引起犬严重的贫血（甚至死亡），使粪便呈黑色或红色。钩虫不像蛔虫可以在粪便中被轻易发现。

图 1-22  犬钩虫成虫

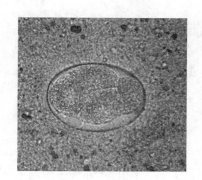
图 1-23  犬钩虫虫卵

**3. 心丝虫**  借助蚊子传播。只要被感染了心丝虫幼虫的蚊子叮咬，犬即可患病。它们寄生于心脏（图 1-24）并伤及肺部，虫体数量尚少时，患犬是无症状的。患犬在遛犬、洗澡等兴奋激动的时候，表现咳嗽、气喘、尿血、咳血、流鼻血、舌头发蓝等症状，甚至趴在地上不动，若剧烈运动，还有可能发生猝死。从蚊子将心丝虫幼虫传递给犬，到这种幼虫能够伤害到犬需要超过 1 个月的时间，所以每个月使用药物进行心丝虫病的预防，就可以简单、安全、有效地预防犬的心丝虫病。

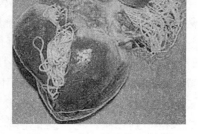
图 1-24  犬心脏中的心丝虫

**4. 绦虫**  犬复孔绦虫病是由双壳科、复孔属的犬复孔绦虫寄生于犬、猫等动物的小肠所引起的疾病。是犬、猫常见的寄生虫病，人体偶尔感染，特别是儿童。犬复孔绦虫为中型绦虫，活体为淡红色，固定后为乳白色，最长可达 50cm，宽约 3mm，约由 200 个节片组成。头节小，有 4 个杯状吸盘，顶突可伸缩，上有 4~5 行小钩。每一成节内含 2 套生殖系统。睾丸 100~200 个，位于排泄管的内侧。体两侧各有一卵巢和卵黄腺，形似葡萄。生殖孔开口于体两侧的中央稍后。成节与孕节平均长度大于宽度，形似黄瓜籽，故又称瓜籽绦虫。孕节内子宫有许多卵袋，每个卵袋内含虫卵数个至 20 个以上。虫卵呈球形（图 1-25），直径为 35~50μm，内含六钩蚴。犬复孔绦虫的中间宿主主要是蚤类，其次是犬毛虱。孕节随犬粪便排出体外或主动蠕动出肛门外，破裂后虫卵逸出，蚤类幼虫吞食虫卵后，六钩蚴在其体内发育为似囊尾蚴，终末宿主因舔毛吞入含似囊尾蚴的蚤、虱而被感染，在终末宿主小肠内约经 3 周发育为成虫。犬复孔绦虫在犬、猫中感染率可达 50%，感染无明显的季节性。少量虫体引起轻微损伤。大量寄生时，虫体以其小钩和吸盘损伤宿主肠黏膜，宿主生长发育出现障碍。虫体分泌毒素引起宿主中毒。轻度感染一般无症状。幼犬严重感染时可引起食欲不振、消化不良、腹痛、腹泻或便秘、肛门痛痒等。虫体可集聚成团，堵塞肠腔，导致腹痛、肠扭转甚至破裂。感染后主人会在犬粪便中发现"大米粒"状的物体，即绦虫的节片（图 1-26）。绦虫本身是没有感染性的，但节片若感染了环境中的跳蚤，发育一段时间后，犬再吃进这样的跳蚤，就会造成绦虫感染。所以预防性地做好体外驱虫，犬、猫就不会感染绦虫。对于已经感染了绦虫的犬，应先使用驱虫喷剂，将环境中所有的跳蚤清除，再服用吡喹酮，杀灭绦虫。

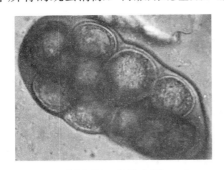

图 1-25　犬绦虫卵

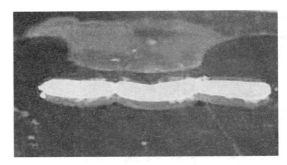

图 1-26　犬绦虫节片

### （四）犬常见的体外寄生虫与危害

犬的体外寄生虫比较多，常见的如跳蚤、虱、疥螨、蠕形螨、蜱等。这些寄生虫不但会叮咬犬的皮肤造成外伤，还会携带某些危险的病菌或者害虫，引发更严重的问题，甚至会造成人和宠物之间交叉感染。

**1. 跳蚤**　是犬身上最常见的体外寄生虫之一（图 1-27）。它会寄生在犬的体表，尤其是犬的腹部、腹股沟等位置，通过反复叮咬分泌毒素，引发犬强烈瘙痒和不安。被长期寄生时，犬会出现贫血、过敏性皮炎、脱毛等症状，如果得不到控制，还有可能引发急性湿疹性皮炎，使患部化脓。

图 1-27　显微镜下的跳蚤

宠物主要是从周围的环境中感染跳蚤的，如家里、小区花园、灌木丛等。一只未被保护的宠物一旦感染了跳蚤，就好似一台会移动的"播种机"，不断地将蚤卵散播到经过的地方。如不能彻底杀灭所有的跳蚤和虫卵，并持续阻断其再生过程，那么跳蚤这一恼人的问题将周而复始地困扰宠物主人。当在宠物身上看见跳蚤时，问题已经很严重了，因为人肉眼可以看到的成蚤只占全部蚤群5%，另外还有95%的蚤卵、幼蚤和蚤蛹是生活在环境中，很难用肉眼看到，在犬的被毛间如果发现有黑褐色的跳蚤粪便，也表明有跳蚤感染。因此要定期预防跳蚤。

**2. 虱**　虱病是由毛虱科、毛虱属的毛虱寄生于犬体表所引起的疾病。犬啮毛虱（图1-28）也可在幼猫身上发现。雄虱长约1.74mm，雌虱长约1.92mm。淡黄色具褐色斑纹，虱体扁平，分头、胸、腹三部分，头比胸宽，无眼，触角1对，咀嚼式口器，胸部有3对粗短的足。猫毛虱，虫体长约1.2mm，淡黄色，腹部为白色，具黄褐色条纹，头呈三角形。属不完全变态发育，包括卵、若虫和成虫3个阶段。雌、雄虱交配后，雌虱产卵于宿主毛上，卵经7～10d孵化为若虫，若虫经3次蜕皮变为成虫。整个发育期约为1个月。毛虱一生均在宿主身上度过，离开宿主后，在外界只能生存2～3d。毛虱以毛和皮屑为食，采食时引起动物皮肤瘙痒和不安，影响采食和休息。因啃咬而损伤皮肤，可引起湿疹、丘疹、水疱和脓疱等，严重时导致犬脱毛、食欲不振、消瘦、发育不良（图1-29）。

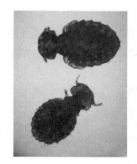

图1-28　显微镜下的犬虱

图1-29　大量犬虱叮咬犬头部

**3. 疥螨**　疥螨的发育要经过卵、幼虫、若虫、成虫（图1-30）4个阶段，均在宿主身上完成。疥螨以皮肤碎片和渗出物为食，在进食过程中，疥螨的唾液会分离出多种过敏原，引起犬强烈的过敏反应，导致犬剧烈瘙痒。同时，过敏反应产生的免疫复合物会在多个器官中沉淀，尤其是肾，引起免疫介导的肾小球肾炎。所以疥螨问题不仅仅是一种皮肤病，还是全身性的疾病。疥螨的危害还在于它可以引起犬与主人之间交叉感染，发生率为25%～30%。青年犬更易患疥螨。如犬主人习惯抱犬甚至与犬同睡，就更容易被感染，感染后的主要症状是在犬前臂、腿、躯干等位置可见疱疹和痂皮，耳缘部结痂明显（图1-31），犬抓挠严重。通常情况下只要感染疥螨的犬被治疗，主人的损伤就会快速好转。

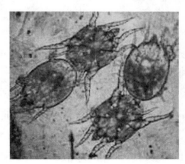

图1-30　犬疥螨成虫

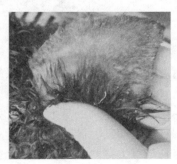

图1-31　犬耳缘结痂

**4. 蠕形螨** 犬蠕形螨病是由于皮肤内的蠕形螨增殖所引起。犬蠕形螨具有宿主特异性，是犬皮肤内的常驻寄生虫。它通常寄生在犬毛囊内，偶见于皮脂腺，以细胞、皮脂和表皮碎屑为食。成虫的大小为（250～300）$\mu m \times 40\mu m$，某些犬身上存在较长（334～368$\mu m$）或较短（90～148$\mu m$）的蠕形螨虫体（图1-32）。有人认为这些体型异常的蠕形螨可能是之前不曾被认识的蠕形螨种类，也可能是犬蠕形螨突变或畸形的结果，短的蠕形螨存在于皮肤表面，而长的存在于毛囊皮脂腺。纯种犬比杂种犬易感。蠕形螨病的易感品种地域差异较大，吉娃娃犬、斗牛犬、松狮犬、西施犬、藏獒、英国古代牧羊犬等是蠕形螨的易感品种。蠕形螨病具有遗传性，可能是常染色体隐性遗传。禁止发病犬及其有血缘关系的犬继续繁殖，可以降低此病的发病率。新生幼犬哺乳过程中与母犬接触而获得虫体是蠕形螨的唯一传播途径，时间限于出生后的3～5d。研究发现：出生16h的犬毛囊内即可发现蠕形螨，而且最先出现在嘴周围。虫体不会在死胎身上出现。如果将母犬剖宫产并且让幼犬远离母犬，也不会发现蠕形螨的传播。至今没有发现年龄较大的犬之间能够水平传播蠕形螨。

蠕形螨病的临床表现主要有两种形式：局部蠕形螨病和全身蠕形螨病。有时涉及足部发病的称为足部蠕形螨病。局部蠕形螨病主要在3～6月龄发病，通常只有轻度的病变，虽然可能时好时坏，但是90%的犬可以在1～2个月自愈。主要临床症状是：脱毛斑，多数病例的病变出现在嘴部、面部和前肢，通常不痒，因此推测这些螨虫是母犬在哺乳时通过与幼犬的密切接触而传给幼犬的。这种接触使局部蠕形螨病经常发生在面部（图1-33）。偶尔出现耳道内蠕形螨增殖病例，表现为耵聍性外耳炎，有时瘙痒。由局部蠕形螨病发展为全身蠕形螨病的情况极为罕见。全身蠕形螨病主要在3～18月龄开始发病（青年犬首发性蠕形螨病）。没有具体的标准用来划分蠕形螨病是局部还是全身。多数人认为局部病变在6处以内，超过12处归为全身性。评估局部还是全身蠕形螨病应在发病的早期进行。

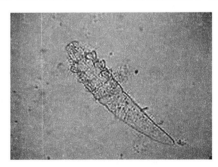

图1-32　犬蠕形螨成虫

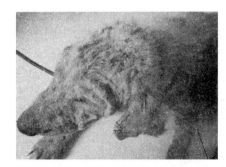

图1-33　犬面部蠕形螨感染引起脱毛、皮肤红斑

**5. 蜱** 蜱又称壁虱（图1-34）。常见的蜱种属有扇头蜱属、硬蜱属、革蜱属、血蜱属、璃眼蜱属及钝眼蜱属。其中血红扇头蜱是国内常见蜱种。这种蜱一生要吸血3次，每次吸血都要从犬（或者其他动物）身上掉下来，蜕皮后，再找个新宿主吸血，所以它是一种三宿主蜱。蜱一旦附着到宠物的身上，就开始找最佳的吸血部位。一般来说，蜱喜欢的吸血部位有耳部、脚趾间、面部、腋下，因为这些部位的皮肤薄、毛发稀疏（图1-35），血液更丰富，并且更容易与草尖接触。蜱在接触到宿主之后，就会将触角打开，将口器插入皮肤，开始注入唾液，然后吸血。实际上，在蜱吐入消化液的同时还有大量的病原体和毒素一同进入血液。这种吸血的方式使得蜱成为寄生虫里传播疾病的罪魁祸首。

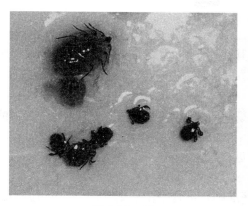

图 1-34 蜱

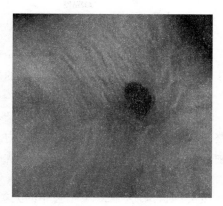

图 1-35 蜱叮咬皮肤

**（五）驱虫药物的选择与驱虫程序**

给犬体内驱虫一般要内服驱虫药（图 1-36），主要针对蛔虫、钩虫、绦虫及心丝虫。幼犬一般建议 2 周龄开始驱虫，每月 1 次，一直到 6 月龄，6 月龄以后开始每 3 个月驱虫 1 次。繁殖犬在发情前驱虫 1 次。

有些品种（如苏格兰牧羊犬）对特定的药物过敏，选择时要特别注意安全性和有效性并重。伊维菌素能够有效地预防通过蚊子传播的致死性极强的心丝虫病，除能预防心丝虫之外，该药还能治疗并控制肠道内 3 种钩虫和 2 种蛔虫，驱虫谱广、安全性好，适用于苏格兰牧羊犬、妊娠哺乳期母犬以及 6 周龄以上的幼犬。

体外驱虫通常会采取外用药物或洗浴的方法进行防治。外用药物的剂型包括滴剂与喷剂，一些著名的动物医药品牌都有专门用于犬体外驱虫的药，能够充分满足犬的日常驱虫需要。

体外驱虫除蚤项圈如图 1-37 所示，大部分除蚤项圈是以橡胶为基础，掺入有机磷或者氨基碳酸盐杀虫剂制成的。除蚤项圈的好处是这种项圈戴在犬脖子上之后会缓慢释放杀虫剂，杀灭跳蚤的工作在日常不经意的时间就能完成。但除蚤项圈也有很大的弊端和风险，使用不当则有可能出现副作用，如有些犬会对除蚤项圈内的有机磷成分过敏，引起脖颈位置接触性皮炎，出现脱毛、皮肤红肿现象，如果不能及时治疗，还会变为大面积的皮肤发炎。此外，佩戴除蚤项圈时还要注意控制项圈与犬皮肤之间的距离，太紧会增加皮肤炎症的发病率，太松又有可能让犬咬到项圈，出现中毒现象。所以，如果给犬佩戴除蚤项圈，一定要在兽医的指导下进行，并且随时关注犬的健康状况。

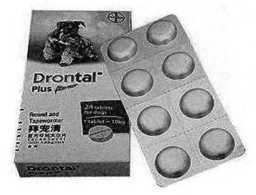

图 1-36 肠道驱虫药片

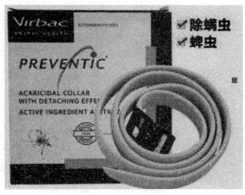

图 1-37 体外驱虫除蚤项圈

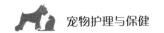
## 二、疫苗免疫的重要性

疫苗是将病原微生物（如细菌、病毒等）及其代谢产物，经过人工减毒、灭活或利用基因工程等方法制成的用于预防传染病的生物制品。

### （一）疫苗的作用

疫苗免疫对于预防犬特定病毒感染、细菌感染或寄生虫感染具有重要作用。注射疫苗的最终目的是让犬对入侵病毒产生免疫力。但一些干扰因素会影响抗体的产生，所以想要疫苗注射成功，必须要在免疫系统不受干扰的情况下进行。

### （二）疫苗分类

按美国兽医协会2011年公布的犬类疫苗程序准则，可将疫苗依据其需要性分为三大类：

第一类为核心疫苗，是与公共卫生以及地区流行病有关的疫苗，用来预防具有高危险性的疾病，也就是一定要注射的疫苗，包括犬瘟热疫苗，犬腺病毒Ⅱ型疫苗、犬细小病毒病疫苗、狂犬病疫苗。

第二类是非核心疫苗，这种疫苗是针对地区性流行病的疫苗，应由兽医根据每只犬的情况来判断是否要注射此类疫苗。非核心疫苗包括犬副流感疫苗、钩端螺旋体病疫苗、犬莱姆病疫苗。

第三类是不建议注射的疫苗，不建议使用这类疫苗的原因可能是因为保护效果不足、副作用太强、疾病本身伤害低等。

对于第一类要严格按照规定按时给犬注射，一般可以预防犬的常见疾病。二、三类疫苗可以由宠物医生决定是否注射。

### （三）疫苗预防的主要传染病

**1. 犬瘟热** 俗称犬瘟。这是一种多见于幼犬的恶性传染病，幼犬一旦感染，病死率高达80%～90%，并可继发肺炎、肠炎、肠套叠等。犬瘟热是由犬瘟热病毒引起的，传染性极强。感染之后的初期症状表现为犬高热不退，体温能达到41℃左右；食欲不振、精神萎靡、眼鼻会流出水状的分泌物（图1-38），并且伴随喷嚏、腹泻等症状。之后2～14d，患病犬会持续高热、咳嗽，分泌脓性鼻涕、脓性眼眵，同时继发胃肠道疾病，食欲废绝，出现呕吐、腹泻等症状，此时已属于犬瘟热中期。犬瘟热发病后期，病犬只会出现典型的神经症状、口吐白沫、抽搐（图1-39），已基本上没有治愈的可能。

犬常见传染病症状

图1-38 病犬眼、鼻分泌物（犬瘟热）

图1-39 病犬抽搐、口吐白沫（犬瘟热）

犬瘟热的感染主要通过犬与犬之间的直接接触，刚出生的幼犬当中，一旦有 1 只发病，很快就会"全军覆没"。治疗主要是在发病初期注射犬瘟热疫苗或单克隆抗体以控制病情发展，最好的办法是注射疫苗提前防疫。

**2. 腺病毒Ⅰ型感染**　犬腺病毒是哺乳动物腺病毒属中致病性最强的一种病毒，有 2 个血清型。其中犬腺病毒Ⅰ型既可引起犬传染性肝炎，也可引起狐狸脑炎，故又称狐狸脑炎与犬传染性肝炎病。该病一年四季均可发生，各种性别、年龄和品种的犬、狐均易感染，但其中以断奶至 1 岁的动物的发病率和病死率最高。病程较犬瘟热短，大约在 2 周内恢复或死亡，有时在数日内死亡。

**3. 腺病毒Ⅱ型感染**　犬腺病毒Ⅱ型可引起犬的传染性喉气管炎及肺炎症状。该病多见于 4 月龄以下的幼犬，可以造成幼犬全窝或全群咳嗽（犬窝咳）。该病潜伏期为 5～6d，表现持续性发热，鼻部流浆液性鼻液，随呼吸向外喷水样鼻液。6～7d 表现阵发性干咳，后表现湿咳并有痰液，呼吸喘促，人工压迫气管即可出现咳嗽。听诊有气管音，口腔咽部检查可见扁桃体肿大，咽部红肿。病情继续发展可引起坏死性肺炎。病犬可表现精神沉郁、不食，并有呕吐和腹泻症状出现。该病易和犬瘟热、犬副流感病毒及支气管败血波氏杆菌混合感染。混合感染的犬预后不良。如果要确诊，必须要到宠物医院做血清检查。犬窝咳的治疗首先要将患病犬隔离，然后使用抗菌抗病毒的药物、止咳和扩张支气管的药物对症治疗。最好的办法依然是提前注射疫苗进行防疫。

**4. 细小病毒感染**　一年四季都有感染可能，天气寒冷的季节多发。细小病毒对犬具有高度的接触传染性，不分性别。幼犬感染之后症状会比成年犬更加严重。感染细小病毒的犬会表现出肠炎型和心肌炎型 2 种类型。在发病初期，犬会表现出发热（体温在 40℃ 以上）、精神萎靡、食欲低下、呕吐、腹泻等症状；随着病情的发展，逐渐会排出带有腥臭气味的血便（图1-40）；病情后期，犬严重脱水，鼻头干裂，体

图 1-40　犬排血便（细小病毒病）

重严重减轻，严重者会出现突然呼吸困难、心力衰竭、迅速死亡。

对细小病毒的治疗主要是在发病早期使用犬细小病毒血清、单克隆抗体、干扰素、免疫球蛋白等药物，提前注射疫苗是最稳妥的预防方法。

**5. 犬副流感**　这是由犬副流感病毒引起的一种以呼吸道炎症为主的传染性疾病，临床表现为发热、咳嗽、流鼻涕。发病急、传播快，而且容易与其他病原体发生混合感染，出现出血性肠炎和神经功能障碍等并发症。在发病初期，患病犬的主要表现是持续地干咳。发生混合感染后会诱发肺炎，这对于幼犬来说是非常致命的。初期的症状有可能持续 1～3 周，而后病情加重，病犬的眼睛、鼻子都会出现水状分泌物，同时犬精神不振，食欲低下。犬副流感可通过接触病犬及其分泌物传染，因此一旦发病之后，必须马上隔离病犬。

犬副流感的治疗没有特殊的应对方法，临床上主要以防止继发感染为主。提前注射疫苗进行防疫是最好的办法。

**6. 钩端螺旋体病**　钩端螺旋体病是由有致病力的钩端螺旋体所致的一种自然疫源性急性传染病。其流行地区几乎遍及全世界，在东南亚地区尤为严重。我国大多数省、自治区、

直辖市都有该病的存在和流行。鼠类和猪是两个重要保菌带菌宿主，它们可通过尿液长期排菌。之所以要在其他疫苗基础上加强对钩端螺旋体病的免疫，是因为犬在外出游泳、饮用不洁净水、接触鼠及其排泄物时都有感钩端螺旋体病的风险，同时钩端螺旋体病还有可能感染人，因此要进行免疫。

**7. 狂犬病**　狂犬病是让很多人闻之色变的一种恶性传染病，因为该病可以在人与动物之间传播，且病死率达100%。狂犬病病毒对神经系统有极大的破坏作用，早期犬会表现出精神沉郁、反应迟钝、流涎、不愿行动等特点，后期则进入兴奋期，会狂躁不安，攻击性变强（图1-41）。预防狂犬病最好的方法就是提前注射狂犬病疫苗。

因为疫苗的保护条件比较苛刻，需要维持在2～8℃，所以推荐去具有专业资质的动物医院注射，而非自行购买注射。注射时，要先用酒精给皮肤消毒，不要用酒精给针头消毒，也不要用碘酊给皮肤消毒。注射方式为皮下注射或者肌内注射，但是不能将疫苗注射在脂肪层。

图1-41　犬患狂犬病时攻击性强

### （四）不适合免疫的情况

注射疫苗的时候要考虑犬不适合注射疫苗的情况，主要考虑犬的年龄、健康状况、精神状况等多方面因素，因为这些因素会影响疫苗发挥作用，甚至有可能造成免疫失败。

**1. 6周龄之前不要给犬注射疫苗**　6周龄以下幼犬的免疫系统受到初乳中母源抗体的严格保护，即使接种了疫苗，疫苗的作用也会被初乳中的抗体中和，无法刺激免疫系统。所以当犬还明显处于初乳的保护期内时，不应该也不需要注射疫苗。母源抗体的消退往往没有统一的时间，会因为母犬本身的各种因素差异出现不同，所以一般核心疫苗都会注射3针，也是为了尽量保证避开母源抗体的作用期。

如何评估幼犬的母源抗体水平？在首次对犬进行免疫时，应该由兽医对幼犬的母源抗体水平进行评估，评估标准包括母犬有无注射过有效疫苗（注射过则母源抗体水平为高）、幼犬是否吃过初乳（吃过初乳为高）、饲养环境是否安全（环境中有幼犬夭折或者混养的为低）等，也可用专业检测方法来判断母源抗体水平，抗体水平越低，就要越早对幼犬进行免疫，反之则建议推迟免疫。

**2. 犬的健康状况不明时不要给犬注射疫苗**　在注射疫苗之前一定要对犬的健康状况进行基本的检查。如果在注射疫苗前犬已经感染了某些病毒处于潜伏期，此时犬的免疫系统是在高强度运转当中，假如这时又注射疫苗，反而更容易引起发病。

**3. 驱虫没有完成的不要注射疫苗**　肠道寄生虫也会成为疫苗失败的原因。肠道寄生虫在幼犬体内很常见，幼犬可能在出生前或出生后由母犬传染。体内寄生虫的存在一直被认为是一种复杂的应激状态，某些寄生虫感染可能会导致免疫抑制。所以新犬到家后要先观察1～2周，确认没有任何疾病症状，在疫苗注射前2d可用对犬进行体外驱虫，同时驱除体内寄生虫。驱虫之后再注射疫苗，才能保证疫苗的效果。

**4. 幼犬精神状态比较紧张时不要注射疫苗**　紧张会使肾上腺素分泌增加，而肾上腺素则会降低免疫力。况且频繁地在不同环境中转换会让幼犬非常紧张甚至害怕，这一点经常被主人忽略。8 周龄以内的幼犬不建议送去美容院或者宠物医院，这样不但会增加犬的紧张情绪，也容易让犬接触到病原。建议幼犬先在新家适应 1～2 周，当它适应新的环境、确认一切健康后再注射疫苗，这样注射疫苗的效果最好。注射疫苗后 1 周内应避免应激，如洗澡、变换犬粮、受惊吓等。

### （五）疫苗的免疫程序

目前我国使用的犬传染病疫苗主要是五联苗或八联苗及狂犬病疫苗。五联苗可以预防的犬传染病为犬瘟热、犬细小病毒病、犬副流感、犬腺病毒Ⅰ型引起的传染性肝炎，犬腺病毒Ⅱ型引起的呼吸道疾病；八联苗可以预防的犬传染病为犬瘟热、犬细小病毒病、犬副流感、犬腺病毒Ⅰ型引起的传染性肝炎，犬腺病毒Ⅱ型引起的呼吸道疾病，犬冠状病毒病，犬型钩端螺旋体病及黄疸出血型钩端螺旋体病。注射疫苗的程序为：6～9 周龄时，注射第 1 针疫苗；之后间隔 3 周，注射第 2 针疫苗；再间隔 3 周，注射第 3 针疫苗，另外注射狂犬病疫苗1 针，注射狂犬病疫苗时要保证犬日龄达到 3 月龄。

目前通行的注射频率是每年 1 次，除第 1 次注射需要完成 3 次共 4 针（狂犬病疫苗需要单独注射）之外，之后每年巩固注射时只需要注射 1 次（共 2 针）就足够，这也就是默认疫苗的有效期为 1 年。一般都认为核心疫苗的免疫力持续时间较短。国外的一些兽医已经开始建议核心疫苗每 3 年进行 1 次加强注射，宠物主人可以通过在医院检测犬体内的抗体来确定是否需要继续巩固注射。

### （六）免疫前后注意事项

注射完疫苗之后的 24～48h，犬有可能出现精神不佳、嗜睡、食欲下降等反应，注射狂犬病疫苗还有可能出现明显的发热、抽搐、皮疹，出现这些症状正是疫苗刺激免疫系统出现反应的体现，一般都会自行恢复。

注射完疫苗之后的 3d 内不能洗澡，也尽量不要外出，避免犬身处各种让其感到紧张的场所，否则这种环境变换带来的紧张感会引发犬的应激反应，直接影响疫苗发挥作用。

### （七）免疫失败的原因

**1. 个体因素**　动物机体对疫苗接种所产生的免疫应答在一定程度上受遗传因素控制，犬的品种繁多，免疫应答各有差异，即使同一品种，不同个体的犬对同一疫苗的免疫应答强弱也不一致。有的犬甚至可能存在先天性免疫缺陷，从而导致免疫失败。

**2. 母源抗体干扰**　这是免疫失败最常见的因素之一。一定水平的母源抗体对于保护幼犬、避免早期感染传染性疾病具有极其重要的意义。但种犬个体免疫应答的差异以及种犬所用疫苗的不同（所诱导的母源抗体滴度也存在较大的差异），造成不同来源的幼犬母源抗体水平参差不齐。如果所有幼犬均固定在相同日龄进行了首免，母源抗体水平过高的幼犬反而可干扰疫苗的免疫应答，而母源抗体水平过低的幼犬则可能在接种疫苗时处于传染病潜伏感染期，从而导致免疫失败。

**3. 营养因素**　抗原进入机体后产生不同水平的免疫反应——细胞免疫和体液免疫，它们都需要一定的营养物质。营养物质缺乏或不足，尤其是维生素 A、维生素 D、B 族维生素、维生素 E 和多种微量元素及全价蛋白质缺乏时，均会影响免疫抗体的生成速度或生成的数量，从而导致免疫反应滞后或免疫应答能力下降，导致免疫失败。

**4. 疫苗方面的原因**　使用非正规生物制品厂生产的疫苗、疫苗重量不合格或质量欠佳；使用过期疫苗；疫苗在运输、储存过程中，不能保证低温条件，使疫苗滴度降低；

疫苗取出后受到日光直接照射或取出时间过长，导致疫苗活性降低；冻干疫苗未使用专用稀释液稀释，疫苗稀释后未在规定时间内用完，从而造成疫苗的稳定性大大降低；免疫接种不到位、接种剂量不准确等，均可影响疫苗的效价及免疫效果，甚至导致免疫失败。

**拓展知识**

### （一）人被犬咬后的处理

人被犬舔了或者咬了，是不是必须要注射狂犬病疫苗呢？这个问题的答案要视具体的情况而定，一般被猫、犬或者野生动物抓伤咬伤之后的标准处理方法如下。

**1. 立即处理**　立即用水和肥皂或其他洗涤剂冲洗伤口至少 15min，之后用碘酊或酒精消毒伤口（以化学或物理手段清除感染处狂犬病病毒是有效的防护措施。因此，迅速对可能已感染狂犬病病毒的所有咬伤处和抓伤处进行局部处理很重要）。

**2. 迅速就医**　由医护人员进行伤口的消毒，依据医生的判断，给予预防破伤风及其他细菌感染的防护措施。

**3. 及时免疫**　依据世界卫生组织的建议，参照下面的条件决定是否需要开始暴露后处理（需医生指示）：

根据暴露性质和严重程度将狂犬病暴露分为以下 3 级，见表 1-2，并分别采取不同的处置原则。

表 1-2　暴露分级与处置原则

| 分级 | 与宿主动物的接触方式 | 暴露程度 | 处置原则 |
| --- | --- | --- | --- |
| I 级 | 符合以下情况之一者：<br>（1）接触或喂养动物<br>（2）完好的皮肤被舔 | 无 | 确认病史可靠则不需处置 |
| II 级 | 符合以下情况之一者：<br>（1）裸露的皮肤被轻咬<br>（2）无出血的轻微抓伤或擦伤 | 轻度 | 立即处理伤口并接种狂犬病疫苗 |
| III 级 | 符合以下情况之一者：<br>（1）单处或多处贯穿性皮肤咬伤或抓伤<br>（2）破损皮肤被舔<br>（3）黏膜被动物体液污染 | 严重 | 立即处理伤口并注射狂犬病疫苗和狂犬病被动免疫制剂（动物源性抗血清或人源免疫球蛋白） |

世界卫生组织对于处理被犬咬伤的有一个 10d 观察法的建议：被犬咬伤的人可以先行注射狂犬病疫苗，然后将疑似犬隔离，如果犬在 10d 内不发病，就可以判断犬是健康的，自然也不会将狂犬病传染给人，接下来的狂犬病疫苗也就不需要继续注射了。

### （二）狂犬病传播途径

狂犬病的传播途径主要有几个方面：

（1）被犬或其他动物咬伤或抓伤皮肤或被其舔黏膜而感染。这是主要的传染方式。狂犬病病毒通过破损的伤口和黏膜侵入神经而导致发病，狂犬病病毒无法通过完好的皮肤感染。经统计，被感染的人被犬或其他动物咬伤导致感染占 90%，而抓伤皮肤后被唾液中的病毒沾染感染率为咬伤的 1/50，黏膜侵入则概率更为微小。

（2）宰杀或剥皮过程中不慎刺伤手部感染发病。患狂犬病动物的肉中，破碎的神经组织可能带有病毒，导致病毒侵入伤口而感染发病。

（3）经消化道感染。因患狂犬病而死亡的动物被埋入地下，冬天被冻，野犬或其他动物将其扒出，并将肉吃掉，从而感染狂犬病。

（4）人吃未熟的、感染狂犬病的动物的肉也有可能通过消化道黏膜被感染（概率非常小），熟肉则不会感染。

（5）还有一种概率极小的途径，即"飞沫感染"。在自然环境下无法感染，只有在实验室的环境下，若狂犬病病毒浓度非常高，才有发生这种情况的可能性。

### 🐾 分析与思考

1. 如何避免免疫失败？
2. 如何正确驱虫？
3. 常见体外寄生虫有哪些？如何预防？
4. 人一旦被犬咬伤应如何处理？

# 任务四　犬的运动护理

运动是健康犬生活中必不可少的内容，运动可以减缓压力，发泄不良情绪，使精力更加充沛，运动中还可以拉近主人与宠物犬之间的距离。有些犬种缺乏运动时总是觉得很无聊，表现为在睡醒后东翻西找，出现一系列异常行为，如用四肢刨窝、啃咬物品、撕扯衣物、咀嚼、狂吠或者捡拾垃圾。对大多数的犬来说，散步无法满足犬的运动需要，要使犬保持健康的体魄，除了每天带犬外出排便和散步以外，还应根据犬种、身体素质、天气等实际情况安排其他形式的运动，如慢跑、游戏、游泳等。运动既可以增进犬主人与犬的感情，同时也能完成犬的运动训练项目。

### 学习内容

1. 训练成年犬的社会交往　　　3. 犬的运动
2. 培养幼犬的社会交往　　　　4. 犬在外出时的护理

## 一、训练成年犬的社会交往

所谓犬的社会化，是指让犬接触各式各样的人、动物、声音、物体等，体验各种不同事物的一个过程。如果犬的社会化不足，当其遇到人或其他动物时，犬会表现得非常害怕，以至于出现攻击或者其他的异常行为。一些犬无缘无故地重复某一动作，如咬尾、频频舔舐等，这些情况都被认为是犬的"不由自主"行为，都是在不安状态下表现出的强迫运动行为。造成的原因可能是犬的社会化交往出现了问题，而一些社会化较好的犬，它们整日四处奔跑，接触可谓"综合"的环境，它们早已习惯了各种各样的事情，对周围的环境、事物、人及动物等都了如指掌、司空见惯，不会有枯燥、孤独、恐惧等感觉。

人们按照自己的意愿与习惯约束犬并让它们与人们生活在一起。犬是一种具有社会属性的情感动物，犬与人类、犬与其他动物、犬与犬之间不断地交流着感情（图1-42），所以有必要让犬学会交往。社会交往需要调动犬的所有器官，交往时犬不但通过自己的嗅觉、听觉、触觉、视觉及味觉去感知外面的世界，同时也用肢体语言、吠叫与人类、同类及其他动物进行交流。社会交往是与其他生命个体的互动行为，在整个社会交往过程中犬必须让对方产生适应，或者自己被动适应。

图1-42 犬与犬交往

假如犬被剥夺了社会交往的权利，不能与人类、同类及其他动物之间正常交往，它的身体和感情的健康都会受到影响。如破坏物品、似狼嚎叫、过度舔自己的前肢、咬物品狂甩、撕扯主人的衣物、外出有攻击行为等。虽然这些行为可能有其他原因，但绝不排除是由于犬缺乏社会交往造成的。

正常情况下，犬从出生后就已经开始有了社会交往。首先它要与主人及家庭成员相处，它们虽然有时候比较顽皮、淘气，但是大多数犬还是明白应该与主人及家庭成员融洽相处。但是当它们走出家门后，一方面渴望与人类、同类及其他动物的友好交往，另一方面它们在交往过程中会因害怕而有些胆怯和神经质。因此要以培养犬的社会交往为目的，在犬注射疫苗后即出生3个月后，就可以带它到犬集中的公园、集市去游玩散步。让犬逐渐地去接触人类、同类或其他动物，学会相处、学会避让，逐渐掌握社会交往技能。

外出时，要为犬系好牵引绳（图1-43），一方面防止因犬过于兴奋而四处奔跑发生危险，另一方面还要防止它攻击或被攻击行为的发生。

每天都应带犬出去游戏、散步，当遇到人类、同类及其他动物时一定要仔细观察犬的行为表现，一旦发现犬有攻击行为的前兆，一定要通过严厉的语气或拉扯牵引绳的动作及严肃的表情，立即对其行为进行有效的制止。同时通过抚摸来安抚它的情绪，让它知道它的行为是不对的。假如犬看见同类并无攻击行为且非常友好时，应该满足犬的交往意愿，允许两只犬进

图1-43 为犬系牵引绳

行接触、交流，互相传递信息。一定要让两只犬相互嗅闻彼此，了解、交流一定信息之后再分开它们。千万不要把刚见面的两只示好的犬强迫分开，这样犬会情绪低落，可能会做出一些异常行为来发泄对主人的不满。另外有时可带着犬去参加一些宠物聚会，让它多与同类接触，学会与不同的犬友好相处，满足犬的精神需求，同时在聚会中为犬建立自信与勇气。

## 二、培养幼犬的社会交往

幼犬的社会交往是从出生后开始的。在犬出生后就可以开始让其适应人的抚摸，此时犬已经开始了社会化进程。在整个仔犬期，母犬常常会用舌头对其进行按摩来促进仔犬的排泄，同时母犬通过声音、接触、气味及身体姿势等"语言"与仔犬进行交流。在仔犬成长的过程中，它可以通过这些交流在群体间建立起稳固的联系，它通过气味来辨别自己的兄弟姐

妹。幼犬可以通过不断学习来提高自己的社会交往能力，幼犬开始时可能会害怕儿童，因为儿童会揪它的毛或摸它的臀部和尾巴，这是犬不喜欢的事情。但是儿童会常常给它扔一些食物，于是幼犬会逐渐适应儿童的表达方式，从而建立了良好的信任关系。

### （一）犬 4～8 月龄阶段的训练

这段时期称为"第一独立期"，这与人在成长期经历的两个"独立期"很相似。犬在这段时间的"反叛"表现为不服从主人的指令，以不服从主人的口令来"试探"主人，有时候就算幼犬已经听明白主人的口令，它也会装作听不懂的样子。当主人发出"过来"的口令和做出手势时它不过来，当主人发出口令让它做某个动作时它却不做，就像一个典型的"叛逆期"的儿童。在这一时期犬的牙齿开始更换，在这段时间应该给幼犬提供足够的玩具以供它咀嚼，否则它会啃咬家里的家具、拖鞋等。更重要的是要保证幼犬有足够的时间与外界进行正常的社会交往，减少幼犬的压力，压力是造成心理和身体失调的原因之一。感到有压力的幼犬常常会出现一直做出同样动作的强迫性行为，如在房间内的同一位置，漫无目地不停走来走去；或者是做出各种各样的破坏性行为，如撕咬拖鞋、撕咬主人的衣服、把物品撕成碎片等，这些可能是焦虑不安所带来的压力，严重的可能会导致身体的健康状况异常。这段时期有时也称为"逃避期"，因为此阶段的幼犬经常会表现对周围的事情多疑，对新事物也变得行动犹豫。在这段时间要注意保持训练的乐趣，要注意幼犬的承受能力，保持适当的训练进程，培养幼犬与主人或训导员的感情。

### （二）犬 8～10 周龄阶段的训练

此阶段是训练犬的关键期。大的声音刺激或粗鲁的训练手法都会使幼犬受到严重的惊吓，恢复期可能需要几个月甚至几年。在这 2 周内，幼犬持续进行社会化的过程很重要。但应尽量避免将幼犬带到易受到惊吓的环境中，有人认为在这个阶段尽量不要带幼犬到诊所就诊。这是因为幼犬此时正处于情感发展时期，此时兽医对幼犬的检查，如往直肠里塞体温计等都会让幼犬感到害怕、恐惧，恐惧感会长久地烙印在幼犬内心深处。同时医院的陌生环境、气味等也会让幼犬产生恐惧。

### （三）犬 10～16 周龄阶段训练

此阶段被称为"社会窗口期"。这阶段的训练会对犬未来的性情与行为产生重要的作用。16 周龄之前如果没有受到新奇或不寻常事物的刺激，那么幼犬以后碰到这些东西都会害怕。害怕的形式有很多，它们可能会逃跑或打斗，会很焦虑地吼叫，也可能会显现出某种表现恐惧的姿势，如把尾巴夹在两腿之间、弓背、颈部的毛竖起，耳朵平贴头部，同时心跳加快，瞳孔变大并全身颤抖等。所以在这种关键形成期持续对犬进行训练就显得尤为重要了。这段时间的训练可以让犬建立自信心，发展其情感的"反馈"，这也就是说，给它越多接触环境的机会，它也就越来越容易学会从错误中取得经验，它的情感、行为也就会变得越来越恰当。训练包括室内习惯训练及诸如坐、卧、停、来、随行和到指定位置等。在这个生长发育旺盛和警用性能形成的非常时期，幼犬社会化驯养也至关重要。幼犬强健的体质、健康的身体和充沛的精力是衔取欲望培养的基础，训练越早越好，同时训练幼犬以适当的力量衔取物品更为重要。

## 三、犬的运动

对于幼犬而言，运动可以强身健体，可以增强自信心。游戏、散步甚至游泳都能增加它的力气和耐力。出门运动时，要给幼犬系好牵引绳，让它慢慢习惯牵引绳的陪伴。因为幼犬看见外面的世界会感到新奇，往往对主人的召唤不予理睬，幼犬只顾自己调皮地玩耍，东奔西跑，而忽略了安全问题。所以主人带幼犬外出运动时，一定要保证幼犬的安全。每天可带幼犬出去运动几次，每次运动时间根据运动项目、季节的不同控制在 20～40min。需要注意的是幼犬容易疲劳，一定要选择它能承受的范围内运动，千万不要一次运动时间过长。对于某些幼犬，一定要留意，因为它们有时候会突破运动极限。犬主人应及时发现幼犬发出的疲劳信号，比如无精打采、步伐缓慢或不愿行走、气喘吁吁等，此时应让幼犬原地休息，待有所好转再进行适当活动。

　　成年犬精力旺盛，有固定的活动，如游戏、散步、游泳。让成年犬有一定的运动量，以促进它消化功能的正常运转和吸收，促进新陈代谢，调整犬的神经活动，提高抗病能力，同时可以让成年犬保持心理和生理的健康。

　　成年犬的运动要依据犬种、犬自身身体状况、天气等选择项目。可选择慢跑、游泳、随着脚踏车跑步、衔取、接物（图1-44）、爬山等，可以让犬参与到主人事先设计的固定活动中，这些运动对主人和犬都是非常有益的。犬的运动方式很多，要依据犬的种类不同来确定适合的运动项目和运动极限。如蝴蝶犬喜欢长跳，而迷你杜宾犬则擅长快速奔跑。运动前需要请兽医给犬做一个彻底的检查，身小腿短的犬如威尔士柯基犬、

图1-44　成年犬的运动项目

巴哥犬不能跟着自行车奔跑，而它们更适合的运动项目是短途的散步；关节或者心脏不好的犬不能做剧烈、长时间的运动。

## 四、犬在外出时的护理

### （一）预防传染病

　　达到疫苗接种年龄的幼犬在接种前必须做体检，因为只有身体健康的幼犬才能接受疫苗接种。除了 50 日龄以内的幼犬不能接种疫苗外，还有些犬由于特殊原因不能按时免疫，如新买的犬、妊娠的母犬、产后半个月的母犬、病犬、刚去势的犬及外伤未愈的犬。对于特殊时期、未免疫的犬，在活动时应注意尽量不要带犬外出，尽量避免接触其他犬或路旁的排泄物，以免引发传染病。严格控制运动时间和运动量，千万不能让犬做剧烈运动，否则会因犬抵抗力较差而引发各种传染病。

### （二）文明带犬出行

　　**1. 做好准备**　出去运动之前，主人要给犬准备拾粪器和塑料袋，防止犬随处排泄污染环境，犬便后主人要收拾干净，倡导文明养犬；要随身携带犬用饮水瓶供其饮水；运动前要带犬到指定地点排泄，然后再去运动。

　　**2. 防止犬打架**　犬天生就是喜欢打架的动物，犬之间的打架行为一般不是恶性的，形成社会等级是它们的主要目的。无论是家庭的伴侣犬或是工作犬，都会有争强好斗的犬，我

们常常会看见两只犬互相撕咬打成一团，最后可能两败俱伤。犬打架一般都是为了争夺在群体中的地位、领地、配偶或是出于防御本能而采取的攻击行为。为了有效地防止犬打架，在日常生活和训练中都要注意防范，严格管理。一旦发生打斗，主人或训犬员也要有效地控制它们，防止被犬咬伤。

（1）外出系好牵引绳。无论是大型犬还是小型犬，主人在带犬外出游戏、散步时，应该系好牵引绳，对于大型或中型犬或者有攻击行为的犬，最好佩戴口笼，防止事故的发生。特别是在小区遛犬的主人要注意，假如犬与小区里的犬有过冲突或性格不合，主人就一定要小心，不但要系牵好引绳，还要错开游戏、散步的时间和地点，来防止打架行为的发生。

小型犬在与其他犬发生冲突的瞬间，主人可及时将犬抱起来，通常也能避免它们的正面冲突。如果来不及制止，在它们打架的时候，千万不要挡或是踢犬，因为这样很容易激怒犬而被咬伤。有些主人喜欢对着打架犬大声呵斥，这根本起不到什么作用，有时反而会激怒它们，导致打斗更加激烈。牵引绳可有效地防止犬打架，在两只犬发生冲突的瞬间，主人强行拉走自家的犬可避免打架。

（2）做好犬的服从训练，确定首领地位。做好基本的服从训练，强化训练效果。让犬知道主人或训犬员才是它们的首领，没有首领的命令，犬无权擅自发起进攻。对于主动发起进攻的强势者，主人或训犬员要对其进行适当的惩罚，压住它的气势，关禁闭隔离它们，两只犬看不到对方会慢慢冷静下来，然后抓住时机进行适当的训导，消除打架的意念。

（3）做好绝育。如果饲养犬只是作为家庭伴侣犬，并不用于繁殖，主人可以考虑为犬做绝育手术，这样在某种程度上可以降低或削弱犬的攻击性。

一旦犬已经打起来，千万不要拉扯犬的颈部，防止被犬咬伤。主人要先保持冷静，不要对犬大声喊叫，这样不但起不到震慑犬的作用反而会更加激怒它们。对于小型犬来说，可快速地抓住犬的尾巴向后拉，及时用衣物等将打架犬分开；对于大型犬最有效的办法是两个人分别抓住两只犬的后腿，千万不要急于放下犬的后腿，否则它们可能又会撕咬到一起。同时用严厉的语气发出口令"不行"或"No"。就算它们分开了，也还是要继续抓住犬的后腿，不要沿直线向后拉扯，而是要以绕圈的方法向后退，逐渐让两只犬远离，确保安全后放可放开犬的后腿。

### （三）运动场地的选择

（1）犬运动场所选择要合适。如边境牧羊犬喜欢运动，速度快、冲力足，常忽略地面上的障碍物。它们不适合在又硬又粗糙的路上奔跑，这样会导致肉垫磨伤。而太滑的路面会让犬摔倒，损伤关节。

（2）游泳运动时要特别注意，要带犬到没有污染的水中游泳，因受污染的水中含有病菌，防止犬不慎感染病菌，危害健康；还要注意防止犬发生溺水，虽然犬都会游泳，但由于水路情况不同，激流或水草缠绕的地方都可能导致犬溺水。

（3）防止犬被蜇伤。在野外运动时，犬会钻入丛林或到隐蔽处乱跑。可能会发生被一些昆虫或其他动物蜇伤的危险，如海边的海蜇，树木中的牛虻、蜈蚣等。

运动时要密切观察犬是否有运动缓慢、精神状态不佳等疾病预警信号的发生，一旦发现应立刻停止运动；不要过度劳累，防止伤及犬的健康；运动过后不能立即洗澡或冲凉。

### （四）天热遛犬防中暑

中暑又称热应激。炎热的夏季，犬的皮肤汗腺并不发达，犬主要是通过足垫上和舌头上少量的汗腺来散热降温的。在高温、高湿的环境下，犬不能充分调节体温。有些犬很容易中暑，如北京犬、巴哥犬、斗牛犬等，由于这些犬呼吸道短，加之个子矮小，很容易受到地面热量的影响。即便在傍晚日落时运动，地面的温度有时也会很高，矮个子的犬会气喘吁吁，出去前要确认地面温度降到一定程度，最好选择在树荫下进行适当运动。如果散步途中发现犬把舌头痛苦地伸出（图1-45），同时发出嘶哑的声

图1-45 中暑前兆

音，甚至是低吼，此时虽然犬会自己跑到草坪上进行降温调节，但主人还是应立即中止户外活动，马上回到室内。所以主人在夏季遛犬时一定要注意防止犬发生中暑。

**1. 避免阳光暴晒** 夏季由于环境温度高、日光直射头部，犬很容易发生中暑。遛犬一定要选择早晚气温偏低时出去游戏、散步，避免过强的紫外线辐射。

**2. 避免过量运动** 夏季气温高，加之犬散热机能不好，过量运动会产热而使犬中暑。所以一定要避免在高温、高湿的环境下长时间做过量的剧烈运动，尽量减少户外活动时间。

**3. 保证饮水充足** 主人带犬出去游戏、散步，可随身携带自动饮水瓶供犬饮用，及时给犬补充水分。还可在出门遛犬前后给犬饮用淡盐水或口服补液盐，防止中暑的发生。同时要注意尿量的变化，假如尿量减少，一定要注意观察犬是否中暑。

**4. 严禁留犬在车里** 有的主人喜欢开车带犬出去游戏、散步，结果有时候为了自己方便就把犬单独放在车里，在没有开空调的情况下，太阳直晒下的汽车容易聚热，车内的温度很快就会升高。假如夏季外面的温度是35℃，车内的温度在0.5h内就会达到70℃。犬的体温达到40℃就会受到伤害，大脑也会受伤。长时间可能会导致犬中暑甚至死亡。

**5. 避免使用宠物袋** 夏季天气炎热，宠物袋闷热不透气，容易使犬中暑，出门遛犬时最好选择牵引绳。

**6. 剪短被毛** 夏季将犬厚厚的被毛剪短、打薄，则有利于犬传导散热。但不提倡剃光犬的被毛，因为这样做不但不能让犬凉快，反而容易晒伤犬的皮肤。同时注意脚底毛要及时修剪以便散热，遛犬也可以有效地防止中暑的发生。

**7. 禁止带病犬外出** 夏季严禁携带病犬到室外。患有急性感染的特别是患呼吸道感染的犬禁止到室外活动，否则就会发生中暑。

**8. 加强营养** 当室外温度超过36℃时，要求对犬加强营养，提高免疫力。饲喂时要加饲一些有利于防暑的饲料，或者每天给其口服防暑药物，还可以在饮水中加入电解质、维生素。

炎热的夏季出去遛犬一旦发现犬有呼吸急促、心动过速、口吐白沫或流涎，甚至昏迷不醒，可能是犬中暑了。应立刻将犬放在阴凉通风处，用凉水冲洗犬的腋窝、大腿根部和腹部进行降温，也可用冰块或冰水冷敷，严重的立即就医。

**（五）运动要有计划和规律**

制订合理的运动计划，犬运动应做到每天坚持，千万不能因为主人忙于工作而忽略了犬的运动计划的执行。如果运动期间确实需要休息，也要注意不能间隔太长时间不运动，否则失去了锻炼的意义，犬也会对刚刚建立的条件反射有所遗忘，同时犬也会因整日待在家里而做出一些异常行为。

### （六）外出的安全

带犬过马路时，一定要给犬系好牵引绳，绝不可不带牵引绳过马路，防止犬发生车祸等意外，同时可让犬养成走人行道的良好习惯。散放运动时一定要注意安全，切不可让犬随意乱跑，以免造成犬受伤、攻击他人、撞伤等安全事故。对于不听话的犬在散放运动时，主人可用伸缩性牵引绳和项圈止吠器等来有效地约束、控制犬的行为。

牵引绳是人与犬之间连接的安全纽带，也是养犬者必备的用具。除了在训练犬时用来规范它的行为之外，平时也是让犬与主人之间建立良好关系的最佳利器。当犬个性顽劣或行为举止怪异时，正确地使用牵引绳也能获得较好的矫正效果。主人要根据不同体型的犬，在不同情况下选择适合它的牵引绳。牵引绳种类繁多，其中包括项圈、胸背带、背带、P字链、伸缩性牵引绳和项圈止吠器等。

**1. 项圈** 材质分为兽皮、皮革、尼龙、塑料和布艺等，根据犬的大小又分为不同型号。除了普通的项圈外，还有为了防止犬相互斗殴咬伤颈部，起到保护作用的单排或双排钉皮质项圈（图1-46）。兽皮的项圈相对使用年限较长，而其他材质的项圈价格相对便宜。项圈要配合犬绳才能使用。

**2. 胸背带** 样式比较多，一般都是在犬的胸口处有环绕一圈的设计，胸背带（图1-47）宽窄不一，将犬的胸部或胸腹部包裹住，同时大部分的牵引绳的连接点都在靠近肩胛骨上方的背部中心点的位置上。

图1-46 单排钉皮质项圈

图1-47 胸背带

还有升级版本的胸背带经常用于大型、中型犬，马具式胸背带受力点均匀地分散在胸腹部，不会对气管造成伤害，多加了支架的胸背带只要长度调整服帖于犬的身材，几乎不会发生挣脱的现象。

有的胸背带边缘采用反光设计，通过强光照射发出耀眼的光芒，从而更多地保护犬夜间出行的安全。

**3. P字链** P字链（图1-48）也称控制链，通常有铁链、尼龙链等材质，有粗细之分，主人可依据犬的体型进行选择。上面的光滑金属环可自由滑动，颈围可任意调节，限位扣要放在犬正常颈围的位置，起到固定滑动环的作用，防止脖圈部分从身体上滑落。正确地佩戴P字链很重要，使用时一定要将链子呈P形，这样施力的方向才是正确的，若将链子呈"口"字形，方向完全错

图1-48 P字链

误，当主人拉扯 P 字链时，犬的脖子就会被束死，长此以往，很可能会让犬的气管受伤。假如人在左侧、犬在右侧，则要反方向佩戴，呈 q 形。使用 P 字链，除了注意链子的方向和犬的位置外，也要注意链子的润滑度，防止犬受伤。

P 字链作用的重点是在于"瞬间使用"刺激犬，而并非让犬感到疼痛。使用时，一定要注意动作迅速准确，主要是以快速拉扯链子使其瞬间紧缩，让犬感到不舒适，同时在链子碰到犬的瞬间就要立刻停止拉扯动作。使用 P 字链之前最好放在自己的手臂上反复练习几次，掌握诀窍后再使用在犬身上比较稳妥。假如犬生性胆怯或主人与犬还没有建立信任，千万不要使用。

通常 P 字链在犬种比赛上出现得比较多，犬是否能听从主人的话，定向行走，随行主人，基本上都是靠着 P 字链来完成。按照主人的口令或走或停，不用人为使力就可控制犬。当犬向前冲的时候，绳子会自动收紧，当犬慢下来时，绳子也会跟着放下来。也就是说再也不需要吃力地拉扯犬才能控制住它，保证犬在出行时不乱吃垃圾、不乱扑人、咬人等。

**4. 伸缩性牵引绳**　分为大、中、小型犬使用，根据人体学设计，手把部分包裹软胶，手感舒适。伸缩性牵引绳（图 1-49）采用一键式控制按钮改变绳子长短，给犬足够的活动范围，收放自由、简单方便。选购上重点要考虑的是以所需要的延伸长度及能承受犬种的自身重量为衡量标准。对于一些不听话的犬在散放运动时使用效果最佳，散放运动时，主人可有效地掌控犬的活动范围，一旦犬想跑出主人的控制范围，主人可按下按钮收回牵引绳，让犬乖乖地回到自己的身边，从而有效控制犬不良行为的发生。

图 1-49　伸缩性牵引绳

**5. 项圈止吠器**　主要有两种：一种是项圈在喉结处加装放电装置的止吠项圈（图 1-50），当犬走出家门而出现吠叫、乱捡食物、咬人及扑人等行为时，主人可以根据犬不良行为的不同，按下手中遥控器的相应按钮，按钮上有警告音、电击和震动等功能。项圈上的止吠器发出警告声音来提醒犬不要做出主人不允许的行

图 1-50　项圈止吠器

为；止吠器通过由弱到强的电击档位来训练、惩罚犬的行为。这种项圈适合于中小型犬使用。另一种是会散发令犬无法忍受的某种气味的止吠项圈。这些都是让犬感到即刻的不舒适，因此会让犬的不良行为得到有效控制。

总之，牵引绳能增强犬的服从性，防止犬走失，防止犬发生车祸等意外，防止犬误食有毒有害的食物，防止犬随地排泄，防止犬发情期出现乱交配的现象，防止犬咬人或惊吓到他人。

犬在第一次佩戴牵引绳时，多数表现不喜欢牵引绳的束缚，会用爪子扒扯或用牙齿进行撕咬，这时主人不要大声呵斥犬，更不能用力拉扯牵引绳刺激犬或用牵引绳打它，否则犬会对牵引绳产生恐惧感。正确的做法是分散犬的注意力，当它玩耍牵引绳时，主人用犬平时喜欢的玩具（网球、飞盘等）吸引犬的注意力。分散犬的注意力，使其逐渐适应牵引绳。需要注意的是千万不要用牵引绳逗引犬，更不能用牵引绳抽打犬，否则犬容易养成啃咬牵引绳和看见牵引绳就逃跑的习惯。

在纠正犬不良行为、培养其良好习惯时，牵引绳的使用是必不可少的。由于犬的一些先天遗传因素的影响，犬的某些生物因素和生理因素会使其产生一些不良行为，如乱咬人畜、禽或拣食垃圾及啃咬牵引绳等。为了改掉犬的不良行为、使其养成良好的习惯，主人要在犬刚刚出现不良行为征兆时，及时制止其发生。正常情况下牵引绳使用时处于松弛状态，当犬要出现不良行为时，主人用力突然拉扯牵引绳刺激它，同时用严厉的音调发出口令"No"或"不行"。此时犬因受到刺激而停止发生不良行为，此时主人即可将牵引绳放松到正常状态。

### （七）运动后的饮食

进食前后 30min 禁止运动，且不要暴食暴饮，以免造成犬的肠管破裂、扭转、套叠等内科疾病。如果犬的运动量比较大，可考虑增加肉类或鱼类等蛋白质，这样可以有助于犬的肌肉生长，另外还可适量喂食含有 B 族维生素的肝，因为它可帮助蛋白质的代谢。需注意的是不要喂食过多的肝，否则易发生维生素 A 中毒。

---

### 拓展知识

### 犬 丢 失 的 处 理

犬对外面的世界总是充满好奇。它们喜欢到处游走，特别在春秋两季的发情季节里，公、母犬相互追逐奔跑，一旦离开主人的监管，犬就会丢失。所以出门时主人一定要给犬系好牵引绳。

假如犬丢失了该怎么做？先在犬活动的区域仔细搜寻，假如找不到，可在原地等候半小时；给动物救助站打电话，寻求帮助，描述自家犬的品种、性别、体貌特征等，同时留下自己的联系方式，以便救助站反馈信息。利用社交网络，可在微博、微信、QQ 上发布寻犬启事，详细写清犬的品种、性别、体貌特征并附上照片。到可能走失的社区或街道张贴犬的照片，必要时可附加悬赏说明。调取自家小区的监控，为寻犬锁定目标。

为了有效地防止犬丢失，主人可让兽医为犬嵌入微型芯片，同时给注册的芯片及时更新信息。芯片可以说是犬的身份证，犬一旦走失被别人捡到，就能够通过扫描芯片，确认身份；还可安装犬定位器，将全球定位系统（GPS）追踪器 App 下载到手机，主人可随时在 App 中查到犬活动轨迹的数据，还可通过定位追踪到犬当前位置，找回丢失的犬。平时应注意对犬的训导，让犬服从主人的命令。自家养的犬不用于繁殖的，可做绝育手术，避免发情犬离家出走。还可以为犬佩戴犬牌，放上卡片，上面写上主人的姓名、犬名、地址、联系方式，有好心人捡到会联系犬主人的。带犬出门和其他犬玩耍，让犬熟悉外在环境，避免外在刺激，减少走失的风险。

防止犬受到惊吓。犬受到惊吓的原因常常是外界突然的声响，如鞭炮声、机器的巨大噪声及雷声等，这些巨大的声音如同回荡在山谷中沉闷的声音，令它感觉到毛骨悚然，不知所措。此时犬会表现出极度的不适感，然后就会跑到一个狭窄的它自认为安全的地方躲起来，等声音消失后，犬可能已找不到家而丢失。除此之外遇到其他动物的威吓或攻击也会造成犬受到惊吓，在本能的驱使下，犬就会逃跑，假如犬对自家的路线并不熟知，犬可能也会丢失。

# 任务五　犬的基础护理

宠物犬每天跟人们生活在一起，身上散发出的味道时时刻刻影响着人与环境。人们喜欢用有香味的洗毛液给犬洗澡，去除犬身上的臭味，犬喜欢舔舐主人表示亲近，但因犬的口臭而影响人们的心情，降低与犬接近的欲望。有些犬的眼眶会出现不明的肿胀、充血、眼眵过多及泪痕等；牙齿上有牙菌斑、结石、口臭等；犬频繁地甩耳朵或搔抓耳朵，表示犬耳朵出现了问题；犬的被毛易打结，形成毛团与毛球，这些都影响到人们与犬亲近。

犬常常在户外运动，在天然湖泊、池塘、水坑等地潜水，在野外、公园或庭院嬉戏，皮毛上会沾染毛刺、寄生虫和灰尘。因此犬的皮毛清洗非常重要，为保持皮毛清洁干燥，要根据犬的皮毛类型，选择适宜的洗毛液，掌握犬被毛清洗的正确方法。为了保持皮毛光亮、健康且不易脱落，还必须学会选择合适的工具刷理和梳理犬的皮毛，并通过刺激犬的皮肤，保持犬被毛的健康生长。这些都要专业人员来帮助犬进行护理与清洁。

**学习内容**

1. 护理前的基础知识
2. 犬的被毛刷理与梳理方法
3. 趾甲的修剪
4. 眼睛的清洁与护理
5. 耳朵的清洁与护理
6. 牙齿的清洁与护理
7. 被毛清洗与烘干

## 一、护理前的基础知识

### （一）犬护理保健前的训练

护理犬的人要有极强的耐心，否则不能胜任此项工作，犬与人建立起双方相互的信赖关系才是最重要的，也是高标准护理的重要保证。如果犬不能配合人的工作，就很难进行护理等操作，既费时又费力，人和犬都会很疲惫。因此犬在幼龄时就要进行护理方法的训练。为了让护理的工作顺利进行下去，幼犬生后一个半月即可开始一些护理内容。训练的方法是：

**1. 让犬学习站美容台**　令犬站立在美容台上，用固定绳将其拴在美容台上，并逐日适当延长其站立时间。然后可令其睡在桌子上，以后每天逐渐延长时间，如此持续一个月。要让仔犬习惯于站立和在桌子上睡觉。为了消除其恐惧心理，要经常给犬梳毛、抚摸它，慢慢地使犬适应。若幼犬表现良好，可予以鼓励。

**2. 防犬跳美容台**　3月龄以后的幼犬，要训练它不要从美容台或工作台上跳下来，防止其摔伤或逃走，也为犬以后的护理打下良好基础。

**3. 学会安抚犬**　在护理的过程中要制止犬狂吠，使其尽量保持安静。在犬长到一定日龄时可用手势示意其配合，护理过程中使其不乱动，以防伤到犬或人。但在操作的过程中犬仍会因受到惊吓突然跳起，这时最重要的是对犬要有耐心，应慢慢使其安静下来，不能用过激的行为或粗鲁的动作制止犬，否则它会更加恐慌不配合工作。

**4. 要有耐心与责任心**　人们也要具有乐于对犬护理的心态，让犬适应人们的接触与操作，首先要让犬有安全感，如果给它留下惊吓、受迫的印象，那么以后的护理工作将很难进行。一旦进行护理工作，不能因有厌恶犬的情绪而潦草地结束护理，而应耐心地进行。不同犬种具有各自不同的特征，顺其性情、灵活运用护理技巧，就会得到意外的收获。

**5. 学会接触陌生犬及抱犬**　要学会在护理的过程中固定犬，首先要学会正确抱犬，这也是固定的一种方法。但有时人们常见的是握住犬的两只前腿向上举，将其放在美容台或操作台上，或拎着犬的颈部与背部皮肤将其放到美容台上，有时会造成犬意外受伤或咬人。因犬的前肢骨骼较细无法承受身体的全部重量，抱犬时一定要抱紧，防止犬突然跳起，摔到地上。另外，一次不能同时抱两只犬，有多动症的犬要先使其安静后再进行护理。有恐惧心理和警戒心的犬，要边唤它的名字边靠近，将手背伸向它视线下方让它嗅，等到犬对人无警戒心时，再用手抚摸它，使其安定。因为护理员必须接触各种各样的犬，所以首先要观察其神态再行动，防止被犬咬伤。

### （二）犬被毛的生成与更换

犬的皮肤与被毛是保证身体健康的一道屏障，也是反映身体健康状态的一座信号塔。犬的皮毛护理与保健是一项重要任务，因此要了解犬的皮毛形态与结构。

**1. 毛的生成**　犬的被毛分主毛和副毛，也称上毛和下毛。主毛较硬，主要负责保护皮肤；副毛柔软，主要负责调节温度。一个毛囊里生成的毛发有主毛和副毛之分，定型的毛发由一根稍粗的主毛和数根副毛组成。毛发的健康生长与汗腺和皮脂腺的关系很大。

犬、猫汗腺分毛上汗腺（epitrichial sweat gland）和无毛汗腺（atrichial sweat gland）两种：无毛汗腺只存在于四爪内侧的爪垫中，温度高时通过足底排汗的方式降低体温；毛上汗腺分布在所有有被毛的皮肤，但在爪垫和鼻面是没有的，此类汗腺的开口在毛囊的漏斗区，毛上汗腺在皮肤黏膜结合处、指间、颈背部和臀部的分布密度和体积是最大的，其分泌的主要成分是信息激素和抗菌成分（如免疫球蛋白A），水分含量少，以蛋白质和脂质为主，所以犬、猫的身体上一般看不到很多汗液。除汗腺外，皮脂腺的作用也很大，可起到滋润皮毛的作用。

毛根是从皮肤的斜面中长出来的，生成的角度由毛囊的角度决定。此外在不同的身体部位毛的倾斜角度也是有差异的。狭犬的毛囊角度与皮肤的倾斜角为20°，被毛的生长方向与皮肤面呈锐角。在身体的各连接部如颈侧、前胸、肘、下胸、骨盆等处会长出杂乱的毛涡。毛发生长速度和皮肤的血液循环有关。温暖的季节，血液循环通畅毛发生长加快。营养和毛的生成也有关，营养好毛的生成率就高。如果妊娠母犬营养不足，其仔犬的毛囊将发育不全，且被毛细软、稀少。

**2. 换毛**　犬出生3个月后，胎毛逐渐脱落，形成被毛。有的犬被毛随着季节的变化会出现季节性脱毛，这就是犬的周期性换毛，即春秋两季为换毛期。有的犬则一年四季均换毛，长年都脱毛。被毛是在毛囊的生长期发育生成的，在毛囊处于休止期时被毛也停止生长。换毛时首先从毛囊处脱离毛根，在下一个生长周期时会长出新毛，也可将废毛拔掉；主毛不像副毛那样周期性地脱换，可随时拔除。由于犬种的不同，换毛的方式也各不相同，短毛犬种要比长毛犬更换得快。毛的脱换与分泌的激素、营养、饲养环境、护理保健的方法、疾病、温度、紫外线照射等有关。

### （三）犬皮毛洗护的重要性

犬身上的异味在每次洗澡后 3d 犬开始散味；其体臭根据犬种的不同也有很大差异，一般人对此非常敏感。犬与人朝夕相处，犬体的清洁健康是非常重要的，疏于犬的护理将导致皮肤病和寄生虫病等。

在高温多雨的天气里，犬毛的护理和洗浴会带来明显效果，可洗去体表和毛层上的污垢，促进血液循环和新陈代谢，同时能产生新毛。

犬的洗浴是以保持被毛的清洁健康为目的，但并不需要频繁洗浴。幼犬顽皮好动，很容易变脏，洗浴次数要多一些；成年犬要视运动量、环境、毛的长短和毛的色泽决定洗浴次数。

犬毛脏乱时就要给犬洗澡，平均成年犬 1 个月 1～2 次即可。但同种犬也要因个体犬的状态不同来决定是否需洗浴，其主要判断标准有以下几点：

（1）幼犬在进行驱虫、注射疫苗后的 2～3 周应避免洗澡。

（2）发热及腹泻或身体不适时应避免洗浴。

（3）发情期至母犬有交配预约的应避免洗浴（没有繁殖预定的可以洗浴）。

（4）妊娠期内洗浴要根据犬的状态，产前 1 周内尽量不要洗浴。

（5）老年犬和病犬要看身体情况，尽量缩短洗浴时间。

### （四）洗浴液选择的重要性

（1）犬的皮肤非常敏感，毛量多，通风差，当犬的体温较高时细菌繁殖快，更容易患皮肤病。洗浴的目的是保护和滋润被毛，使毛质、皮肤清洁。为防止碱性物质对被毛的伤害，现在洗毛液中普遍添加了保护性成分，起到酸碱中和及清洁的作用，也可用中和碱性的护毛素进行保护。保持被毛的酸性环境就能保持毛发的色泽和健康。

（2）要在各种不同洗毛液中选出最适合该犬种毛质特征和毛色的。市场上销售的洗毛液也针对不同毛色、毛质分成不同的类型，如白毛型、有色型、蓬松型等。

（3）洗毛液也有各种香味，可根据人们的爱好与留香时间而定，也要防止犬皮肤过敏。

（4）洗毛液产生的泡沫要适当，使用前均需要稀释，可视犬毛的脏污程度调节洗毛液的浓度。

### （五）宠物犬护理前的检查及必要性

作为一名专业的工作人员，在给每一只犬护理之前，都要非常仔细地观察和检查它的健康状况，这是非常必要的。一只健康的犬是机警的、活跃的，时刻观察着周围人或事物的动态，但一只不健康犬的表现则会相反。因此，一定要注意观察护理的犬是否有不正常的表现，防止在操作过程中出现意外。但有些犬离开自己平时生活的环境之后会产生应激反应，如焦虑和紧张，其表现为唾液分泌过多、颤抖、攻击性、恐惧、呼吸急促气喘、脉搏（心搏）过快、黏膜发白等。所以，在护理时一定要注意观察宠物犬的行为表现，如果发现疑问，应该与宠物的主人进行及时沟通。可根据宠物犬的毛发情况不同，每天或者每周对宠物进行皮毛护理。经常护理对宠物犬的健康有着非常重要的作用，因为护理前都要对宠物犬的身体状况进行一次初步检查，如有严重的不良现象则需要宠物医生来判定。一般从以下几个方面来检查：身体有无臭味或异味；眼、耳、口、鼻、皮毛、肛门或外生殖器上有无污物；精神状态；排泄物是否正常；有无腹泻或呕吐；行动是否异常；是否呼吸困难；是否不愿运动。

## 二、犬的被毛刷理与梳理方法

犬梳毛

刷理被毛既是护理的重要内容，又是犬美容的第一步，也是最重要的一步。强调刷毛的重要性是因为仅通过刷毛就可以初步改变犬的整体形象，而且也是后续美容工作的基础。刷毛可能要花费很长时间，特别是遇到浓密、杂乱且有毛结的长毛犬时。要谨记洗浴之前必须彻底刷毛，因为杂乱的毛因湿润后会更加凌乱，一些小的毛结会因湿水而变大和纠缠得更结实，不易解开。

以下刷梳的顺序可供参考：首先从后腿开始，其次是后臀、前腿、尾巴、后背、体侧、腹部、胸部、颈部、耳部、头部，然后梳理面部，最后刷理犬的敏感的部位，让犬有一个适应的过程。如果犬对于梳毛没有任何抵触，则可以不按上面的顺序梳理。

犬的被毛刷理与梳理

常使用的工具有钢丝刷、美容师梳、软针梳、开结梳（分开毛团或毛结）。但钢丝刷不适用于长毛丝毛犬，易损伤毛发，长毛丝毛犬适用软针刷或美容师梳。

刷梳的图解见图1-51至图1-54。

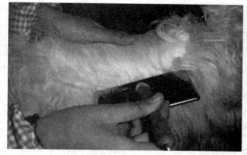

图1-51　将毛掀起，轻轻压于掌下，用钢丝刷一层层梳下来，层与层之间要看得见皮肤，每个部位都要反复这样刷理几遍

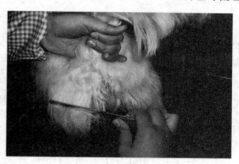

图1-52　从后向前，先梳理臀部，从下向上，从左至右。注意力量不可过大，不要划伤肌肤

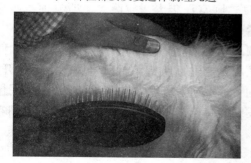

图1-53　将毛梳顺，无结的被毛用软针梳从毛根处一层层轻轻梳拭，使被毛蓬松、顺畅

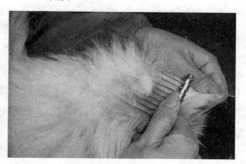

图1-54　开结梳的使用方法：一手握开结梳，一手固定犬毛结处皮肤，将梳伸入毛结下向外带

以下为各种被毛长度的梳理要点与方法：

## （一）短毛犬的被毛梳理

**1. 被毛梳理的优点**　最常见短毛犬的品种有大麦町犬、拉布拉多寻回猎犬、曼彻斯特狸、迷你杜宾犬、巴哥犬、罗威纳犬、惠比特犬、腊肠犬、法国斗牛犬、德国短毛波音达犬、大丹犬、巴吉度猎犬、比格犬、寻血猎犬、拳师犬、斗牛犬、短毛吉娃娃犬、沙皮犬等。

短毛犬的类型多样，特质不一，有的被毛平滑，有的被毛质硬，有的被毛光泽。在所有皮毛类型中，短毛护理最为简单方便。除梳刷和定期洗澡外，短毛犬很少进行美容。比赛的短毛犬也只需修剪一下胡须，清洗个别部位，而一般的宠物短毛犬就不需要进行造型修剪。要想保持短毛健康、光亮，只要勤梳理、勤洗澡即可。梳理会刺激皮肤分泌油脂，防止脱毛，并能及时发现皮肤病变或寄生虫。

**2. 梳理的方法**　首先用梳毛手套彻底按摩梳刷皮毛，再使用橡胶马梳去除枯发和脏物，用天然鬃毛梳将皮毛刷理顺滑，用麂皮打磨皮毛。为了让犬显得神采奕奕、精神百倍，可以轻轻喷些护发素或滴些婴儿油在手掌中，摩擦后涂抹，保持毛发平滑。

## （二）中长毛犬的被毛梳理

常见的中长毛犬的品种有阿拉斯加雪橇犬、西伯利亚雪橇犬、澳大利亚牧羊犬、比利时玛利诺犬、比利时牧羊犬、比利时坦比连犬、伯恩山犬、俄罗斯猎狼犬、边境牧羊犬、布列塔尼猎犬、威尔士柯基犬、查理士王小猎犬、苏格兰牧羊犬、德国牧羊犬、金毛寻回猎犬、大白熊犬、挪威猎麋犬、沙克犬、柴犬、秋田犬、西藏猎犬、史宾格犬等。

中长毛犬的被毛易于梳理，只要经常梳刷和定期洗澡，不需要太多修理。一般来说，中长毛犬可以根据固定的造型，略微修剪头部和身体的皮毛，悉心护理一些部位，如修剪下颌、清洁耳朵及电剪刀清理面部，既匀称好看，又能凸显外形。因此中长毛犬必须定期刷理，以保持外毛光泽，首先用钢丝刷把被毛梳顺，用梳子彻底地梳理皮毛，梳掉死毛和皮毛中的脏物和碎渣，在梳刷的同时，要特别注意检查一下犬皮毛中是否有跳蚤或扁虱等寄生虫。

## （三）长毛犬的梳理

**1. 常见的长毛中分毛犬的梳理**

（1）分毛梳理的方法。有的长毛犬为了保持毛发的原有状态及犬种的特点，不需要对其被毛进行修剪。洗澡前，用针梳彻底梳理皮毛，皮毛厚实的犬需要用底毛耙梳去除缠结，从腹部和后面开始，依次向上向前推进。确保皮毛滑顺，每一侧都没有缠结。有8种长毛犬需要在后背中分，如马尔济斯犬、西施犬、约克夏狸、阿富汗猎犬、拉萨犬、斯凯狸、西藏狸、丝毛狸，这8种犬需要细心梳理，以保持从后颈到尾根的皮毛分界线笔直。

（2）发髻结扎的方法。洗澡后烘干，将毛梳顺。先将鼻梁上的长毛用梳子沿正中线向两侧分开，再将鼻到眼角的毛梳分为上下两部分。从眼角起向后头部将毛呈半圆形上下分开，梳毛者用左手握住由眼到头顶部上方的长毛，以细目梳子逆毛梳理，这样可使毛蓬松。用橡皮筋绑定手中的长毛发，细心绑扎，不要过紧，发髻能减负，而且不累赘。可为犬绑上蝴蝶结或发卡，使犬显得更加可爱。

**2. 小型长毛犬梳理**　小型长毛犬的品种有：长毛吉娃娃犬、长毛腊肠犬、英国玩具犬、哈瓦那犬、日本狆、蝴蝶犬、北京犬、博美犬等。

小型长毛犬绒毛充实可爱，披毛更长或者毛更加厚实浓密，不同于分毛犬丝滑飘逸的长发，因此需要更经常地刷理和梳理。坚持天天梳理，小型长毛犬的状态才会更佳。

## 三、趾甲的修剪

让犬保持合适长度的趾甲有利于运动，可防止将人抓伤或破坏物品，同时也可保持美观。常采用三刀法进行修剪，见图1-55。

犬趾甲、眼、耳的护理　　犬的趾甲修剪

**1. 修剪工具**　趾甲刀；趾甲锉或磨甲工具；止血铅笔、止血粉、硝酸银棒或其他凝血剂。

**2. 修剪方法**　让犬选择一个合适的坐姿或卧姿，左手轻轻抬起犬的脚掌，右手持趾甲刀，左手固定犬的脚趾，见图1-55①及图1-56，先垂直剪掉趾尖到嫩肉之间的趾甲，见图1-55②。再剪去趾甲的上下棱角，见图1-55③。剪过的趾甲表面仍粗糙，为防止划伤人或衣物，使用趾甲锉或打磨工具，使粗糙的趾甲变得平滑，见图1-55④。

**3. 注意事项**

（1）为了防止修剪过多而出血，可以多剪几次，每次少剪一点，直到满意为止。

（2）如果剪出血也不要慌张，可撒些止血粉，见图1-57，用脱脂棉或手指轻压一会止血便可。

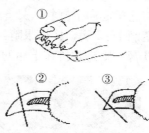

图1-55　三刀法修剪趾甲（①～④为修剪顺序）

（3）为了消除犬紧张情绪，可以安慰一下或给予适量零食，等犬情绪放松了再剪。

（4）限时使用（防止产热过度，防止犬对震动有不适感，紧张害怕）电动锉刀，同时要训练犬消除对电动锉刀的恐惧心理。

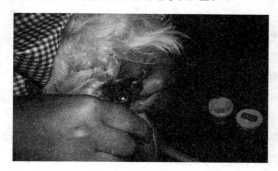

图1-56　固定好犬

图1-57　如果剪出血，在趾甲上涂抹止血粉

## 四、眼睛的清洁与护理

犬眼睛的清洁

犬的眼睛因品种不同而各有差异，有卵圆形、三角形、杏仁形、球形等，有的犬眼深陷，有的犬眼微突等。针对不同品种和不同类型特点的犬眼护理方式不尽相同。短头或扁面犬的眼睛大而突出，如北京犬、斗牛犬，缺乏口鼻的保护，突出的眼睛很容易干涩和受伤，要经常滴润眼露保持湿润，眼泪汪汪的小犬眼部要保持清洁干燥；白色皮毛的小犬更容易泪痕斑斑，如贵宾犬、比熊犬等；有些犬的眼睑向内翻转，导致睫毛倒长刺激角膜，引起流泪，甚至影响视力，如沙皮犬、松狮犬；眼睑外翻的症状则恰恰相反，下眼皮向外翻，眼睛容易沾染灰尘，如寻血猎犬就特别容易患这种眼病。

### （一）清洁工具

润眼露（用于眼睛易于涩的犬）或洗眼水；泪痕去除液（用于有泪痕的浅色皮毛的犬）；棉球等。

### （二）眼部护理方法

每次为犬护理时，用洗眼水或润眼露为小犬冲洗眼睛。滴的方法是先在手掌中将洗眼水或润眼露的小瓶温热，用一只手紧紧地把住犬的下巴，用另一只手的食指和拇指夹住瓶子，并将它举起向下倾斜，另3个手指则放在犬的头顶上，然后慢慢地将滴眼液滴入眼睛，每只眼睛滴1～2滴，轻揉眼睛，然后用软布或棉球擦掉眼角的异物（图1-58、图1-59）。如果是涂软膏，则将它挤在干净的指头上，然后小心且轻轻地沿着眼睑的内侧涂抹。

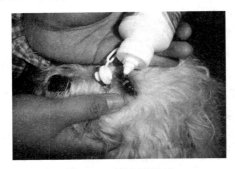

图1-58　滴入滴眼液

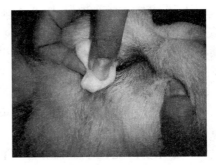

图1-59　擦拭掉多余的滴眼液

### （三）清洗眼睛时的注意事项

（1）坚持每天查看犬的眼睛。很多小犬的眼角常会积聚分泌物，坚持每天用湿布擦洗面部，然后用湿棉球把眼角清洗干净，切忌用干棉球擦拭眼睛，以免刮伤眼角膜。如果眼睛分泌异物，则要用温和的盐水洗涤眼睛。

（2）保持眼部湿润舒适。很多眼睛突出的犬，如北京犬、吉娃娃犬、日本狆等，每天需要滴几滴润眼露。

（3）有的犬即便每天擦洗干净，也常常有眼泪，造成白色的小犬眼睛下面有明显的褐色的条纹状泪痕，因此要勤于清理，每天擦洗。针对不同品种的产品说明，在泪痕处涂以除泪痕液。

（4）如果犬的眼睛受伤或疼痛，不要使眼睛受到强光直射和热量的辐射，不要让它受到抓咬和风吹，不要让它游泳。伊丽莎白圈可以用来防止犬抓眼睛。

（5）如果发现犬的眼部异常发红或四周肿胀，应及时去看宠物医生。小犬眼部疾病众多，同样还要检查眼睛是否清透。每年定期的健康检查对眼部健康至关重要，这样能及时发现眼病，并尽快治愈眼病。

### （四）犬的眼睛类型

**1. 杏核形**　中国冠毛犬、博美犬、西高地白㹴、杜宾犬、大丹犬、威约犬、萨摩耶德犬、西伯利亚雪橇犬、德国牧羊犬、喜乐蒂牧羊犬、苏格兰牧羊犬、沙皮犬、松狮犬等。

**2. 卵圆形**　贵宾犬、雪纳瑞犬、伯恩山犬、边境牧羊犬、威尔士柯基犬、英国可卡犬、史宾格犬等。

**3. 三角形**　牛头㹴、秋田犬、柴犬等。

**4. 圆形**　马尔济斯犬、蝴蝶犬、北京犬、巴哥犬、西施犬、波音达犬、卷毛比雄犬等。

犬耳毛的拔除

## 五、耳朵的清洁与护理

无论犬的耳朵是大、小、立、垂、短，都需要悉心呵护。如果耳垢堆积不清理，耳毛不拔除和潮湿不擦干，都会感染耳部疾病，因此要坚持每天检查犬的耳朵。专业美容师或医生触摸犬的耳部会使小犬倍感舒适，要定期处理耳部的问题，保障犬的听力正常，并且有一个健康又靓丽的外表。长毛犬需先拔除耳毛再清洁耳道，而短毛犬则只需定期清洁耳道即可。

### （一）准备工具

耳毛钳、耳粉、洗耳水、矿物油、脱脂棉等。

### （二）清洁耳道与拔除耳毛的方法及注意事项

清洁耳道与拔除耳毛操作方法见图 1-60 至图 1-65。

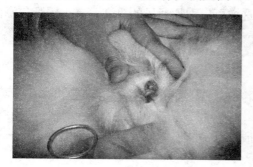

图 1-60　一只手固定犬的头部及耳朵，露出耳孔

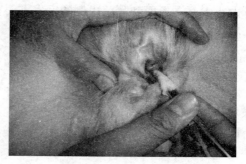

图 1-61　将缠有棉花的止血钳伸入耳道

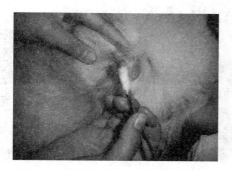

图 1-62　轻轻擦拭、旋转，取出耳垢

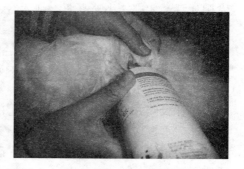

图 1-63　张开耳道，倒入适量耳粉后轻揉

图 1-64　将耳道浅处的耳毛用手拔除

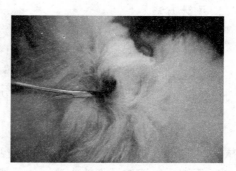

图 1-65　将耳道深处的耳毛用耳毛钳拔除

**1. 清洗耳道**　首先检查耳朵外部的毛是否有缠结和寄生虫，检查耳道内的垃圾和污垢，如有少许耳垢为正常，如果发现大量的红棕色、条纹状或异味的耳垢，则需要清洁。将犬的头部固定，用左手将耳朵向头外侧轻拉，露出耳孔，注入几滴滴耳液或矿物油。按摩耳根，压迫耳朵 1min 使液体顺耳道而下，然后放开犬使其摇头数次，以便湿润耳垢，然后在止血钳上缠上脱脂棉，小心地将其伸入耳内，将耳垢清出。

**2. 拔除耳毛**　耳道里的耳毛会积聚污垢、细菌和水分，最后导致耳道发炎。拔掉过长的耳毛会使耳部更加干净，不易发炎。对于长毛犬，要用手指拔掉露在外面的耳毛。如果困难，可以将适量耳粉倒入耳道内，以便更容易地抓住耳毛。一次不要拔掉很多，否则会引起犬的疼痛，犬会拒绝操作或不停地晃动。如果耳毛位于耳道较深的部位，用手不易拔除，此时可选用耳毛钳拔耳毛，同样每次只能拔几根毛发。用耳毛钳拔毛时一定要固定好犬，防止犬乱动扎伤耳道。短毛犬耳毛不易拔除，相反可以用小的钝尖剪刀修剪耳孔周围的毛，而垂耳的小犬耳洞下面和耳郭内侧的毛发需要剪短。这样可以增加通风的机会，减少因耳道潮湿而感染发炎的机会。

## 六、牙齿的清洁与护理

犬的牙齿比人的更坚固长久，但会产生牙菌斑和牙垢。牙菌斑如不清理会积聚成牙垢，破坏牙龈，导致口腔炎症。要随时检查犬是否有牙垢，牙垢是黏在牙齿上坚硬褐色的硬物，有时因为刷洗的力度不够，需要用刮牙器刮拭才能将其清除。因此要坚持每周给犬清洁一次牙齿，要确保牙齿洁白。

### （一）准备工具

犬用牙膏、牙刷、小喷雾瓶、刮牙器、厚纱布、棉球、棉签。

### （二）清洁方法

**1. 清洁前准备工作**

（1）让犬嗅一嗅牙刷，然后拿牙刷触碰犬的口鼻，用牙刷在牙齿上摩擦几秒钟，当犬接受不反抗时，要奖励犬，对它进行鼓励。

犬的牙齿清洁

（2）再让犬嗅并舔舐少许挤在手指上的牙膏，同样不要忘记奖励犬。

（3）然后手握口鼻，分开两侧的嘴唇。用牙刷触碰牙齿，然后马上用奖品鼓励犬，和犬交谈，以稳定情绪，增强犬的信心。当犬感到紧张或害怕时，应立即停止清洗，等情绪稳定后再刷。

**2. 刷牙方法**

（1）使用软毛或犬用牙刷，也可将纱布缠在手指上（图1-66），上面挤上少许牙膏。

（2）张开犬的嘴巴，露出牙齿（图1-67）。像自己刷牙一样刷洗犬牙齿和牙龈。

（3）沿牙龈线刷洗牙菌斑和牙垢易堆积之处。

（4）洗刷时不要过分用力，以防损伤牙龈，造成牙龈出血。

（5）避免刷到红色异常之处，如果看见似有感染的地方，要及时就医。

（6）如果犬牙垢过多清洗不掉，可使用刮牙器或宠物用洁牙机小心沿牙龈线朝牙尖方向刮拭（图1-68）。用手指掩住牙龈避免被刮伤，当牙垢问题很严重时，可用洁牙机处理。

**3. 用洁牙机清洁牙齿的方法**　洁牙机安装好后，将主机上的电源开关打开，将探针插入探头中，再踩下脚踏开关，让水从洁牙机的工作尖中流出，调整主机上电源开关的大小，感受振动的力量，调整主机上的调水阀，感受出水的水花的大小，测试后，关闭电源。

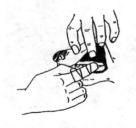
图1-66　手指缠上消过毒的纱布清洁

图1-67　用牙刷清洁犬牙齿

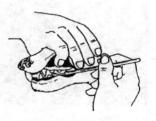
图1-68　用刮牙器清洁犬牙齿

　　将需要洁牙的犬麻醉，使其平躺在操作台上，在头下放上颈枕，调整头的位置，避免水流入口鼻中呛水。

　　操作者戴上医用口罩及手套，一只手张开犬嘴露出牙齿，另一只手拿探头，踩下脚踏开关，让探针与牙齿面呈15°，探针在每颗牙齿上停留时间不要超过15s，以免热损伤齿。

**（三）牙齿日常护理方法**

　　**1. 选择食物**　平时让犬食用坚硬、干脆的饼干或粗粮可以自动帮助犬清理牙齿，尽量选择富含天然成分和低防腐剂的食品。

　　**2. 啃咬玩具**　很多玩具都有清洁牙齿的作用，通过咀嚼可以去除牙齿上的残留物，并能锻炼咬肌。

　　**3. 使用牙具**　为犬齿清洁设计的刷洗产品各式各样，有软毛牙刷、犬用牙刷、鬃毛橡胶牙刷、刷牙纱布、口腔喷剂、咀嚼刷、呼吸清新剂等。

　　**4. 定期检查犬的口腔**　细心查看牙齿的变化，如牙垢堆积、牙齿松动、牙龈感染等，及时清洁与护理。

## 七、被毛清洗与烘干

犬的洗澡

　　犬的皮肤非常敏感，毛量多、通风差，易造成新陈代谢不畅。犬的洗浴是以保持被毛的清洁健康为目的，但不需要经常洗浴。幼犬顽皮好动，很容易变脏，洗浴次数要多一些；成年犬要视运动量、环境及被毛长短和毛的色泽，决定洗浴次数，成年犬平均每个月洗1~2次即可。保持被毛的酸性环境就能保持毛发的色泽和健康。碱性洗液的碱度高，清洁力强，但对皮肤的破坏性较大，因此说清洗剂是一把双刃剑，去除顽固污垢时可以用。洗完后可以用中和洗液碱性的护发素进行护理。

　　**1. 基本用品的准备**　洗浴香波（亮发型香波、护发型香波、保养刚毛型香波、低变应原性香波、药用香波、无泪香波、驱除跳蚤药浴香波、天然植物精华香波）、护毛素、吸水毛巾、硬毛刷、美容服、防滑浴垫、吹风机、吹水机等。

　　**2. 洗浴地点的选择**　专业美容室、浴缸、洗衣盆或厨房水槽（适合小型犬）都可以给犬洗浴。

　　**3. 洗澡的操作过程**　以比熊犬为例，洗澡的操作过程见图1-69至图1-82。

犬洗澡操作

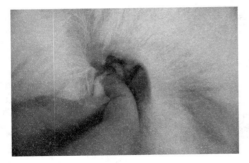

图1-69　用棉花将耳道塞住，防止水进入耳道，造成耳道发炎

图1-70　用小臂试水温

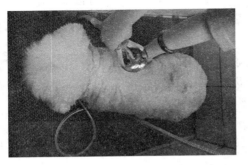

图1-71　从身体后面向前浸透臀部、躯干

图1-72　淋湿肛门，挤压肛门腺，动作要缓慢，防止犬紧张

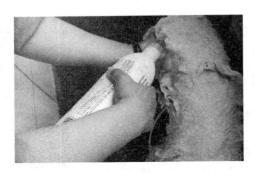

图1-73　取适量洗毛液稀释后涂在犬的躯干及四肢

图1-74　轻轻揉搓产生大量泡沫，揉洗按摩，不能落下任何地方，尤其是脚底

图1-75　最后清洁头部，冲洗时用手遮盖眼睛，防止洗澡水进入耳道和眼睛

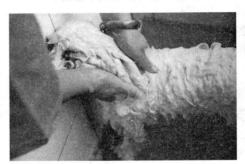

图1-76　在头、面部涂上洗毛液

图 1-77　仔细揉搓耳朵和面部，尤其是眼睛下方及嘴周围

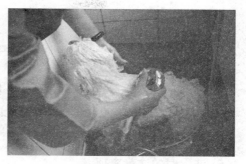

图 1-78　最后将犬皮毛上的泡沫冲洗干净

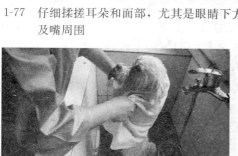

图 1-79　用吸水毛巾擦干毛发，直至不滴水为止

图 1-80　用吹水机将被毛吹干，一边吹，一边用钢丝刷将毛拉直

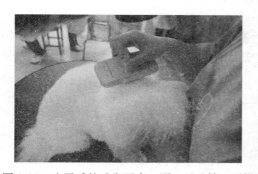

图 1-81　吹干后的毛发要直、顺，无毛结，干燥

图 1-82　吹干后的犬的被毛状态（可以进行下一步修剪）

**4. 肛门腺检查与清理**　肛门腺是犬的"气味腺体"，分布在肛门两侧，是肠道末端皮肤的内翻形成较大的腔，并积聚液体。如果腺体被堵住，积液排不出来，犬会表现出一些烦躁症状：在地板上摩擦臀部；咬臀部；转来转去咬尾巴；摸它的臀部会非常敏感；耷拉尾巴，而不是把尾巴翘得很高，有时还两腿夹着尾巴，影响犬的日常生活。

（1）首先把肛门周围的毛剪掉（图 1-83），用温水清洗肛门，皮肤会变得柔软，犬也会放松，这时腺体较容易排空。

（2）把拇指和食指放在肛门两侧，向上向外挤压，使恶臭液体排出（图 1-84、图 1-85）。这些液体有的较浓，有的则像水一样清，有的颜色较浅，有的颜色较深，气味较臭，因此挤压时切勿对着自己或他人。挤完后，立即用水冲洗干净。

犬的肛门腺清洗

图 1-83　剪掉肛门周围的毛　　　　图 1-84　拇指与食指挤压　　　　图 1-85　肛门腺的位置结构

**5. 洗澡时的注意事项**

（1）如果犬在洗澡时不配合或想要逃脱，则要给它套上尼龙项圈，并系到尼龙皮带上。将皮带缠在固定的装置如淋浴栏杆上，或将皮带系到自己的腰带上或缠绕在腰上等。切忌使用索套项圈或遇水膨胀的项圈来限制犬的活动，犬在挣脱的过程中会有危险。

（2）如果犬过脏或异味较强，则需要反复地涂抹浴液和冲洗。对于大多数犬，一次涂抹揉洗和冲洗即可。

（3）经过良好训练的犬洗澡时不会挣扎，耳朵和眼睛里也不会进水或泡沫。为了防止水进入耳道，最好把耳朵用棉花塞上或将耳朵平贴在脸上，防止洗澡水进入。防止浴液进入眼睛，无泪香波也会刺激犬的眼睛，因此需要在眼角处滴上防水矿物油。

（4）无论是自然风干还是机械吹干，在皮毛完全干燥前不要让犬走到室外，尤其当室外比较寒冷或有风的时候，会使犬受凉感冒。阳光灿烂的天气适合风干皮毛，但犬更喜欢在草坪上打滚或者在地上把皮毛蹭干净。因此要让犬在室内吹干皮毛，这样皮毛保持干净的时间会更长。

（5）切忌用花园浇水管直接冲洗犬的身体，使用前要测试水温。夏天暴晒下的水管中的水必须首先排空，否则水温过高，直接浇洗会烫伤犬的皮肤。同样，如果水温过低，受冷刺激后，犬会产生抵触心理或感冒。

（6）有些犬体有异味，此时需要采取额外措施，很多宠物店会出售除臭剂，可将多种洗发液混合使用同样有效。

**分析与思考**

1. 大型宠物犬美容修剪前，开结时为何不用开结梳？

2. 犬在剪趾甲时应如何对犬进行控制？

3. 挤肛门腺时的操作要点是什么？

4. 贵宾犬洗浴后为什么不能用烘箱烘干被毛？

5. 用烘干箱烘犬时的注意事项有哪些？

6. 如何合理地选择犬洗浴时所用洗毛液和其他护毛用品？

7. 给犬洗澡时要注意什么？

8. 为什么要拔耳毛？拔耳毛的过程中有哪些注意事项？

9. 犬的被毛清洗前产准备工作有哪些？洗浴过程中有什么注意事项？

# 任务六　犬的基础美容

宠物犬有长毛的和短毛的，其被毛不仅需要清洗，还需要进行基础美容，如犬的长长的脚底毛在地板及瓷砖上走路会打滑；腹底毛、肛门周围毛、眼睛周围的毛过长会影响犬的形象及美观，同时也影响健康，因此可对犬进行一些简单的美容，甚至在家里就可以操作，尤其是长毛宠物犬。

**学习内容**

1. 防止冬天给犬梳毛时产生静电的方法
2. 维持宠物犬被毛光泽感的方法
3. 洗浴液的选择
4. 润丝的目的
5. 护毛素对被毛的作用
6. 清理宠物犬皮屑的方法

## （一）防止冬天给犬梳毛时产生静电的方法

冬天气候干燥，给犬梳毛时会产生静电。梳毛时静电会使犬感到紧张害怕，会影响到梳理毛发，有时因犬间相互打闹，犬毛相互摩擦因静电而使毛更易打结。要解决梳毛产生静电的问题，在日常护理过程中还要特别注意以下几方面：

**1. 使用防静电的产品**　给宠物犬使用营养有滋润作用的洗毛液，而且在清洗之后还应该使用护毛素，一般来说，护毛素会让犬的毛发变得更柔顺，降低静电的产生。当然，也可以每次在给宠物犬梳毛时先喷上抗静电液，这样也可以很好地消除静电。

**2. 改变环境条件**　要解决梳毛产生静电的问题，还可以尝试增加环境中的空气湿度。可以使用加湿器或在室内种植绿色植物来调节环境湿度，当空气中水分含量增加时，静电就会少。

**3. 使用防静电的工具**　防静电的梳子可以在给犬梳理毛发的时候使用，不产生静电。也可以使用专业的护毛喷剂，先用护毛油或护毛水喷湿毛发，再给犬梳理毛发，其产生静电的问题就可以得到缓解。

## （二）维持宠物犬被毛的光泽感的方法

要使犬毛有光泽、美观，可以从以下几方面着手：

**1. 营养**　每天给犬饲喂富含蛋白质的饲料，富含维生素 E、维生素 D、海藻类的食物、蔬菜，如瘦肉、蛋黄、植物油等，尽量少喂富含糖、盐、淀粉的食物。肥胖或超重的犬一般毛质都比较差。

**2. 户外锻炼**　要给犬多进行日光浴，照射紫外线，并且经常运动，以促进其血液循环，促使其长出健康的毛发，但要防止强光长时间照射。

**3. 日常护理**　为保护犬毛，每天要为它梳毛，定期洗澡，保持清洁；夏季防雨淋，要及时清洗烘干；冬天气候干燥，可涂上薄薄一层护毛油。杜宾犬等短毛犬在洗澡后，应该用浴巾擦拭，这样能使被毛光润。长毛犬洗澡后，如用喷雾器装上蒸馏水，在犬毛上薄薄地喷一层，能使毛发蓬松，看起来丰满、美观。

## （三）洗浴液的选择

犬的皮肤非常敏感，毛量多、通风差，因此易造成新陈代谢不畅。犬的体温比人类的体温要高，细菌繁殖更快，更容易患皮肤病。

保持被毛的酸性环境就能保持毛发的色泽和健康。碱性的洗液碱度高、洗净力强，但是对皮肤的破坏也大，去除顽固污垢时不得不用，此时要用可以中和洗液碱性的护毛素进行保护。

目前没有对所有毛都适合的万能洗毛液（全犬种用）或者润丝洗毛液，只能在各种不同洗毛液之间选择出最适合本犬种被毛和毛色的洗毛液。犬的皮肤和被毛的亲和力是最重要的，可以先试用后再决定长期使用。通过洗涤效果的试验，选择符合犬毛色的洗毛液，确定洗毛液的浓度。但要注意给犬使用的洗毛液既要保持皮肤的油性又要能除掉螨虫，不要多次使用强力的洗毛液。

### （四）润丝的目的

（1）润丝的第一目的是要消除香波具有的碱性。

（2）要使毛有柔软感。马尔济斯犬和贵宾犬的长毛要用梳子梳通，如果润丝精的效果不好，会出现断毛和毛粘连。用过润丝精后的毛发的外观和手感好，让犬毛看起来松软、润滑。梳毛和分毛都很流畅，没有一绺一撮的感觉。

（3）润丝精一般都会有防静电剂、柔软剂、保湿剂，可以保护皮肤的油性和水性。使用后防止被毛的静电反应，如贵宾犬有着厚厚被毛，在梳理时被毛会因静电乱飞而缠结，使用适量的润丝精即可避免静电现象。

（4）但是要适量使用，依据犬的毛质、毛量、毛长而定，润丝效果也不尽相同，专业的护理人员应反复实践、测试而定。

### （五）护毛素对被毛的作用

为了使受损的毛发恢复健康，洗毛液、润丝精、护毛素都可以用，护毛素内含有大量油脂成分。但是，油脂对皮肤的保护总是一时的，换不来健康的被毛，油并不能被吸收，而是附着在被毛表面。然而，护毛素中的油脂成分吸收需要10min的时间，对浓度的要求也很高。护毛素的产品种类很多，效果也各不相同。先用洗毛液洗净犬被毛，再用润丝精或护毛素护理被毛，最后用定型润丝定型，使毛处于最佳状态。

### （六）清理宠物犬皮屑的方法

犬在正常的新陈代谢下，表皮会产生皮屑，犬全身都是毛，就更容易产生皮屑。此外，感染寄生虫、过敏反应或者皮肤发炎等因素都会使皮屑增多，处理方法如下：

**1. 洗澡**　洗澡可以除掉皮肤上积攒的老旧皮屑。但洗澡不能太频繁，夏季每周可以洗1次，冬季每2周洗1次。但也要视情况而定，如被毛颜色、犬是否经常外出等。

**2. 使用护毛喷剂**　如果犬居住的环境干燥，也可能会造成大量皮屑，可到宠物用品商店买一些油性的护毛喷剂。喷在毛发上后，可以有效避免犬毛上的水分过度蒸发。一般用婴儿润肤的产品也能滋润犬的皮毛。

**3. 经常梳毛**　经常梳毛可以将皮屑和死毛刷掉，也能帮助犬将皮肤分泌的天然油脂平均分布在皮肤及被毛上，可促进皮肤血液循环，掉皮屑的问题都可以得到缓解。在选择梳子的时候要注意梳齿不易过硬，否则会划伤犬的皮肤，更加危害皮肤健康，因此要使用专用的宠物美容梳。

**4. 调节营养**　皮屑大增的原因也可能是食物中营养不全面或营养不足。所以在食物中添加适量的宠物专用鱼油可以帮助皮肤恢复正常的代谢功能。只要每天加半勺或1勺的鱼油就能明显看出改善效果。有些品质较差的饲料无法满足犬的营养需要，会导致皮肤与毛发生长不良，使用专用的宠物犬饲料后，皮屑问题就可以得到改善。

**（七）给犬剃脚底毛及腹底毛**

**1. 所需要的工具**  美容台、电剪（10 号刀头）等。

**2. 操作方法**

（1）剃腹底毛。让犬自然站立，轻轻提起犬前肢，用 10

剃腹底毛  剃脚底毛

号刀头的电剪帮犬剃腹底毛。给公犬剃的时候要注意生殖器，剃至生殖器前方 2 指处，呈倒 V 形，主要是防止犬的尿液沾染到腹毛上。在剃腹底毛时应与腹部皮肤保留一点空隙，防止剃刀伤到皮肤。在剃母犬腹底毛时应剃到倒数第 3 对乳头，剃成 U 形。腹底毛易于打结并沾染异物，因此要经常剃除。

（2）剃脚底毛。犬的脚底毛过长，走路会打滑，甚至毛内与趾间藏有污垢，有时趾间毛打结，形成硬块，妨碍犬走路。固定犬，抬起犬的脚掌，将犬的爪垫露出来，分开脚趾间隙，用电剪轻挖趾间毛，将毛剃干净。动作要轻，防止伤到皮肤。

**（八）脚爪与腿部毛发修整技巧**

**1. 爪部毛发的修剪**  首先应该修剪指甲。指甲过长，需要在脚部修剪之前，先将指甲剪掉。

（1）圆形脚爪的修剪。当犬的毛发很长的时候，如长须牧羊犬和阿富汗猎犬，或者当宠物主人想要一个整洁的圆边形时，可以在修剪时将犬的脚抬起来，然后沿着前面 2 个脚趾和爪子的边缘修剪，但是不要修剪后脚跟。修剪后脚跟，需要将爪子放在桌子和固定的物体上，然后再修剪。

（2）紧凑型脚爪的修剪。西部高地白狸和拉萨犬等犬种非常适合紧凑型的脚掌。将脚抬高，然后沿着前面的 2 个脚趾和脚掌边缘开始修剪。然后将脚掌翻转，用剪刀将爪垫上的毛发剪掉。脚部的修剪应与腿部的修剪融为一体，注意不要让脚显得过小，这样会破坏修剪的整体效果。

（3）自然型脚爪的修剪。黄金猎犬和边境牧羊犬，有时根据毛发长度不同选用自然型修剪。一些可卡犬和史宾格犬也适用自然型脚掌。修剪时，首先沿着脚掌边缘开始修剪，然后用刷子将脚趾间的毛发刷得竖立起来，接下来将竖立部分的毛发剪掉，修剪平整。不要将剪刀深入毛发中剪，那样会造成明显的修剪缺陷。最后再将脚掌翻转过来，将爪垫上的毛发修剪整齐即可。

（4）猫爪型脚爪的修剪。猫爪型的主要适用于可卡犬。修剪时，从脚的边缘开始修剪，紧贴着前面的 2 个脚趾，然后向外修剪。利用脚面上的毛发建立一层衬垫。将脚面上的毛发向上梳起，然后用剪刀将其打薄，保持跗骨部位的毛发与脚面的毛发协调一致。然后将脚掌翻转过来，修剪脚掌上的毛发。

**2. 腿部毛发的修剪**  一些特定的犬种通常需要通过修剪腿部毛发来完善它们的外形。腿部毛发修剪包括跗关节以下、爪子以上的部分。修剪时，先将腿部的毛发用梳子向上、向外梳，然后修剪掉超过跗骨部分的毛发。这样能显得腿部结实有力。

**（九）西施犬的被毛护理方法**

西施犬有着一身顺滑的毛发，非常惹人喜爱。西施犬全身被长毛覆盖，头骨为圆形，耳朵大，有长而漂亮的被毛覆盖。耳根部要比头顶稍低，两耳距离要大。体躯圆长，背短，但保持水平。颈缓倾斜，头部高抬，四肢较短，为被毛所覆盖。尾巴高耸，多为羽毛状，向背的方向卷曲向上。长毛密生，底毛则为羊毛状。

**1. 西施犬的被毛梳理方法** 在对西施犬美容时，体躯的被毛由背正中线向两侧分开，背线的左右 3cm 处涂上适量油脂以防被毛断裂。为了防止腹部的毛缠结和便于行走，对腹下的被毛应以剪子剪掉 1cm 左右。为了使翘起的尾巴更好看，可在尾根部剪去 0.5cm 宽的被毛。脚周围多余的毛应尽可能地剪去。让犬站在修剪台上，对其体毛的下部（下摆）修剪成稍比体高长些，即毛的长度比体高稍长。

西施犬的毛质稍脆，容易折断和脱落，脸部的毛也长，容易遮盖双眼，影响视线，因此对这些长毛实施结扎也可增加美观。

**2. 头部被毛结扎的方法** 先将鼻梁上的长毛用梳子沿正中线向两侧分开，再将鼻到眼角的毛梳分为上下两部分，从眼角起向后头部将毛呈半圆形上下分开，梳毛者用左手握住由眼到头顶部上方的长毛，以细目梳子逆毛梳理，这样可使毛蓬松，拉紧头顶部的毛，绑上橡皮筋，再系上小蝴蝶结即可。也可将头部的长毛分左右两侧各梳上一个结或编成两条辫子。

**（十）犬的长毛护理（以贵宾犬为例）步骤图解**

犬的身体几乎都被毛所覆盖，寄生虫、疾病、激素异常及外伤等都会影响皮毛健康。犬的护理会使犬的皮肤和毛根增加活性，有益健康。

长毛犬护理

**1. 使用工具** 钢丝刷、针梳、贵宾犬梳、分界梳、护毛喷雾、夹子、枕头、皮筋、包毛纸、毛巾、吹风机、胶条、洗浴液、护毛素等，见图 1-86。

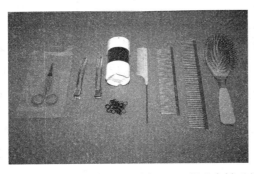 

图 1-86 长毛犬被毛护理时所需要的美容工具

**2. 护理步骤** 刷理→清洁眼耳→用洗眼水清洁眼睛，先使用耳粉拔掉耳毛，再使用洗耳水清洁耳道，清洗完毕后两耳用棉花塞实→洗澡→烘干→包毛。

**3. 护理过程** 护理过程见图 1-87 至图 1-128。

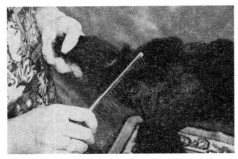 

图 1-87 用贵宾犬梳逆毛梳理四肢，梳通被毛，　　　图 1-88 用软针梳逆毛梳理四肢，梳顺被毛
　　　　　并开毛结

图1-89　用软针梳或贵宾犬梳梳理前胸及背部被毛

图1-90　梳通、梳顺没有包毛的部分，至没有一丝毛结为止

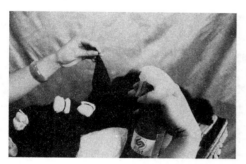

图1-91　由后至前拆开包毛纸，喷洒喷雾，防止静电伤毛

图1-92　用软针梳梳理包毛区域的被毛，要梳得通畅

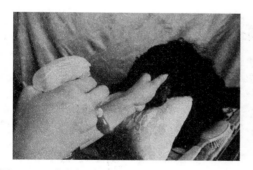

图1-93　对头部喷洒护毛喷雾时，要用手遮住眼，以免伤到眼睛

图1-94　用软针梳梳顺头部被毛

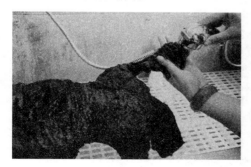

图1-95　用适合温度的水打湿全身，包括脚底及肛门

图1-96　挤压肛门腺，将清理出的腺体用水冲去

图 1-97　打湿长毛区域，必须浸透毛发

图 1-98　冲洗头部时将犬头仰起，防止水流入眼、耳、鼻

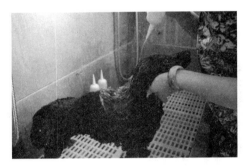

图 1-99　用深层清洁液涂抹在犬身体各部位，仔细揉搓

图 1-100　将耳朵翻起，将耳道周边清洁干净

图 1-101　从头到脚顺毛冲净毛发

图 1-102　犬的胸腹部也要仔细冲洗，防止有洗毛液沾到上面

图 1-103　将日常护理液涂抹在犬身体各部位，轻轻揉搓，使护理液浸透全身，用水冲洗干净

图 1-104　有必要时使用日常护理护毛素，使用护毛素时要让毛发充分吸收并清洗干净

图 1-105　将洗好的犬擦拭被毛，放置在美容台上趴卧，由前至后烘干头部

图 1-106　烘干颈部时，用钢丝刷逆毛梳理，将毛拉直

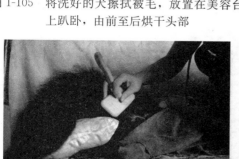

图 1-107　其他未烘干区域用毛巾包裹严实，眼睛周围顺毛烘干

图 1-108　烘干四肢区域时，要逆毛烘干并拉直被毛

图 1-109　修剪足底毛，将贵宾犬脚部长毛剃至近跗关节末端处，足线要整齐

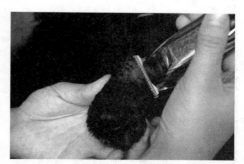

图 1-110　齐两眼处向下，将面部被毛剃净，两内眼角之间可以剃成 V 形

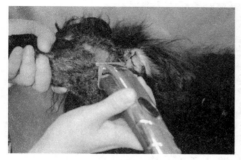

图 1-111　耳朵前根部到眼角剃一直线，沿着这条线往下朝眼角方向剃

图 1-112　嘴部和下颌都要剃干净，唇线处要拉紧皮肤剃

图 1-113　从喉咙以下 2～3cm 处位置起，连接双耳构成 V 形，V 形内侧的毛都剃干净

图 1-114　V 形内侧的毛按左右对称直线剃

图 1-115　第 1 个毛卷从眼睛到耳朵的 1/2 处从左至右分毛

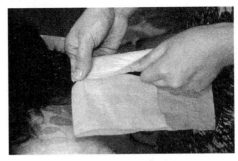

图 1-116　将分出来的额头和头顶的毛用与犬毛长短一样的纸包住

图 1-117　按住毛根部，将犬毛裹起来

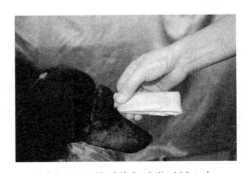

图 1-118　然后将包毛卷对折 1 次

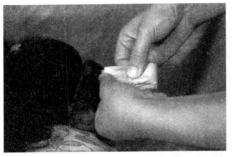

图 1-119　再将包毛纸对折，形成 1 个大小合适的毛卷

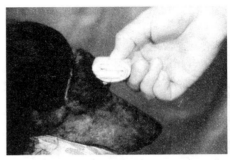

图 1-120　用橡皮筋固定，不要勒得太紧

图 1-121　第 2 个毛卷从上一个毛卷界限处到耳
　　　　　根画线分毛

图 1-122　第 3 个毛卷包两耳上的被毛，不能包住
　　　　　耳朵，耳尖与被毛要用梳子隔开

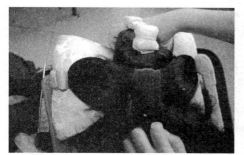

图 1-123　第 4 个毛卷包括两耳根后连线与第 2
　　　　　个毛卷间的毛

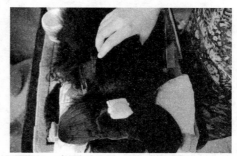

图 1-124　第 4 个毛卷要适中，不能影响头颈部
　　　　　活动

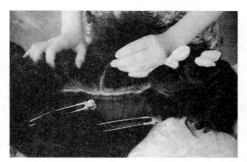

图 1-125　第 5 个毛卷沿着第 4 个毛卷向后，将
　　　　　被毛用针梳整齐划分出中间的部分，
　　　　　两边用毛夹固定

图 1-126　两边要整齐，毛包大小适宜，尽量
　　　　　均等

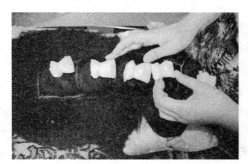

图 1-127　毛包的多少根据毛量来定，并且平均
　　　　　分配数量

图 1-128　包毛护理结束的贵宾犬

犬的长毛护理

# 任务七　犬的日常保健

犬的一生要经历不同的生长阶段，由仔犬成长为幼犬，并逐渐成年，之后衰老到达老年犬阶段，并且要经历四季的变化，因此每个阶段都要做好日常保健，以保证犬的健康。

**学习内容**

1. 仔犬的日常保健
2. 幼犬的日常保健
3. 母犬的保健
4. 种公犬的保健
5. 老年犬的保健
6. 去势犬的保健
7. 不同季节对犬的保健

## 一、仔犬的日常保健

仔犬是指从出生到断奶约 45 日龄的犬。仔犬从母体子宫中来到外界环境，其生活条件发生了巨大的变化。仔犬的消化、免疫、体温调节等机能尚未发育完全，大多数的仔犬体质都很脆弱。为了使其逐渐适应外界环境，学会独立生存、生活的能力，必须对仔犬做好以下几方面的保健工作：

**1. 加强监护**　工作人员要加强对仔犬的监护，特别是刚出生 3d 内的新生仔犬。要随时掌握仔犬的健康状况，对患病的仔犬要及时采取措施进行救治，从而提高仔犬成活率。为了防止新生仔犬发生窒息，应及时清理仔犬口腔及呼吸道的黏液、羊水等，并迅速将仔犬放入 39℃ 温水中，洗掉身体上的污物，用毛巾擦干后放入恒温箱中即可；对于一些刚出生时就不会呼吸的仔犬（假死现象），处置时可将仔犬头部向下，对犬体进行左右摇摆，用吸球吸出仔犬口腔及鼻腔的羊水，用酒精棉擦拭鼻孔周围的黏膜及全身，同时有节律地轻轻按压其胸部进行人工呼吸，几分钟后仔犬就能自行呼吸了。要密切观察新生仔犬的脐带，防止发生感染。脐带一般在出生后 24h 即干燥，1 周左右即可脱落，在此期间不要让仔犬之间相互舔舐，每日可涂擦 1～2 次碘酊，可加快脐带早日干燥脱落，如发生感染，应及时进行外科处理。

**2. 吃乳和补乳**　新生仔犬体内尚未产生抗体，而此时母犬分泌的乳汁中含有多种抗体，其含有较高的蛋白质、脂肪和维生素，并具有缓泻作用，同时可促进胎便排出。产后 3d 内的乳汁称为初乳。初乳中的营养成分几乎可以全部被仔犬吸收，对增强体力、维持体温有很好的作用，因此要让新生仔犬吃足初乳。当母乳供应不足时，可考虑适当补乳，切忌给仔犬喂食牛乳，因仔犬的胃肠功能非常差，喂食牛乳易引起腹泻，最好用专用的犬乳粉。补乳量一般以喂饱为准，不必刻意限制。25 日龄以后，可试着加喂一些肉汤、稀饭等。

**3. 做好保温**　仔犬出生后，因其体温调节中枢尚未发育完全，皮肤调节体温的能力较差，在寒冷季节要格外注意防寒保暖。新生仔犬环境温度要求：1～14 日龄的犬需要的适宜温度为 25～29℃，14～21 日龄的犬需要的适宜温度为 23～26℃，以后接近常温。当室温过低时，可采取人工升温的方法，在犬箱里放暖水袋或在上方悬挂红外线灯泡等，需注意的是防止烫伤仔犬，可用物品遮挡强烈灯光，减少仔犬应激反应的发生。

**4. 防踩、防压**　刚出生的仔犬又小又弱，骨骼很软且站立不稳，行动不便。加之母犬分娩后体力消耗过大、身体虚弱，很容易踩伤或压伤仔犬，造成仔犬窒息死亡。这时主人需加倍看护仔犬，防止母犬踩伤、咬伤仔犬。保护仔犬可使用产仔箱或护仔栏，尤其是刚出生 1 周的仔犬，使用产仔箱可以让母犬与仔犬分开，哺乳时主人再将仔犬抱到母犬身边，从而有效地防踩防压，保证仔犬的成活率。

**5. 日常管理**　仔犬出生后第 5 天开始，主人就可以选择风和日暖的好天气，抱仔犬到室外与母犬晒太阳，每天 2 次，每次 30min 即可。这样仔犬不但可以呼吸到新鲜空气，而且还可以利用阳光中的紫外线杀死身上的细菌，同时有利于钙吸收，加快其生长。仔犬出生时身上有较多的污物，主人应及时用温水和柔软的毛巾进行擦拭，以后每周可给它们洗澡 1 次，洗澡的水温根据季节可控制在 35～39℃，同时要注意保温。半个月可为仔犬修剪趾甲 1 次，防止其在吃乳时抓伤母犬乳房及其他仔犬。待仔犬有一定体力之后，可带其到室外游戏、玩耍。

**6. 加强防疫**　寄生虫给仔犬的发育造成很大影响，轻者腹泻便血，重者则会引起贫血甚至死亡，所以要定期对仔犬进行检查，发现问题及时处理，保证仔犬的健康生长。一般第 1 次驱虫在仔犬 20 日龄，第 2、3 次驱虫分别在幼犬阶段进行，以后每 2 个月都要驱虫 1 次。为了提高驱虫效果，驱虫前最好进行粪检，针对寄生虫的种类进行投药驱虫。需要注意的是，驱虫后排出的粪便和虫体应集中堆积发酵处理，将寄生虫虫卵杀死，防止污染环境。

仔犬的抵抗力较差，易患犬瘟热、病毒性肠炎、犬细小病毒病等传染病。特别是犬细小病毒病发病率很高，病死率有时高达 100%。因此对仔犬的防疫不容忽视，应做好防疫接种工作。对发病的仔犬要做好隔离、严格消毒，做到早发现、早治疗。通常在仔犬 30～45 日龄对其接种疫苗。

## 二、幼犬的日常保健

幼犬断奶后（7～12 周龄）即可进行分窝饲喂，分窝的最佳时间是 8～9 周龄。这一时期的幼犬开始由依靠母犬照顾哺乳转由主人饲喂为主。生活环境、饮食起居都发生了很大的变化，加之有些幼犬被抱养更换主人，来到一个陌生的新环境，原来的生活规律被打乱。因此，有必要让幼犬尽快地熟悉、适应新的环境。日常保健工作的好坏直接影响到幼犬的健康成长，应根据这一时期的生理特点结合实际情况制订可行的、合理的日常保健方法，保证幼犬能够安全度过。

**1. 新环境适应**　对于幼犬来说，新环境里的一切事物都是陌生的，往往因惧怕而表现出精神高度紧张，任何较大的响声和动作都可能使幼犬受到惊吓而躲避或逃跑。因此，要避免大声喧哗和追逐，家庭的其他成员不要立即对幼犬表现得太过热情。最好将其放入单独的笼子或室内安静的地方休息，使其适应一段时间后再允许陌生人接近它。接近幼犬的最好时机是在喂食的时候。首先将食物推到幼犬的身边，同时用温和的语气、和蔼友善的表情与它交流，然后观察幼犬的表情，逐渐地、试探地接近它并用手轻轻地抚摸其背部、前胸、头部，尽量避免触碰幼犬的臀部和尾巴。给幼犬准备的食物应是其特别喜欢吃的食物，如肉类、幼犬粮及蔬菜水果等。幼犬开始可能对食物没有兴趣而表现不吃，这时主人不必急于强迫它吃食，等其逐渐适应以后，便会自动采食。如果幼犬走出犬笼或在室内自由走动，表示其已初步适应新环境。

**2. 生活调教**　对幼犬最基本的生活能力的调教就是两件事，一是固定地点排泄，二是固定地方睡觉。

首先是固定地点排泄。幼犬的排泄是每个养犬者最头痛的事情，当幼犬来到一个新环境以后，它会寻找排便地点，此时主人可在洗手间或阳台选择一个角落，将事先准备好的犬用厕所或者一个瓷盘或者一块犬用尿布放置好。假如幼犬不小心尿到其他地方，主人不要急于斥责它，可用严厉的语气发出"不行"或"No"的口令，然后用旧毛巾擦拭尿液，将带有尿液的旧毛巾放置在事先准备好的犬用厕所上，这样做主要是让幼犬有足够的时间记忆该地点与粪尿气味的关联性，同时将幼犬排尿的地方彻底清理干净。在这期间主人需密切观察幼犬的行为，如早晨起来、喂食后 $10\sim20$min、睡觉前等，一旦发现它有绕圈、嗅闻、蹲下等动作时，主人迅速将幼犬抱到犬用厕所上，等幼犬顺利排便后及时给予言语的表扬，如"好棒"或"Yes"，同时可抚摸犬的身体，让犬喜欢这个模式、产生记忆并愿意重复这个行为。当幼犬能主动到上厕所的区域如厕后，即完成了固定地点排泄的训练。

其次是固定地方睡觉。犬来到一个新环境以后，常常把第一次睡觉的地方作为自己今后睡觉的场所，它认为这里是最安全的，以后睡觉大都会来到这个地方，假如偶尔发现它在其他地方睡觉，主人可将其抱回原来的地方，并命令它在固定的地方睡觉，数天以后，睡觉的地方就会固定下来。所以主人在饲养幼犬之前要给其准备好适合的犬窝，并找到一个适合幼犬睡觉的地方，最好选择通风、温暖、相对安静的地方。不要将幼犬放在主人的卧室，以免影响幼犬的健康成长和主人的生活环境，更不要将幼犬放在人员进出太过频繁的地方，以免犬产生畏惧心理。

**3. 安全**　幼犬由于一些原因通常会啃咬部分物品，如电线、插座、家具、鞋子等。啃咬鞋子、家具等只是给主人造成经济损失，如果啃咬电线、插座，如果口水流入插座里，就会造成漏电（图 1-129），后果不堪设想。所以主人在幼犬进家门之前，一定要收藏好室内可能对幼犬产生危害的物品，一旦发现幼犬有啃咬行为要及时进行纠正。幼犬啃咬的原因可能有以下几个方面：一是幼犬进入一个新的环境，时刻被好奇心所驱使，利用感觉器官去探索、认识世界，从中获得经验。通常幼犬看到一个物品时会通过一些

图 1-129　啃咬插座

行为对其进行认真研究，如鼻子嗅闻、舔舐、前肢翻动，进而发展为啃咬。二是幼犬 3～6 月龄时，乳齿要转变为永久齿，由于牙床发痒而产生啃咬行为。三是由于幼犬精力旺盛，以啃咬物品来作为消遣和玩耍。当主人发现幼犬在啃咬物品时，可静静地走近幼犬的身边，用手去支住它的上颌部，把被啃咬物品从口中取出，同时以严厉的语气发出"不行"或用手轻轻拍打幼犬的鼻子，并重复"不行"的口令，反复训练，即可制止幼犬啃咬物品的不良行为，制止时千万不要对幼犬发脾气或打骂。当幼犬按照主人的要求放弃啃咬物品时，主人一定要及时给予奖励，让幼犬知道这是主人所喜欢的事情。

在幼犬适应新环境时期，要防止其逃跑。有的幼犬由于不喜欢新主人、对新环境不适应、对原主人的思念等原因，会有逃跑的企图。一旦发现幼犬行动诡秘，躲躲闪闪，不听主人命令，有逃跑企图时，必须立即制止，用严厉的音调发出口令"No"或"不行"。同时新主人要给予幼犬关爱，如抚摸、梳理被毛等，有时间就应陪幼犬玩耍，让其尽早适应新主人和新环境，使犬不再有逃跑的念头。

**4. 日常管理**

（1）经常做好体外清洁。首先要经常给幼犬梳刷被毛，梳理不但可清洁幼犬的身体，促进血液循环，预防寄生虫的繁殖和皮肤病的发生，同时还能增进主人与幼犬的感情。梳理被毛时要注意幼犬皮肤薄的特点，要轻轻地梳刷，使幼犬感到舒适且乐于配合，从小养成喜欢梳理被毛的好习惯。其次要定期护理好幼犬的眼、耳、口腔，清晨起来可用一小块脱脂棉，用少量清水（或眼液）打湿，清除犬的眼眵，对于褶皱比较多的犬，如巴哥犬，其面部深深的褶皱内很容易积存细菌并引发皮肤病，可使用犬用消毒液经常擦拭干净；检查幼犬的耳朵，并及时清理，同时要定期检查口腔，注意换牙进度，对未及时脱落的牙齿进行拔除；抬起犬的尾巴，检查肛门是否干净。这些日常检查会让幼犬习惯抚摸，并能及时发现异常，尽早就医。

不要给刚进家门的幼犬洗澡。刚买来的幼犬即使很脏也不要着急给它洗澡，这是十分危险的举动。因为幼犬离开原来的生活环境，容易造成内分泌紊乱，从而使抵抗力下降。如果幼犬很脏，可用干洗粉或干净潮湿的毛巾简单擦拭、清理一下即可。

（2）经常清理环境卫生。注意卫生，保持犬窝干燥。及时清除幼犬的排泄物，保证幼犬休息的地方干净、通风。对于幼犬的餐具、用品等也要随时清洗，多晒太阳，接受紫外线的照射。保持清洁，定期进行药物消毒，防止病从口入。给人和犬营造一个舒适、清洁、健康的生活环境。

（3）适当的游戏、散步和运动。适当的游戏、散步不但可以调节幼犬的神经系统，加强新陈代谢，促进骨骼和肌肉的发育，更能增进人与幼犬的感情和信任。但运动量不宜过大，以不加控制的自由活动为主，应避免剧烈运动，否则会导致身体发育不匀称，而且还会影响食欲。当幼犬对新环境熟悉以后，可将其牵到室外做适当运动，注意做好防暑防寒工作。这样不仅培养其对外界环境的适应能力，而且锻炼其胆量，待幼犬逐渐长大时，便可开始进行训练。

（4）建立稳定的生活制度。主要体现在饲喂时的定时、定温、定质、定量、定食具和定场所。要确保幼犬每天得到足够的食物和均衡的营养物质，既要适口性强又要易于消化，最简单、最好的办法是选择幼犬的犬粮进行饲喂。饲喂次数一般 2～3 月龄的幼犬，每天喂4～5 次；3～4 月龄的幼犬，每天喂 4 次；5～6 月龄的幼犬，每天喂 3 次；7～8 月龄的幼犬，

每天喂 2 次。

**5. 加强防疫** 幼犬易患蛔虫病等寄生虫病，严重地影响其生长发育，甚至引起死亡。因此，定期进行驱虫非常重要，一般在 30 日龄时进行第 1 次粪检和驱虫，以后每月定期抽检和驱虫 1 次。为防止污染环境，驱虫后排出的粪便和虫体应集中堆积发酵处理。

对于 2 月龄以上的幼犬，可根据所在地区的疫情，定期做好疫苗的预防接种工作。主要预防犬瘟热、犬细小病毒病等疾病的发生，第 1 年注射 3 次，每次间隔时间为 21d，以后每年仅需注射 1 次。在幼犬 3 月龄时，可注射狂犬病疫苗，每年 1 次。

## 三、母犬的保健

### （一）发情期种母犬的保健

**1. 饲喂** 种母犬在发情期通常有兴奋不安、食欲下降甚至废绝的表现，饲喂时应注意提供适口性较好的犬粮，每天可延长进食时间，同时要给予适量、清洁的饮水。需要注意的是在种母犬交配前不宜喂食，配种休息片刻可适量饮水。

**2. 合理安排与种公犬的接触频率** 在母犬的发情前期，母犬会挑逗公犬，虽母犬有主动接近公犬的求爱行为，但不接受公犬交配。此时，可适当安排公、母犬见面接触的机会，对调整种母犬的神经状态非常有利。当母犬开始允许公犬的交配行为时，要注意防护，隔离公、母犬，防止私自乱配。

**3. 掌握发情进程，合理安排交配时间** 母犬发情时有一系列的变化，即频频排尿，外阴肿胀，流出黏液或血样分泌物，求偶欲望强烈等整体性变化。科学把握这些规律性的变化是合理安排配种时间的依据。另外，配种时间也要依据季节的变化来合理制定，夏季最好在清晨或傍晚配种，冬季则以中午为最佳配种时间。

**4. 停用药物，防止不良后果** 很多药物对繁殖均有不良影响。种母犬发情期内，任何涂抹、针剂、口服药物都要停用，以免造成不孕、死胎、畸形胎儿等后果。如果种母犬的身体状况欠佳，必须服用某些药物，则不予配种，这样既利于母犬身体的恢复，又可防止因药物造成的繁殖不良后果。

**5. 不宜调教与训练** 发情期间的种母犬由于精神兴奋不安，常表现不服从命令，对外界声响等刺激极为敏感。因此，发情期的种母犬不宜进行科目调教与训练。

**6. 外出时需加强看护** 发情期的母犬外出时，一方面易主动寻找公犬，另一方面公犬因嗅闻到发情母犬的气味而寻找母犬。主人带母犬游戏、散步或运动时，尽量拴系牵引绳，也可给发情母犬穿上生理裤，即可有效防止发情母犬外出偷配、误配。

### （二）妊娠期母犬的保健

母犬妊娠期平均为 62d，保健的重点就是加强营养，增强体质，防止流产等，保证胎儿发育健全。

**1. 加强营养** 妊娠期母犬的营养远高于休产期的需求量，因犬既要维持自身营养需要，又要维持胎儿的生长发育，同时还要为泌乳做好储备。所以妊娠母犬日粮必须全价，蛋白质、脂肪、微量元素和维生素齐全，同时要保证充足、清洁的饮水。妊娠 30d 左右，因胎儿生长速度加快，对食物营养的需要量剧增，在加大喂食量的同时还要提高食物的质量，食物中应适量增加一些肉类等，来补充蛋白质和钙的需求；妊娠 40d 左右，除了早晚饲喂外，中午应加喂 1 次，注意不要喂得过饱，更不能饲喂生冷食物，防止流产的发生；妊娠 50d 以后可将妊娠母犬转入产房，应注意增加一些富含蛋白质、矿物质和维生素，易消化的食物，并做到少食多餐，整个妊娠期切忌喂霉败和生冷食物。

**2. 防止流产**　妊娠期可让母犬做适当的运动，以增强体质，需注意要避免妊娠母犬做过分跑动、跳跃等剧烈运动，同时要防止受到惊吓，以免造成流产。妊娠期的母犬每天的运动不少于 2 次，每次运动时间不得少于 30 min。运动能增加母犬的食欲，有利于胎儿的生长发育，同时可减少难产的发生。

**3. 卫生管理**　应注意犬体、用品的清洁卫生，还要定期为母犬梳刷被毛，必要时可用湿润毛巾擦拭全身，一般情况下不要给母犬洗澡，防止感冒的发生。注意通风换气，适当地进行日光浴。为了让妊娠母犬得到充分的休息，一定要保证周围环境的安静；母犬转入产房前需事先对产房进行彻底的清扫和消毒，在母犬休息的地方铺放木板和稻草，注意保持清洁并做好定期消毒工作。母犬临产前要擦洗犬乳房，为分娩做好准备。另外主人或饲养人员要仔细观察犬的精神、采食、排粪等情况，一旦发现母犬有异常，要及时处理，如有患病要及时就医。

**4. 妊娠期检测**　在母犬妊娠 25～30d，有经验者可用手触诊判断胎儿的数量，在分娩前可判断胎儿的胎位等情况。在母犬妊娠 40d 后，可请专业人员利用 B 超为母犬做妊娠诊断，每周检测 1 次。在临近分娩的 1～3d 要随时检测，准确掌握胎儿的数量、发育情况等，确保母犬分娩顺利。

### （三）哺乳期母犬的保健

**1. 卫生管理**　母犬分娩后，其外阴、尾部及乳房等部位沾染了许多污秽，加之身体虚弱，很容易受到微生物的侵袭。要注意清洁卫生，经常用消毒液清洗母犬的外阴、尾部及乳房，再用清水清洗干净，防止仔犬吸入消毒药水，并定期为母犬梳理被毛。分娩后母犬的居住环境要做好消毒工作，每 1～2 周消毒 1 次即可，被污染的褥垫要及时更换，同时要注意保温，室温不得低于 22℃。切记不要给分娩 2 周内的母犬洗澡，避免因洗澡刺激而导致停乳症的发生。

**2. 保持安静**　为保证母仔能得到充分休息，需注意保持产房及周围环境的安静，避免较大声响、强光等外界条件的强烈刺激。正常情况下尽量减少进出产房的次数，这样有利于母犬哺乳和产后的恢复。

**3. 加强营养，合理饮食**　哺乳期的母犬应供给营养丰富、易消化的食物，以满足泌乳的需要。分娩后的母犬可喂食一些葡萄糖酸钙温水，4～5h 后及时补充适量的鸡蛋、牛乳等蛋白质含量丰富的食物，这样有利于母犬体力的恢复。24h 后开始喂食，1 周之内最好选择营养丰富的流质食物，喂量的掌握要控制在妊娠期的 1/3，1 周后可逐渐加量直到恢复原来的食量，泌乳犬的饲喂次数一般每天 3～4 次。另外，哺乳期每日要供给利于产乳的食物，如鲫鱼汤、猪蹄汤等，必要时注意钙磷的补充，防止出现"产后瘫痪"。还要注意补充与繁殖性能密切相关的各种营养物质，如蛋白质、脂肪、硒、维生素 A、维生素 D、维生素 E 等。

**4. 生理功能恢复**　产后母犬生理上会发生很大的变化，特别是生殖器官，产后需要一个恢复过程，要加强护理，避免受到损伤，影响繁殖机能。产后恶露能否顺利排出对母犬的生理和繁殖功能的恢复有着重要意义，也会直接影响到子宫的恢复以及下次发情和配种。正常情况下，母犬会在 3～5h 完成分娩，且恶露呈暗红色。此时可喂食母犬一些有助于排出恶露、活血祛瘀、改善母犬腹痛的中药；如果母犬分娩持续时间较长，分娩过程 10h 左右，且伴有死胎产出，有黑色恶露流出并带恶臭味，表明其子宫有一定炎症，应酌情输液治疗；大约 4 周后，子宫复原，恶露基本排净。如果此时还有恶露排出或有血水流出，应尽快对症治疗。

**5. 行为管理**　母犬产后因保护仔犬而变得异常凶猛。分娩后的母犬在最初的 8～24h 要保持静养。避免陌生人接近仔犬，更不能有抓抱行为，最好由主人或繁殖人员单独护理，否则易发生咬人或吞食仔犬的后果。有的初产母犬由于母性较差，不愿意照顾仔犬，此时主人应多加看护，精心照顾仔犬，可将仔犬抱到母犬处吮吸乳头，同时用温和的语言和抚摸稳定母犬的情绪，还可在仔犬吃乳时奖励母犬，让其尽快进入角色。

**6. 适当运动**　在气候适宜天气好的时候，根据母犬的身体状况，可适当安排母犬到室外散步运动 2 次，每次时间不宜过长，需要 0.5h 左右，切忌不要让母犬做剧烈运动。

## 四、种公犬的保健

种公犬应常年保持中上等膘情、健壮、精力充沛，使其具有旺盛的配种能力。

**1. 加强营养，控制体重**　在配种期应保证供给种公犬营养平衡的日粮，适当增加碎肉、鸡蛋等蛋白质含量高的食物，维生素和矿物质的添加也是必不可少的。每天除早、晚各喂 1 次外，可适当加喂 1～2 次，在维持饲喂量基本稳定情况下，尽量提高犬粮的适口性。矿物质中除了钙、磷，锰对种公犬的繁殖有很大影响，缺乏可引起睾丸生殖上皮退化。无论缺乏哪类营养物质，都可能严重影响种公犬的生长和配种能力，特别是蛋白质和矿物质不足会影响到公犬的精液品质。

为了掌握种公犬的营养状况，可对其定期称重。种公犬的体重应保持恒定，上下浮动最好不要超过 5%，过肥的种公犬可采取适当减少饲粮的供给量或降低饲粮的营养水平。直到种公犬体重达到标准为止。优良的种公犬应该不胖不瘦、腹部紧凑、精力旺盛。

**2. 合理运动**　保证种公犬适当的运动可促进其食欲，有助于增强消化机能，强壮体质，避免肥胖发生，同时还可增强性欲和改善精液品质，从而提高种公犬的繁殖机能。运动时强度不宜过大，尤其是在集中配种期间，应适当减少运动量，避免过度劳累。夏季应选择在早晚气温偏低时进行运动，冬季则应在中午较暖和的时候进行运动。运动后应及时用干净的毛巾擦干身上的汗，休息 0.5h 后再进行喂食。种公犬的运动形式可选择自由散放或使用牵引绳单独散放。一般要求种公犬每天上、下午在运动场各运动 1 次，每次运动时间应不少于0.5h，每日在户外活动的时间应不少于 2h。

**3. 单独饲养**　种公犬应进行单独饲养，犬舍选择时应注意阳光充足、通风良好。为了让种公犬能得到安静休息，减少外界干扰；防止种公犬为争夺母犬而相互打架致伤，保证充足的精力，种公犬管理区应远离母犬管理区。

**4. 定期梳刷洗澡**　为了使种公犬犬体清洁，有效清除被毛和皮肤上的皮屑、污物及体表寄生虫，有利于促进种公犬皮肤血液循环，促进食欲和增强种公犬性机能，每天有必要为种公犬梳刷被毛 2 次。同时还可以增进饲养人员与种公犬之间的感情，有利于协助采精或交配。

夏季可经常洗澡或适当进行药浴，减少皮肤病和体外寄生虫的发生。洗澡不仅可以使种公犬皮肤清洁、身体健康、性情温顺、性欲旺盛，而且对饲养人员产生依赖，采精或配种效果会更好。需要注意的是配种结束时不要立刻洗澡。另外要注意种公犬生殖器官的护理，要经常保持清洁，每次采精或配种前后都要用温水清洗或干净的热毛巾擦拭，防止细菌滋生、感染疾病。

**5. 合理利用**　种公犬在配种季节时要注意不要使用过度，否则会造成精子密度下降、精子活力降低，从而直接影响到受胎率及繁殖率。配种期间，配种次数应控制在每周最多可配 3 次，配种季节每只种公犬配种次数不得超过 15 次。进入集中配种期之前，应连续几天对种公犬的精液品质进行检查，包括精子活力、精子密度及精子畸形率等。从中掌握种公犬的繁殖情况，如发现问题要及时查找原因，找到解决的办法。

## 五、老年犬的保健

犬在 7～8 岁后逐渐进入老龄化。其体力、消化能力、抗病能力及适应能力等都出现不同程度的下降。要做好老年犬的保健需从以下几方面入手：

**1. 适度运动**　老年犬喜静不喜动，睡眠增多。复杂、高难度的动作宜发生肌肉的拉伤和骨折，应尽量避免剧烈运动。老年犬体温调节功能减退，一定要注意防暑保温。天气炎热时，要尽量避免在烈日下活动，防止中暑的发生。日常散步通常就可以满足老年犬的运动需求，应尽量让其自由活动，外出散步时，根据季节变化选择合适的活动时间，且散步时间不宜过长，严禁疲劳。让犬接受足够的阳光照射，同时补充一定量的钙质、维生素。保持良好有规律性的适度运动，对老年犬的健康非常有益。

**2. 合理饮食**　老年犬的消化吸收功能降低，食物必须要松软、易咀嚼，便于消化。应注意添加优质蛋白质和适量纤维素，特别是补充钙剂，注意食物中脂肪含量不宜过高，食物的营养要全面、均衡。可自制或选择质量可靠的老年犬专用犬粮，通常老年犬应饲喂流质或半流质食物，切忌喂食硬性食物，如大骨棒。喂食方式应采取少食多餐的形式，每天将食物总量分成 3～4 餐饲喂，切忌一次性饲喂、自由采食。饮水对老年犬非常重要，除特殊情况需要控制饮水外，必须保障提供充足的饮水。

**3. 加强防疫**　因老年犬的机体免疫力下降，抵御疾病特别是传染病的能力降低，疫苗接种对老年犬显得格外重要，每年必须定期进行免疫接种 1 次，定期驱虫。还要定期做好老年犬的健康检查，通过检查能及时掌握老年犬的健康状况，做到早发现早治疗。

**4. 加强日常保健**　每天坚持给老年犬梳理被毛，梳理不仅能改善皮肤血液循环，清除体表上的污物、寄生虫，且能尽早发现老年犬皮毛出现的病变。梳理时应选择适合的用具，动作要轻柔。梳理时如发现小结节，一定仔细观察，防止强行梳理造成皮肤损伤。老年犬趾甲、脚底毛要定期修剪和清理，防止趾甲过长扎到爪垫。老年犬的脚部会出现干裂，需要做特殊护理，每天出去游戏、散步后将犬的脚部清洗干净，取适量凡士林保湿霜均匀涂抹到脚部的每个缝隙里，每周可做 2～3 次护理，脚部干裂就会得到明显的改善。老年犬由于生理机能退化，眼、耳及鼻等部位都要及时清理，特别那些脸部有皱褶的犬种，例如巴哥犬，脸部的皱褶会藏污纳垢，如不及时清理很容易滋生细菌。洗澡的次数不宜过多，水温应控制好，同时洗澡后要注意保暖，及时吹干毛发，防止感冒发生。

## 六、去势犬的保健

**1. 手术后的保健**　犬术后一定要选择安静的环境让其休息，尽量不要去惊动它们。大多数犬在手术后的 1～2d 就会行动自如，此时应避免犬做剧烈的活动，主人可利用牵引绳进行游戏、散步，控制犬的活动强度。为了避免犬舔咬伤口或咬扯缝合线，可为犬佩戴伊丽莎白圈对犬头部活动进行限制。如果犬术后几天仍然有持续呕吐或者扯掉缝合线，伤口有大量异常液体流出并伴有严重的红肿,需立即请宠物医生进行处理,防止并发其他疾病。对于术后阴囊潮红和轻度肿胀,一般不需治疗。

**2. 饮食保健** 一方面犬术后身体对蛋白质的转化水平明显降低,同时因为激素的作用犬会出现食欲下降或废绝的情况。此时主人可依据犬喜欢的食物进行合理调配,丰富犬的食物,多喂些平时喜欢的零食,尽量让犬多吃点。另一方面,术后的犬由于营养丰富,加之运动量较少,很容易因脂肪堆积而发胖。为了避免去势犬发胖,应选择高蛋白质、低脂肪、低糖类的食物饲喂,限制能量摄入、增加纤维素含量,且一定要控制采食量。同时还应让犬做适当的运动,增加脂肪的消耗,保持理想体态。

## 七、不同季节对犬的保健

### (一)春季保健

**1. 清洁保健** 春季一到,犬体厚厚的冬毛逐渐脱落,主人常常会在地面上看到一团团犬的被毛,这是正常的生理现象。脱落冬毛以适应夏季的酷暑炎热,犬开始更换夏毛。如不能及时对被毛进行梳理,脱落的被毛很容易在身上缠绕、打结,也可能会被犬误食在胃中形成毛球,严重影响犬的消化和吸收。另外,不洁的被毛易引发皮肤病。因此在春季换毛期,要注意每天早上必须用梳子或刷子对被毛进行梳理,将脱落的毛发清除,保持皮肤清洁和预防皮肤病的发生。同时要及时清扫犬窝及周围环境,避免脱落的被毛粘在身上形成毛毡。一般每天梳理 2 次,每次 10~15min。

**2. 繁殖期保健** 春季是母犬发情、配种的季节。对发情的母犬要做好发情鉴定,以便掌握配种时机。对发情的母犬,主人要严加看管,禁止外出或外出时给母犬穿戴生理裤防止偷配、滥配或误配。不打算留种的母犬,可以考虑为其做绝育手术,避免发情前后的不良反应。对于公犬也要加强看护,防止走失和滥配,同时还要防止公犬因争夺母犬打架而导致外伤发生,一旦出现伤情应及时妥善处置。

**3. 加强防疫** 春季是犬各种疫病容易感染的季节,尤其是呼吸道疾病。为防止人畜共患病的发生,一定要做好犬生活用品、餐具等的消毒,防止人与犬接触的过程中被某些病原菌感染。定期对犬进行体内、体外寄生虫的驱虫。春季也是跳蚤等各种体外寄生虫的活跃期,跳蚤的成虫 1 年以上不吸血仍可生存,所以必须反复彻底驱除。同时注意不要带犬到不清洁的场所,避免感染跳蚤。春季犬易患蛔虫、球虫、绦虫等体内寄生虫病,易引发胃肠功能障碍。所以,天气晴朗时,可将犬窝等用品拿到室外太阳下曝晒。同时要定期清扫及消毒犬舍,注意犬的饮食卫生,要给予清洁的饮水。及时清理粪便,防止交叉感染。此外应重点做好犬瘟热、犬细小病毒病、狂犬病等传染病的疫苗接种。

### (二)夏季保健

**1. 饮食要求** 夏季犬因酷热难耐而食欲下降,主人应选择饲喂易消化、适口性好的食物,可适当减少肉食,增加新鲜蔬菜和肉汤。最好饲喂营养全价的犬粮,同时可适当补充一些含电解质的营养素。需要注意的是,由于夏季天气炎热,食物极易发酵、变质,变质的食物中可能含有细菌毒素,即使高温处理也不能将其破坏,犬误食后会引起食物中毒,严重的可能会导致死亡。因此,犬的食物一定要新鲜,最好是经加热处理后放凉的新鲜食物。同时要掌握好饲喂量,尽量不要有剩余,避免食物的浪费,吃剩的食物最好扔掉。另外,冰箱冷藏室储存的食物千万不要直接饲喂给犬,以免犬胃肠道受到过冷食物的刺激而引发疾病。夏季会使犬流失很多的水分，一定要保证犬全天有充足的清洁饮水。

**2. 清洁保健**　夏季要定期为犬洗澡，保证犬的清洁卫生。对长毛及卷毛犬要定期进行美容、修剪造型，夏季可将被毛修剪短一些，给它们换上夏装造型，使它们轻松度过炎热的夏季。但不提倡剃光被毛，这样不仅不凉快，反而会造成犬皮肤晒伤。另外对耳朵、眼睛等部位也要及时清洁，特别是那些有耳毛的犬种，一定要及时拔除耳毛，防止耳螨的发生，一旦发现耳朵上有黑色油脂状分泌物，要及时就医。为了防止潮湿，要勤换被褥等铺盖物，被雨淋湿后的犬被毛要及时用毛巾擦干、电吹风吹干。

**3. 防暑**　夏季空气潮湿，气候炎热，在高温、高湿的环境下，加之犬汗腺退化，犬体热散发困难，夏季极易发生中暑。所以犬窝（舍）要选择通风良好、有阴凉的地方。夏季要避免在烈日下活动，一般要选择全天相对凉快的早、晚外出活动。如发现犬有中暑症状，如呼吸困难、皮温升高、心跳加速等症状时，应尽快用湿冷毛巾冷敷犬的头部，并将其迅速移至阴凉、安静、通风的地方，同时喂给充足的清水，对于症状没有缓解的中暑犬，应立即就医。另外，有很多私家车主带犬出去，经常会把犬独自关在车里，这样做对犬是很危险的。夏季车内温度高，热气无法散发出去，空气又不流通，易导致犬缺氧或中暑死亡。

**4. 防空调综合征**　夏季炎热室温高，很多家庭都会使用空调来调节室温。犬长时间处在空调环境中也会患空调病。主要表现是打喷嚏、流鼻液、精神沉闷、食欲下降甚至废绝等类似感冒的症状。严重时体温升高，呼吸和心跳加快，甚至死亡。所以不要让犬长时间处在空调环境下，严禁让犬在空调风口下睡觉，最好让犬待在通风、阴凉的自然环境里。值得注意的是给犬洗澡后更不能直吹空调。

**5. 驱虫**　夏季是犬体内外寄生虫滋生的季节，故应定期进行粪便检查和驱虫。夏季特别要加大力度灭蚊，犬心丝虫病是以蚊子为传播和感染源发生的，要及时排除犬舍和周围的污水源，因此要保持犬舍有良好的通风环境，及时清除污水，安装防蚊纱窗。

**（三）秋季保健**

**1. 饮食要求**　对犬而言，秋季是最舒适的季节，也是犬一年中新陈代谢最旺盛的季节。应给予足够的高营养饲粮，以消除夏季的疲劳，加强营养储备，促进冬毛的生长，为越冬做好准备。

对于平时运动较少的犬，应制订合理的运动计划。防止因秋季食量大增而导致肥胖的发生。秋季气温下降，早晚温差过大，外出运动时要预防感冒。

**2. 清洁保健**　秋季是犬脱毛最厉害的季节，此时可适量给予维生素 E 促进新毛的生长。每天都要梳理犬的被毛，脱落的被毛要及时清除，防止未及时清除而缠绕在一起形成毛毡。1～2 周要给犬洗澡 1 次，同时做好基础护理。由于秋季到冬至日照时间越来越短，晴天时，可让犬多出去晒太阳，接受紫外线的照射，可有效地防止幼犬佝偻病和成年犬软骨症的发生。

**3. 加强防疫**　秋季是犬钩端螺旋体病高发季节，常因踩过尿迹，或接触过鼠的排泄物，或经口感染。应及时清理污物，注意犬舍卫生，做好预防工作。秋季也是狂犬病预防接种时间，切不可忘记注射。

**4. 繁殖期保健**　秋季也是母犬的发情、交配、繁殖季节，其管理方法基本与春季相同。防止偷配、滥配或误配的发生，防止打架导致外伤发生。主人要做好看护工作。

**（四）冬季保健**

**1. 饮食要求**　冬季的寒冷气温会引起犬体内热能的大量消耗。所以，冬季的饲粮中，应增加脂肪来提高食物的热量，增强犬的抗寒能力。可供给牛乳、适量的肝以及维生素A和脂肪含量较高的食物。同时要保证食物的新鲜和充足的清洁饮水，千万不要让犬饮用冰水。

**2. 防寒、防病**　冬季气温寒冷，要注意防寒保暖。冬季犬最易患感冒等呼吸道疾病和风湿病，冬季也是犬瘟热流行的季节，一定要做好犬舍（窝）的防寒保暖工作。将犬舍（窝）搬到向阳背风的地方，室外的犬舍可搭建防风、防雨雪等设施。晴天时室内的犬舍可适当开窗通风，保持空气新鲜，预防呼吸道病的发生；中午暖和时可带犬外出活动，接受日光照射，既可取暖，又可利用紫外线杀菌消毒。同时还能促进钙质吸收，有利于犬骨骼的生长发育，防止仔犬发生佝偻病。对于冬季取暖的北方，要防止犬接触暖气等引起的烫伤。取暖时还要防止煤气中毒。

**3. 清洁保健**　到了冬季，春夏季节自然脱落的被毛几乎完全停止，被毛的数量增加。梳理被毛也同样重要，每天梳理1~2次为宜。肛门附近的杂毛要定期剪掉，防止粪尿污染被毛，保持犬体清洁卫生；冬季洗澡的次数可酌情减少，因犬的皮脂分泌较慢，频繁洗澡不仅会洗掉保护皮肤的皮脂，还会使犬皮肤出现干燥、脱皮的现象。洗澡前要对犬的耳、眼等部位进行护理，趾甲与脚底毛也要修剪干净。脚底毛过长，犬会走路不稳，容易滑倒摔伤。洗澡时要注意室温的变化，注意保暖，一定要彻底吹干被毛，防止感冒的发生；冬季天气寒冷，犬美容时没有必要把被毛修剪太短，否则犬就失去了天然的御寒屏障。对于一些抵御寒冷能力较差的小型犬、短毛犬及老年犬等，在外出活动或散步时，可为其穿着漂亮的衣服和鞋子，既美观又可抵御冬季的严寒。另外，犬用的犬窝、垫物及食具一定要做好定期清洁和消毒。

🐾 **分析与思考**

1. 如何做好幼犬的日常保健？
2. 发情期的母犬如何进行日常保健？
3. 生产的母犬如何做好保健？
4. 老年犬如何做好保健？
5. 在春、夏、秋、冬四个季节应如何对犬进行保健？

# 任务八　患病犬的护理

犬的一生中总会有患病的状态，因此要了解犬患病的表现，然后根据不同的疾病状态做好相应的护理，从而加快犬的康复。

**学习内容**

1. 犬患病的各种表现
2. 呼吸道感染护理
3. 消化道感染护理
4. 泌尿道感染护理
5. 犬手术后护理
6. 宠物犬住院期间护理
7. 宠物犬寄养期间护理

## 一、犬患病的各种表现

犬也会经常患病，主人和医生可以通过观察犬的生活和精神状态是否异常来判断犬是不是患病，做到早发现早治疗。健康的犬精神活跃，食欲好，粪便正常，鼻镜湿润，被毛有光泽，皮肤光滑，耳道干净无异味。当犬患病时会有以下表现：

**1. 精神状态异常**　健康犬精神活跃，当犬患病时尾巴下垂、活动力下降、精神萎靡（图1-130）、垂头耷耳，对周围环境冷淡，对刺激反应迟钝。有时也会出现反常的精神状态，如兴奋或抑制。有的会出现运动和行为异常，如共济失调和盲目运动。

**2. 呼吸道异常**　健康犬鼻镜湿润并附少许水珠，只有当刚睡醒时鼻镜稍干，无鼻液，眼角有少量分泌物。当犬患病时，鼻镜干，眼分泌物增多，流鼻液（图1-131），打喷嚏，咳嗽，呼吸困难甚至张口呼吸（要区别季节、气温、活动量的改变而引起的犬正常生理性呼吸的改变）。

**3. 饮欲食欲改变**　当犬出现食欲下降、拒食、食欲突然增大或者多饮多尿时犬可能患病。

**4. 胃肠道异常**　呕吐是犬患病时常见的临床症状，很多疾病都会出现呕吐的症状，当出现呕吐且拒食时要及时就医。健康犬的粪便是黄棕色成形条状，腹泻时会表现排便次数增多，粪便不成形或稀薄或水样，有时混有血液（图1-132）。

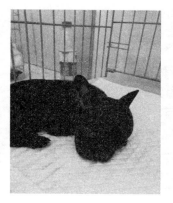

图1-130　幼犬患肺炎时精神萎靡

图1-131　幼犬呼吸道感染时流脓鼻液

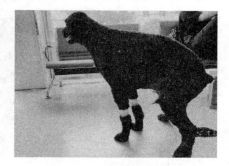

图1-132　犬粪便呈煤焦油状

**5. 泌尿系统异常**　健康犬的尿液是淡黄色，当犬出现血尿、咖啡色尿液时要及时就医，当犬有尿频、尿淋漓时提示有泌尿系统疾病的发生。

**6. 皮肤和被毛异常**　健康犬的被毛整洁、有光泽。被毛蓬乱无光泽、换毛迟缓多为营养不良的标致。犬出现皮肤病时常表现脱毛、皮屑增多、皮肤增厚、结痂、有脓性渗出液、皮肤发红等病变，有时伴有剧烈瘙痒（经常在周围物体上摩擦或啃咬病变部位），身体会散发异味，当发生趾间炎时会经常舔脚趾。

图1-133　犬患肝疾病时可视黏膜黄染

**7. 可视黏膜异常**　健康犬的可视黏膜呈淡红色，

当犬出现疾病时结膜颜色可表现为潮红、苍白、发绀或黄染（图1-133）。

## 二、呼吸道感染护理

呼吸道疾病临床表现是打喷嚏、流鼻液、咳嗽、畏光流泪、发热，严重的会出现喘、呼吸急促、张口呼吸，牙龈舌头发白、发绀。引起呼吸道疾病的病因主要有病毒感染、细菌感染、支原体感染、寄生虫感染、心脏疾病、气管塌陷、支气管炎、肺炎、胸腔积液、乳糜胸、胸腔肿瘤、脓胸、气胸、肺水肿等。

本病多发生在春秋气候多变季节，是犬常发病，在治疗过程中的护理需要注意以下几方面：

**1. 注意隔离，防止交叉感染**　感染犬呼吸道的病毒主要有犬瘟热病毒、副流感病毒。犬瘟热是由犬瘟热病毒引起的一种高度接触性传染病，传染性极强，病死率可高达80%以上。主要传播途径是病犬与健康犬直接接触，也可通过空气飞沫经呼吸道感染。确诊为犬瘟热病毒感染或疑似犬瘟热病毒感染的都需要隔离，并做好消毒措施。

**2. 高热的护理**　密切监测体温变化，体温40℃以上时需对症治疗，采取正确合理的降温措施，在四肢腋下、腹部、爪垫剃毛后放置冰袋或用酒精擦浴。1h后再测量体温，若体温高再采取其他降温措施，如使用降温药物。在无呕吐的情况下提供充足的水分。

**3. 保证充足的营养和水分**　提供充足的水分，给予营养较好的犬粮，如果犬食欲下降，给予适口性较好的犬专用罐头、营养膏或其他营养品，提高犬的食欲，无食欲的犬可静脉补充营养和水分。

**4. 遵医嘱用药护理**　严格遵医嘱，输液速度根据犬的病情及体重而定，建议使用输液泵控制速度。密切观察犬的精神状态，若发现呼吸急促、张口呼吸等异常症状，需停止输液，给犬吸氧，听诊肺部是否有啰音，通报医生，让医生查明原因，采取急救措施。需要雾化的犬可以放在有氧舱或有氧箱内，注意雾化时犬的状态，做完雾化需吹干毛发（图1-134）。也可以用面罩直接对着口腔、鼻子吸，面罩要有几个孔与外界相通（图1-135）。呼吸道感染犬眼睛和鼻腔分泌物会增多，及时清除眼、鼻腔分泌物，保证呼吸道通畅，鼻塞严重时使用滴鼻液。

图1-134　有氧舱内雾化，雾化后需要吹干毛发

图1-135　面罩雾化

**5. 保持良好的环境卫生**　居住环境要通风，随时清洁粪尿，保持室内空气清新，环境温度控制在25℃左右，冬季体质弱的犬需要加热垫保暖。长毛犬每天需要梳理毛发，身上如果有粪尿需要及时用温水毛巾擦干净并吹干。

### 三、消化道感染护理

消化道疾病是犬临床常见的疾病，主要症状为精神沉郁、发热、厌食、腹痛、呕吐、腹泻，有时呕吐、粪便伴有血液等，严重的会出现呼吸急促的表现。消化道疾病主要有病毒感染、细菌感染、寄生虫感染、胃肠异物、肠套叠、胰腺炎、肾衰竭、子宫积液、胃肠道肿瘤等。消化道疾病在犬各个年龄段都可能出现，多发生在春秋气候多变季节，尤以幼犬多发，在治疗过程中护理需要注意以下几方面：

**1. 注意隔离，防止交叉感染**　引起犬出现消化道感染的病毒主要有细小病毒、冠状病毒和犬瘟热病毒。这些病毒主要经过粪便接触感染和空气飞沫感染，传染性强，对于免疫不全的幼犬病死率很高，在治疗过程中注意隔离，防止交叉感染。环境每天定期消毒。

**2. 遵医嘱治疗及护理**　每天记录呕吐物、粪及尿的量及性质，监控犬的体温、呼吸、心率等，了解疾病发展的情况以及补液是否足够。

补液速度遵医嘱，有呼吸道疾病的犬输液速度减慢，密切观察犬的精神状态及呼吸情况，若出现精神状态变差、呼吸急促应停止输液，及时将情况汇报给医生。

体质较弱的病犬需要保温护理，可以使用加热垫或者保温箱。

**3. 饮食及营养的支持**　严格遵医嘱，禁食禁水犬不能喂食喂水。呕吐停止18～24h后，可喂低脂肪易消化的食物，坚持少量多餐，逐步增加饮食量。对于胃肠道感染严重病程时间较长的病犬（如细小病毒感染），呕吐不严重时可喂食少量刺激性小的食物，以增加肠道的营养，帮助胃肠黏膜的修复。年龄小体质弱的幼犬，应密切观察精神状态，预防低血糖的发生，特别是夜间。

**4. 卫生护理**　随时清洁呕吐物及粪尿，消化道感染大多有腹泻现象，多次排便可使肛周红肿疼痛，建议每次大便完用软纸擦拭，毛发沾有大便需用温水清洗干净再吹干，对于长毛犬必要时可剃掉肛门周围的毛发，以方便清洁，红肿严重时可外用抗生素软膏。

建议使用底部有网格及托盘的笼子，呕吐物和稀便可以直接从网格流入底盘（图1-136），防止弄脏皮毛。

长毛犬每天需要梳理毛发，患病期间不能全身洗澡，身上有粪尿污物可用温水局部清洁再吹干。意识较差的病犬需要密切观察，及时清除呕吐物，避免堵塞呼吸道。

**5. 注意事项**　呕吐血液的犬要密切观察病情发展的情况，频繁呕吐时要汇报给医生，需要进一步诊断病情。

图1-136　感染细小病毒的幼犬腹泻次数较多，放置在有网格的笼子里护理

护理人员要鉴别反流和呕吐，呕吐的主要特点包括存在干呕（即吞咽性干呕、不安、舔唇、流涎等）、腹壁肌肉收缩、呕吐物中可能含有胆汁或消化道血液或食物。反流是食物从食管被动性地逆向排出，反流的特点是缺乏干呕、缺乏腹壁肌肉收缩、呕吐物中不含有胆汁及管状未消化的食物。护理人员还要知道咳嗽后吐痰和呕吐的区别。

长期不能进食的犬需要插食管或者胃管。

## 四、泌尿道感染护理

犬患泌尿系统疾病时会出现血尿、尿频、痛性尿淋漓、尿失禁、多饮和多尿。患病的原因主要有泌尿道结石、泌尿道感染、前列腺炎、前列腺囊肿、膀胱肿瘤、尿道发育异常等。护理需要特别注意导尿管护理。

**1. 术后护理** 遵医嘱全身使用抗生素5～7d，重视患病犬术后疼痛，在必要时给予止疼药物，术后注意观察排尿情况，如出现尿闭或排尿困难，应及时查明原因。戴上伊丽莎白圈，防止舔咬伤口。防止术部感染，每日清洁消毒1～2次。对施行尿道切开术的患病犬监视术部是否出血，每天用抗生素冲洗术部1～2次，清除血凝块并涂布红霉素软膏，导尿管放置时间根据切口愈合情况而定。

**2. 导尿管的护理** 实施尿道切开术、膀胱过度扩张的患病犬可安置导尿管，导尿管可选择双腔导尿管，固定在背部，戴好伊丽莎白圈，防止啃咬导尿管及尿袋（图1-137至图1-139）。保持导尿管通畅，尿袋和导尿管保持干净，操作过程中要预防膀胱、尿道的感染。每天将尿袋里的小便放2次，并记录小便量、有无出血、浑浊度。

图1-137 术后留置导尿管

**3. 预防措施** 定期做B超、尿液常规、尿沉渣检查，泌尿道感染的犬可以根据培养和药敏结果及时治疗。检查尿液沉渣是否有结晶及结晶的种类，尿液的pH，根据结石的种类可以饲喂合适的商品处方粮，鼓励犬多饮水，早期药物治疗可以降低尿液中形成结石的盐分浓度、增加盐的溶解度和增加尿量，做好预防措施可以减少结石的形成。

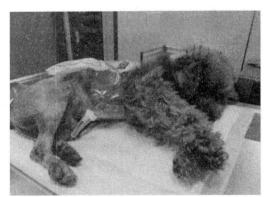

图1-138 尿道破裂术后留置导尿管

图1-139 输尿管膀胱吻合术后留置导尿管

## 五、犬手术后护理

不论是生理性的手术还是病理性的手术，医生一般建议住院观察24h，然后才能出院。受手术影响，犬的机体、功能状态会发生一系列的变化，饮食等功能也受到不同程度的影响。因此，手术结束后仍需对病犬进行护理，术后护理往往决定最终的治疗结果，对于一些特殊病例，术后护理决定它们能否存活。犬手术后护理包括术后苏醒期护理及术后康复护理。术后康复护理包括调节体内平衡、镇痛及尽早发现并发症。早发现潜在的并发症有利于疾病的治疗及康复。不同的手术，术后护理也有差别，一般来说，病犬手术完成后，术后护理应注意以下方面：

**1. 苏醒期的监护**　手术完成后将犬伤口周围清洗干净，毛发要吹干，伤口上可以放置灭菌纱布，为犬穿合适的手术衣（图1-140）。四肢骨折内固定手术的犬手术完成后要给予外固定。

使用不同的麻醉药物，犬的苏醒过程也是不同的。但是有个原则，手术后苏醒越快，则对于犬的生命威胁就越低，麻醉时间长可能会导致一些并发症的发生，所以手术结束后麻醉较深的应尽快让其苏醒，若是使用静松灵类麻醉药物可以适量注射苏醒药物。吸入麻醉苏醒快，所以吸入麻醉比其他麻醉方式安全性好。

图1-140　术后在伤口处放置纱布、面罩吸氧

对于使用吸入麻醉的犬，苏醒时犬舌头会舔，下颌力量增大，解开头上固定气管插管的绷带，抽出插管上膨胀气囊中的气体，可以很容易将插管从喉部拔出。继续观察犬呼吸频率及心肺功能，如果犬在麻醉过程中出现呕吐，迅速抬高犬后躯，使液体被迫从口中流出，用纱布或棉花擦掉口腔中的呕吐物。在苏醒期犬的呼吸频率会加快加深，逐渐恢复运动能力，开始试图站起来，通常先从侧卧转向俯卧，最终能够勉强站起来，但可能还会摔倒。由于身体丧失了很多热量，犬会发抖。麻醉药物还会引起犬在苏醒期暂时的兴奋，在此期间可能会出现神经症状，有可能会伤害到自己或者医护人员，所以要小心照顾，防止从手术台上摔下。术后犬仍睁眼应适当点眼药水，避免角膜干燥。

**2. 术后保温**　麻醉后动物的体温都会有不同程度的下降，所以保温很重要。准备一个铺垫子的笼子，垫子下面可以使用电热毯或循环温水毯，也可以给犬盖上毛毯，也可以放在有氧保温舱内（图1-141）。

**3. 术后监护**　术后每小时要检查1次犬的体温、呼吸、脉搏和精神状态的变化，若发现异常要尽快查出原因，直到犬的体温正常、精神好转为

图1-141　骨折、疝手术后放置有氧保温舱

止。手术及潜在的疾病会导致出血，黏膜苍白、毛细血管再充盈时间延长、脉软及心率加快虽然不是出血的症状，但术后要对这些指标严格监控，要经常监测血常规，如果血细胞比容低于20%需要输全血。

老年病犬或虚弱的病犬（如患有呕吐、腹泻、子宫积液、肝疾病、肾机能障碍等疾病）和手术时间较长的病犬术后要静脉输液，直至能自由饮食。注意评价脱水情况和电解质的变化，若有失调，及时给予纠正，观察并记录尿液的量，如果长时间没有尿液要查找原因。不能俯卧只能侧卧的犬要每10～15min将其翻1次身，保持头部伸展，直到犬可以俯卧。血氧不足的病犬要吸氧，如果犬没有任何异常，能够站立正常行走，可以放回常规病房。能舔

到伤口的犬需要佩戴合适的伊丽莎白圈，防止舔咬伤口。

**4. 术后饮食** 病犬蛋白质和能量摄入不足可能会影响伤口愈合、抵抗力下降，增加感染和死亡的风险，所以术后的营养补充尤其重要。对施行全身麻醉的病犬，在吞咽机能尚未完全恢复之前，禁食禁水，防止误咽。

除了进行食管、胃肠道或口腔等消化道手术的病犬，一般在 24h 内正常饲喂。饲喂时应选择柔软易消化、富含蛋白质和维生素的食物，初次应少给，然后以递增的方式逐渐恢复至正常饲喂量，避免一次吃入过量食物，造成消化功能紊乱。犬由于受手术的刺激或损伤，食欲降低甚至丧失，除了应细心观察犬的饮食状态外，还应尽可能地使犬恢复食欲，可以使用一些适口性较好的食物来诱哄犬进食，对食物进行加热可增加食物的香气、提高犬的食欲，对犬爱抚和口头安慰对增进食欲也是有帮助的。消化道手术的病犬一般禁食 24～48h 后开始喂半流质食物，以后逐渐转变为正常喂食。对于不能正常进食的犬，术后应及时经静脉输液或胃导管等方法给予一定量的能量物质，以补充体力，直至恢复采食功能。

水是生命之源，正常成年犬对水的日需求量为每千克体重 40～60mL，夏季需求多些，冬季则少些。当能饮水时应少量多次饮水，水温不宜过凉。健康的犬可饮足够量的新鲜水，体弱不能主动饮水的需要强迫给水，包括人工饲喂或通过其他非消化道形式给予。

**5. 术后抗感染** 术后选择正确的抗生素对降低外科手术感染有着积极的作用，根据病情选择合适的抗生素，每天记录呼吸、脉搏、体温和精神、食欲、粪尿以及伤口的局部变化，根据病情发展的需要，也可进行实验室化验、X 线、B 超等其他检查，以便发现问题及时处理。在对病犬检查时，尤其要重视术部的检查，要注意术部有无发红、肿胀、渗出、脱线、伤口开裂等情况，发现后应及时采取措施，防止感染。伤口需要每天消毒，穿手术衣的犬每天更换伤口纱布。对于胃肠道手术的病犬，应密切观察犬的临床症状，有无精神沉郁、体温升高、呕吐、过度腹痛等症状，可每天进行腹部 B 超检查，及时发现有无腹腔感染。如果犬出现疼痛，给予合适的止痛药物。术后 7～10d 拆线。

**6. 术后运动** 术后早期运动有利于改善血液循环和促进功能恢复，还可以促进代谢，增加食欲。病犬能自由活动后，可以每天 2 次自由活动 10～15min，以后逐渐增加运动时间和强度。过早或过强的运动可能导致术后伤口出血、缝线断裂、机体疲劳等，不利于机体及伤口的恢复。四肢骨折、腱和韧带手术的病犬术后早期应限制活动，防止手术部位负重增加，以后要根据情况适度增加练习。四肢骨折内固定手术完成后，应当做外固定来限制患肢活动，避免被水或尿液污染，每周拆开检查肢体活动，外固定应查伤口及周围的皮肤，防止皮肤感染。犬关节手术完成后在一定时期内进行强制人工被动关节活动。

**7. 环境卫生护理** 室内环境保持干燥清洁，冬季注意保暖，夏季注意创部透气，粪尿随时清洁，保持切口的干燥清洁，术后 15d 以上切口恢复完全好才能洗澡。每天梳理毛发，保持皮肤及毛发的清洁，防止皮肤病的发生。

## 六、宠物犬住院期间护理

**1. 需要住院的情况** 病犬住院能够得到专业的护理，医生也能随时了解病情发展的情况，有利于疾病的恢复，所以在检查完毕后，根据病情确定治疗方案后，医生会建议病犬住院，也有些主人会要求病犬住院。一般有以下情况时病犬需要住院治疗：

(1) 患病犬有严重的内科疾病，如胰腺炎、肾衰竭、肝疾病、严重的胃肠道疾病等，患病犬呕吐、无食欲，需要补液治疗，输液时间较长，脱水严重的需要 24h 输液治疗。

（2）患病犬手术之后需要住院治疗护理，如骨科手术、消化道手术、腹腔手术等。

（3）患病犬主人没有能力或精力照顾病犬，希望住院接受专业的治疗护理。

（4）一些未确诊病因的疾病，住院观察有利于确诊病因。

**2. 住院护理要点**　医生与主人沟通完治疗方案，确认住院治疗，住院前建议医生与主人签好住院协议，再次确认治疗方案和病犬病情可能的进展，并对其信任表示感谢，轻柔地安抚病犬使其主人离开，很多犬在主人离开时会很抗拒。将犬安置到住院病房后，在住院表上填写病犬姓名、主人信息、病例卡号及治疗用药等，住院表和病历本夹在一起放在住院犬笼子旁。住院部护理人员遵医嘱给病犬治疗及护理。住院病犬的护理主要注意以下几方面：

（1）住院病犬晨检。早晨助理开始住院部工作时，先与夜班助理进行交接，确认住院病犬是否增加。交接完开始巡房，主要观察病犬的精神状态，如果状态很差，要第一时间通知医生并采取相应的措施。若住院病犬状态良好，则依次将粪、尿、饮食情况记录在住院表上，并确认有无特殊检查（如收集粪便做粪检），并同时进行笼位清洗。每只犬都应由住院医生进行晨检，主要内容参见住院表，可根据犬病情调整治疗方案和检查的重点，然后交给助理进行用药和一些复查项目的检查。

（2）住院表的使用。

①病犬信息。主要包括病犬的基本信息和性格，诊断或疑似诊断，病犬的食物要求。

②晨检记录。主要包括体重、黏膜、心率、呼吸、体温、留置针情况等，由住院医生在晨检后填写。

③基本信息。包括病犬的饮水、进食、排尿、排便、呕吐、腹泻情况。主治医生可在备注（或空白处）标明特殊要求（如禁食、禁水、需采集粪尿等）。助理在每次给予病犬饮水和食物前先查住院表，看有无特殊要求，并记录病犬排尿、排便呕吐和腹泻的情况，正常可用简单的有无表示，如有特殊情况可在旁边空白处注明。

④用药。该部分包括使用的药物名称、用量、给药途径和剂量信息。主治医生填写时应明确药物名称、用量和给药途径，并在相应的时间点上画圈，如有特殊用量，可注明（如餐前给），助理在首次给药时应和主治医生再次确认药物名称、用量、给药途径、时间点和特殊要求，并在每次给药后相应的圈内打"√"，表示药物已给。

⑤输液。该部分由主治医生填写。包括输液的种类、输液量、液体中有无添加药物和添加的量，以及输液的速度和时长，如输不同的液体，应注明前后顺序。助理在首次接触该病犬时也应和主治医生进行再次确认。

⑥检查（复查）。该部分主要由主治医生填写，内容为该病犬当天或第 2 天要进行的一些检查或复查项目，同样写明项目名称，并在计划的实施时间上画圈，医生或助理在实行检查后在对应圈内打"√"，表示该检查已完成。主治医生及助理每日需确认照护助理是否登记完成。

⑦病犬出院时。主治医生需在表格的右下角签名，表明同意出院，并将住院同意书和住院表放入病历，备查。

（3）遵医嘱治疗。主治医生联系主人，告知住院病犬的病情进展和当天的检查治疗计划。助理根据住院表给病犬进行给药。用药时跟医生确认用药剂量及用药途径；考虑给药次序，哪些药物需要饭前给，哪些药物需要和其他药物分开给；选择适合病犬的喂药方式，尽量减少病犬应激。

随时观察住院病犬的状态，及时清理粪尿及呕吐物，并记录在住院表上，并和主治医生保持沟通。中午和下午需牵遛的犬再次带到室外遛，并进行给药和饲喂，将情况记录在住院表上。

**3. 住院环境管理**　住院部需要通风，温度要适宜。夏季预防中暑，冬季需加温。病犬住所的房间应白天亮灯晚上熄灯。体温较低的或术后恢复的病犬需要的温度比活泼的病犬要高些，这些犬住院期间需要有保温措施，可以在身上盖个毯子，还可以使用加热垫。

护理人员应考虑如何去满足每只病犬的需求，因为病犬不会用语言表达自己的需求，所以护理人员不仅要细心而且要创新地去满足病犬的需求。笼子大小必须合适，犬要能够轻松站立、走动、转身，但活动空间也不能太大，以免不利于输液治疗。笼子与笼子之间必须有挡板，防止病犬之间相互接触。笼锁要选择犬无法打开的类型，必要时在笼门上采取防打开措施，来保证对试图逃

图 1-142　为犬提供安静、黑暗的环境来休息

跑的聪明的犬也绝对安全。犬和猫最好不要同住一个病房，发情的母犬住院需与未去势的公犬分开，患病的动物不要合住一个笼子，看见陌生人爱叫的犬或胆小的犬可以在笼外盖一条毛巾，为犬提供安静黑暗的环境来休息（图1-142）。

**4. 住院病犬喂食**　在宠物医院里，许多因素都会影响住院病犬的食欲和对食物的采集，包括病犬的年龄、由于病情所需要的额外营养、由于疾病和对食物不熟悉引发的食欲减退、对环境的陌生等因素，从而影响着病犬健康的恢复。

首先根据病犬的年龄给予适宜的食物，没有一种食物配方是适合所有年龄阶段的病犬。疾病也同样影响病犬对食物的选择，胰腺炎的病犬需要低脂肪易消化的食物，肾衰竭的病犬需要低蛋白质食物，给病犬选择合适的处方粮。

其次是要注意食物的适口性，要知道病犬喜欢干粮还是湿粮，询问主人病犬平时吃什么品牌和口味的犬粮，如果病犬挑食可以让主人自带犬粮，有时甚至让病犬主人做饭喂食。无食欲的病犬可以在犬粮上加些适口性较好的罐头来刺激它的食欲，有时助理可以用手指蘸取少量罐头涂在病犬的鼻尖，可促使病犬品尝食物，几次之后有些病犬便主动采食。

环境也是一个影响因素。有些犬因害怕只会在夜间进食，对于这些犬，可以在笼子周围围上布为其营造一个单独的空间，增加它们的安全感。有些犬如果有其他犬在旁边，会迅速地吃光食物，不与其他犬分享食物。有些犬离开家庭会拒绝进食，在可能的情况下建议进行多次门诊治疗。有些犬只有主人喂或者主人在场才采食，可以建议主人经常来医院陪伴。

如果所有的方法都失败了，强迫喂食是必要的。一种方法是将食物充分液化，用注射器（去除针头）吸满食物，一只手轻轻捏住病犬下颌皮肤固定头部，另一只手将注射器尖部放在临近后臼齿的嘴角，稍微抬高头部，用注射器把食物缓慢推入口腔，病犬有吞咽动作后可以松开手。将食物分成多次推注（图1-143），而不是一次性将所有的食物饲喂，饲喂时一定要慢，以免食物误入肺。另外一种方法是先准备好固态食物，一只手轻轻打开病犬的嘴，另一只手可以用小勺子取适量食物或用手指蘸取食物送往动物口腔里面，合上嘴巴直到病犬

有吞咽动作后可以松开手。强迫喂食时动作要慢，操作时像对待婴儿一样同它们讲话。实际上有些病犬在强迫喂食几次后就主动采食了。

**5. 住院病犬喂水**　病犬住院期间如果不能摄入足量的水，犬将会很快脱水，因此，除非有禁忌，否则应持续提供足量的水。根据病犬具体情况选择合适的盛水容器，要求够得着而且不容易打翻，也可以在笼门上固定饮水器。根据需要 24h 添水，下班前确保所有病犬饮水器里都有水，算出 24h 内病犬的饮水量，记录在住院表上。如果病犬不主动饮水，也可以像强迫喂食一样给病犬喂水。

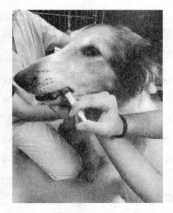

图 1-143　用针筒强迫饲喂罐头

**6. 保持住院病犬的清洁和美观**　当新的病犬住院时应快速检查一下病犬的皮毛，看是否有跳蚤、虱或其他体外寄生虫，如果有应选择合适的体外驱虫药物杀死病犬身上的寄生虫，体外寄生虫的治疗应在进入病房之前进行。有些病犬由于体质过于虚弱，所有的驱虫药物都可能对其造成伤害，使用蚤梳梳毛也是有效的。

住院期间尿液、粪便、血液、呕吐物或药物都会弄脏病犬的皮毛，勤牵遛可以将尿液和粪便排泄在外面，不仅可以减轻护理工作，还能减轻住院部的异味。如果皮毛脏了，一定要清洗，如果病犬的脚踩着水盆或食盆，一定要用毛巾擦干净并用吹风机吹干。病犬的伤口每天需要消毒处理，必要时穿上手术衣，防止伤口感染。

有呕吐腹泻症状的犬，应选择底部是金属网格的笼子，可使呕吐物和稀便能从网格中落下防止弄脏犬的皮毛。

卧地不起的病犬护理要多加注意，不能让它们卧在粪便和尿液中。剃光肛门和尿道周围的毛发有助于皮毛的清洁，应选择底部是金属网格的笼子，除了病犬的最后身体部位，金属网格上的其他区域都应垫上厚厚的垫子以防生褥疮，同时病犬的尿液和粪便也能从网格中落下防止尿液刺激皮肤。

如果是尾部瘫痪的长毛病犬，尾巴有可能从网格中落下垂在尿液和粪便中，可以用绷带把尾巴包扎起来，先用绷带把整个尾巴缠起来，再用不透水的黏性胶带包裹绷带，最后把尾巴黏在尾根部的皮毛上。如果脏了可更换绷带。

每天检查病犬的清洁程度，根据需要及时清洁病犬，快速的梳理不仅能了解病犬皮毛的健康情况，还能增加与病犬的感情，长毛犬每天梳理 1 次毛发。如果病犬身上有大量的污物，可用宠物专用洗浴露清洗干净并完全吹干，身体虚弱和术后住院的病犬在住院期间只能局部擦洗，不建议洗澡。皮毛护理后病犬会感觉很舒服而且看上去更好看。

**7. 运动及交流**　犬习惯与人交流，护理人员在治疗、护理或打扫卫生过程中都应该积极地与病犬进行交流，交流时语气应温和，像和婴儿交谈一样。还可以搂抱、抚摸、夸奖它们（图 1-144），让它们消除戒备，在心理上很放松，这样它们更愿意自己采食，疾病也恢复得快些。

图 1-144　抚摸有利于与住院犬建立信任

运动和玩耍对于住院的犬很重要，每天至少锻炼2次，如果能出去遛，许多犬都不会在笼子里排泄。不能出去遛的小型犬此时可以放出来在笼外活动，当犬在房间闲逛时护理人员可以把门锁上或者在门上做好提醒，防止有人突然把门打开，造成犬逃逸。每次最好放一只犬出来活动，防止犬之间打斗撕咬。

**8. 预防医院内感染**　为了防止患病犬在住院期间受到感染，环境消毒和隔离有传染病的犬是最好的预防措施。病房、走廊、笼子、口罩、牵引绳、笼垫等与病犬接触的每件物品每天都应消毒，消毒产品可以选择化学消毒剂、紫外灯、火焰消毒等，清洁工作不仅仅是打扫干净，实际上消毒措施比打扫重要得多。

医生处理病犬时要戴检查手套，每处理一个新病例都要换一次手套。脱掉手套后要用消毒皂洗手。

疑似高度传染病的犬住院应住隔离病房，隔离病房准备一件隔离衣，医护人员进入隔离病房处置病犬要更换隔离服，处理完毕要仔细用消毒皂清洁双手和前臂，从隔离区出来要消毒鞋子（也可在隔离门口备一盒一次性鞋套），隔离病房的护理医生与常规病房的护理医生最好分开安排，如果医院很难办到，消毒措施一定要做好。每一名医护人员对于犬传染病及人畜共患病都必须要有高度的认识，只有保持高度的警惕才能防止医院内的感染。

## 七、宠物犬寄养期间护理

每逢节假日，需要出行旅游的主人就会选择把犬寄养起来，因此宠物店的寄养业务异常火爆，有时会出现一"床"难求。目前犬的寄养形式主要是以合同的形式将犬合法地寄托给专业的犬类寄养机构，它包括对宠物的健康及美容的保障等服务一体化，个别的还包括训练的服务。在犬受到健康损害或其他损失的时候，主人可以要求相应的赔偿。因此在寄养期间怎样护理好犬是非常重要的。

**1. 寄养要求**　犬比较通人性，与人接触的时间长了，突然到了一个陌生的环境，多少会有点情绪紧张，也可能会情绪抑郁、食欲不振，严重的会出现疾病甚至死亡。寄养期间犬常出现的疾病有传染病、皮肤病、寄生虫感染、外伤等。所以寄养的犬需身体健康，传染病疫苗与狂犬病疫苗免疫齐全。寄养机构在寄养前需对犬进行专业的健康体检，检查有无皮肤病或内科的潜在疾病。寄养前主人应查看疫苗接种本，查看疫苗是否在保护期，如果过期了要在寄养前一周补打疫苗。在跳蚤活动频繁的季节，寄养前应先使用体外驱虫药物。一般犬有以下情况的是不建议寄养的：

（1）年龄较小的犬。幼犬抵抗力较弱，适应能力较差，需要细心照顾，在寄养场所容易感染病毒或细菌，一旦发病，可能会危及生命。

（2）未按照正常免疫程序接种疫苗的犬。缺乏疫苗保护的犬寄养期间容易感染犬细小病毒、犬瘟热病毒等。

（3）体弱多病的犬或患有某些疾病的犬。这些犬需要小心或个别地照顾，有的需要定期服药，否则病情容易恶化。

（4）平时过分认生或平时对陌生人不友善的犬。这些犬会因为失去主人照顾而焦虑，会吠叫不停、咬笼子，甚至设法逃走。

**2. 日常护理**　有犬要寄养时，先向主人了解犬平时的饮食习惯、固定的排泄时间、固定的喂食时间、喜欢的玩具和运动方式，并记录在寄养单上。犬粮或零食最好由主人提供，避免换食物导致胃肠不适，冬季主人最好带上犬窝和保暖的衣服。主人自带的随身物品都要填写在寄养单上，以免丢失。与主人签好寄养协议，告知双方的责任和义务。准备好已消毒的餐具，为犬垫上干净的毯子（图1-145、图1-146）。当主人离开时安抚犬，让其平静下来。

图1-145　寄养的中型犬（术后保温输液）

图1-146　寄养的小型犬

早晨首先巡查寄养的犬精神有无明显的异常情况，如果有精神不振的犬要先给予照顾。给每一只犬准备一份寄养护理记录单，仔细观察犬的饮食量及粪尿情况，并做好记录。清洁并消毒笼舍及餐具。

许多犬不会在笼中排泄，出去遛犬时一定要戴上脖圈或胸背带和牵引绳，对充满野性的大型犬，系上2条牵引绳可增强安全系数，必要时可戴上口罩外出，外出前一定要检查牵引绳是否牢固，防止犬从脖圈中脱出逃逸，每次只遛1只犬，并随时观察犬的一举一动，避免有些犬乱食异物。遛犬时应带上一个塑料袋或一张纸捡拾粪便并将其扔进垃圾筒。

运动和玩耍对寄养的犬很重要，每天活动至少2次，特殊需求的犬可以增加次数，每次活动半小时左右为宜。

当犬活动完后放回笼子喂食喂水，食物每天喂1～3次，食物量参考平时家中饲养时的习惯。应24h给予新鲜水，可以使用水盆或使用挂在笼子上的饮水器，要求是犬能够到而且不易打翻水。

每天给犬进行1次常规的检查，主要是皮肤、被毛、耳道、牙齿、体温等，结果记录在护理记录单上，以备查询。长毛犬需要每天梳理1次毛发，寄养时间较长时需要安排定期洗澡，有刷牙习惯的犬定期刷牙，在寄养期间保持犬的美丽与健康。如果犬出现异常情况，应及时送到专业的宠物医院治疗并告知主人。

护理人员在照顾和打扫笼舍时都应积极地和犬交流，语气应温和，如同与婴儿交流一样，还可以抚摸它们，轻轻地在耳后至整个背部抓痒，有的犬喜欢躺下四肢让人抚摸腹部，或者夸奖它们，搂抱它们，使它们消除疑虑，与它们建立亲密的感情。

**3. 寄养环境**　有些宠物医院提供寄养服务，让犬寄养在宠物医院有专业的宠物医生照顾健康能有保障，但是寄养区域和治疗区域要严格隔离，防止寄养犬传染疾病。

寄养场所应清洁卫生，通风良好，房间内有足够的采光。一犬一笼，笼舍不能太小，应该让犬有活动的空间。每个房间的犬不宜太多，爱叫的、特别活跃的犬最好安排在单独房间。发情的母犬不要与未去势的公犬住一个房间。

夏天应有降温设施，防止犬中暑。冬天需要有供暖设备，可以在笼舍底部垫些干净的毯子，体型小的犬也可以穿保暖衣服。

### 分析与思考

1. 发现哪些症状表明犬患病了？
2. 如果犬呼吸道感染了，如何做好护理？
3. 犬出现消化道感染后如何做好护理？
4. 犬出现泌尿系统感染后如何做好护理？
5. 犬术后如何护理？
6. 住院期的犬如何护理？
7. 寄养的犬如何做好护理？

# 项目二  宠物猫的护理与保健

猫是一种天性爱干净的动物，每天都要花费一定的时间来梳理自身的被毛，使被毛整洁、漂亮，但不是身体的所有部位猫都能舔到的，如肩部和背部，尤其是长毛猫，仅仅依靠自身的打理是远远不够的，因此需要人为地梳理与护理被毛，保证猫健康的身体及靓丽的体形，所以猫的护理与保健尤为重要。猫的护理与保健所包含的主要内容有：新养猫的护理、猫的饮食护理、猫的防疫与驱虫、猫的基础护理、猫的日常健康保健、患病猫的保健。

## 任务一  新养猫的护理

### 学习内容

1. 新养猫的选择
2. 养猫前的准备
3. 猫的习性特点
4. 猫的寿命与年龄的推算

5. 新养猫的喂养护理
6. 新养猫的调教
7. 纠正猫的不良行为
8. 猫的技巧训练

## 一、新养猫的选择

目前，人们饲养较多的宠物仍是犬和猫，但随着人们生活空间的压力不断增加及工作越来越忙碌，猫的饲养量在加速增长。养猫的优点是占用空间面积小，不用遛，没有体臭，不用经常洗澡，粪尿易处理（准备猫厕所或一盆猫砂即可），猫平时可以用玩具打发时间，自娱自乐，能快乐而自在地生活。但为了满足人们的要求，仍要对饲养的猫进行选择。

### （一）从猫的品种上来选

根据猫被毛的长短，可以把猫分为长毛猫、短毛猫、卷毛猫、无毛猫。长毛猫以全身覆盖有长而浓密的被毛为特征，常见的长毛猫有波斯猫、巴厘猫、喜马拉雅猫、缅因猫、波曼猫、安哥拉猫等。短毛猫是指被毛紧贴肌肤、体型轮廓清晰的猫，有泰国猫、埃及猫、阿比西尼亚猫等。卷毛猫是指全身覆盖着波浪状的被毛，形同搓衣板，被毛非常短，紧紧贴在身体之上的猫，如柯尼斯卷毛猫。而无毛猫是指身体上几乎没有被毛的猫，如 1966 年在美国培育而成的加拿大无毛猫（又称斯芬克斯无毛猫）。

**1. 金吉拉猫**　高贵华丽，优雅文静，温顺而有个性，善解人意，喜爱与人接近，爱干净，有洁癖，具有跟人沟通的灵性，训练有素的金吉拉猫极为听话，对主人更是亲近有加，自尊心强。

**2. 英国短毛猫**　大胆好奇，但非常温柔，适应能力也很强，不会因为环境的改变而改变，也不会乱发脾气，更不会乱吵乱叫，它只会尽量爬到比较高的地方，低着头瞪着一双圆圆的大眼睛面带"微笑"地俯视着主人。

**3. 阿比西尼亚猫**　热情可爱，活泼好动，警觉敏捷，善于登高爬树，爱晒太阳和玩水，叫声轻柔悦耳，对主人极富感情，是人们非常理想的伴侣动物。

**4. 异国短毛猫**　它们的性情独立，不爱吵闹，喜欢注视主人却不会前去骚扰，大多数时间会自寻乐趣。它们也拥有强烈的好奇心，活泼且聪明伶俐，不会神经过敏，能快速适应新环境，因而很容易饲养。

**5. 折耳猫**　它们天生就有着糖果般甜美的性格。它们喜欢参与主人所做的任何事情，但通常很安静，不会发出声音来打扰主人。它们的运动天赋虽然一般，但并不表示它们不喜欢玩，只是更青睐于有主人的陪伴。

**6. 喜马拉雅猫**　大多数喜马拉雅猫不是很活泼，它们不会随时走动。它们喜欢玩耍，也很活跃，但是它们更喜欢趴在主人腿上，而且不论主人正在做什么，它们总想参与一下。

**7. 波斯猫**　波斯猫是猫中贵族，性情温文尔雅，聪明敏捷，善解人意，少动好静，叫声尖细柔美，爱撒娇，举止风度翩翩，给人一种华丽高贵的感觉。

**8. 布偶猫**　布偶猫很聪明，并善于讨好主人，总是形影不离地围着主人转。这种猫非常好静，但也爱玩玩具，并喜欢参与家庭的日常生活。布偶猫异常温柔，自我保护能力不强，应尽量饲养在家中减少外出。

**（二）从猫的来源来选择**

**1. 领养**　领养最大的优点是可以给很多需要帮助的猫一个新家，同时可以省去购买猫的一大笔费用。领养的猫大多数都是田园猫，身体比较健壮，较少生病，易养。但缺点是无法满足养猫者的一些特定要求，如品种、年龄、性别等，而且成年猫的一些野外生存的习惯较难改变。

**2. 购买**　购买的优点是可以选择自己喜欢的品种，它们一般都有比较稳定的个性，如美国短毛猫相对活泼，暹罗猫比较黏人，英国短毛猫比较安静等。

无论从何种角度去选择猫，养猫的先决条件都是要喜欢猫，猫的寿命一般有 14 年左右，要做好长期准备，不要因一时的喜欢而养猫，厌烦后将猫遗弃，那会对猫造成极大的伤害。另外，家庭其他成员的态度很重要，要确定家庭其他成员都可以接受你所选择的品种，并将它当成家庭成员，避免因养猫而产生家庭矛盾。

## 二、养猫前的准备

在猫进入你的家庭前就要将它所需要的物品准备好，如猫粮、食盆、水盆、猫窝（图 2-1）、猫笼（图 2-2）、猫玩具、猫爬架、猫各类营养品及洗护用品。

**1. 猫窝**　没有猫窝，猫会在屋内随便地找睡觉的地方，如床上、床底下、沙发、窗台等，这样既不卫生，也不利于人与猫的健康。猫窝可用小木箱、篮子、藤筐、塑料盆、硬纸箱做成。猫窝的内外面及边缘必须光滑、无尖锐硬物，以免损伤猫的皮肤。猫窝以塑料、木、藤制品为好，这样便于清洗和消毒。在猫窝底部垫上废报纸、柔软垫草，上面再铺上旧毛巾或旧床单等，使猫窝既温暖又舒适。饲养过程中应该经常更换猫窝的铺垫物，并将换出的脏物烧掉。猫窝应放在房间内干燥、僻静、不引人注意的地方。猫窝最好能晒到阳光，不宜放在阴冷潮湿处。此外，猫窝要高出地面，这样既能保持干燥、清洁，又能通风良好，保持环境凉爽。

图 2-1　猫　窝

图 2-2　猫　笼

**2. 食具**　食盆和水盆是养猫的必备物品（图 2-3）。猫爱清洁的特性在动物中较为突出，其食具必须保持清洁。因此，食盆和水盆最好既要便于洗涤，又要结实、较沉，选用不易打碎的瓷质、塑料或不锈钢制成的碗、盆，以防止猫在吃食或饮水时将其打翻。

**3. 猫砂、猫砂盆**　这也是养猫必备的物品，猫砂既可使猫的粪便与尿液容易清理，又可减少家中的异味。

图 2-3　猫的食具与水盆

**4. 猫抓板、指甲钳**　猫的指甲长得很快，经常会抓挠家具来磨爪，因此准备猫抓板可减少家具的损坏，也可以准备一把指甲钳定期修剪指甲。

**5. 玩具**　准备好玩具给小猫玩耍，猫的好奇心非常强，猫喜欢体积小、可以被它扒拉动的东西，譬如乒乓球、小纸团、毛线团、毛绒玩具等。

**6. 运猫工具**　理想的运猫工具应该坚固、安全、便于清洗；而且应该足够能装下一只成年猫，但同时要质轻，便于携带，有良好的通风性能（图 2-4）；能够让猫从里面看到外面，不会感到自己被困。猫的一生中总要出行，如去医院、搬家。专用的航空箱会比布袋子和纸箱舒服得多，携带也方便，空运也可以用。航空箱要根据猫体大小选择合适的尺寸。

篮笼：由包有塑料外皮的铁丝制成，尖端平滑，上端为打开的盖，这样更方便。猫可以被方便地放入其中，并将盖子闭合。

轻型塑料笼：可侧面开门，可以让猫由内看到外面，给猫以隐蔽感。猫也许会有一些反抗，但是足以能让它轻松进出其中。

布制运输笼：便于携带，且安全适用，给猫以安全感，同时有出气孔，并能看到外面，舒适耐用。

柳条笼：看上去很好看，但只适用于温顺的猫。因为这种笼子只靠门上的一条皮带将笼门关闭，容易被猫挠开，而且不容易清扫。

**7. 其他用品** 猫粮、猫零食（图 2-5）、梳子、洗护用品（图 2-6）、护毛素（图 2-7）、小电剪、剪刀、止血钳、吸水毛巾、脱脂棉等。

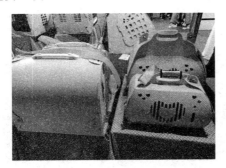

图 2-4　运输与携带猫的箱笼

图 2-5　猫零食

图 2-6　猫的洗护用品

图 2-7　猫护毛素

## 三、猫的习性特点

猫的活动是自由的、独立的，但是当猫在一个家庭中被饲养一段时间后，会在主人的关怀、训练和调教下与主人建立良好的感情。但猫仍然具有以下特定的习性：

**1. 舔毛的习惯** 猫的舌头舔被毛，可刺激皮肤毛囊中的皮脂腺分泌，使毛发更加润滑而富有光泽，不易沾水，同时舔食一定量的维生素 D 可促进骨骼发育。在炎热季节或剧烈运动以后，体内产生大量的热，为了保持体温的恒定，必须将多余的热量排出体外。人类可以用冲洗或排汗的办法散热，但猫的汗腺不发达，不能通过排汗蒸发大量的水分，所以猫就用舌头将唾液涂抹到被毛上，将被毛打湿，借助唾液里水分的蒸发而带走热量，起到降温解暑的作用。在脱毛季节经常梳理还可促进新毛生长。另外，通过抓咬能防止被毛感染寄生虫（如跳蚤、毛虱等），以保持身体健康。同时，还能促进毛发新生，有利于健康。此外，当皮肤滋生癣或寄生虫时，舐毛可以用来止痒。

**2. 有嫉妒心理** 猫表现出强烈的占有欲，如对食物、领地以及对主人的宠爱等均不愿受到其他猫的侵犯，在与主人生活的过程中，它会对主人家庭与其周围环境建立起一个属于自己领地范围的概念，不允许其他猫进入自己的领地。一旦有入侵者，就会立即发起攻击。猫在吃食的时候，如果有其他猫或动物，猫会表现出敌意，叼着食物逃走或按住食物做出警备姿势，发出"呜呜"的威吓声。猫的嫉妒心强，表现在它不但会嫉妒同类受到宠爱，而且有时主人对同窝小猫有过多的亲昵表现，也会引起其他猫的愤愤不平。如主人抱起两只猫中的一只，另一只猫立刻会发出"呜呜"的威胁声，而怀中的猫也会不甘示弱，阻止另一只猫接近主人。

**3. 喜欢清洁**　猫有"洁癖"，每天都要用爪子给自己洗好几次脸；每次都在固定的地方排泄，便后都要用土将粪便盖上，猫没有随地排泄的习惯。因此，主人可以在室内或饲养笼内的一角处放置铺垫物，放上有沙土、锯末、碎吸水纸和煤灰渣的便盆，便于收集全部粪尿，以保持环境卫生。

**4. 动作敏捷，善于攀爬**　猫体型不大，但肌肉十分发达、收缩力强，在行走时，几乎没有声响。猫的警惕性很高，平时对轻微的声音或潜在的危险都保持着警惕性。它总是想办法把自己置于有利的位置，一旦掌握了主动权，它便会迅猛出击，伸出利爪，向猎物进攻。猫善于爬高，主要归功于猫的利爪。猫在多数情况下，从高处下来时，不是滑下，而是直接跳下来。当猫在围墙或栅栏等高而窄的物体上行走时，总是将尾巴高高地翘起，就像飞机的尾翼那样，保持身体的平衡。当然也会在家里跳跃，打坏家里的物品。

**5. 不喜水**　猫很怕水，有的猫拒绝洗澡，有的猫爱洗澡，甚至会游泳。定期给猫洗澡，久而久之，会让猫养成洗澡的习惯。若长时间不给猫洗澡，猫会表现食欲下降、皮肤瘙痒等异样。

**6. 昼伏夜出**　猫的夜视能力强，白天眼睛的瞳孔眯成一条缝，夜间目光炯炯，保持着肉食动物昼伏夜出的生活习性。猫很多活动（如捕鼠、求偶交配等）常在夜间进行。猫在白天睡觉，黎明或傍晚时则极为活跃。根据猫的这一习性，每天的饲喂时间应放在早晨和晚上，因为这时猫机体内的各种机能活动都很旺盛，不但吃得多，而且消化好。给猫配种的时间也应安排在晚上，以保证有较高的成功率。猫的这一习性在许多情况下不为养猫者所喜欢，特别是在城市里，晚间母猫求偶的叫声及公猫争偶的打架声令人十分生厌。猫夜间活动可能给主人的生活带来不便，但这种本性不能完全消失，只要耐心加以训教，可以在相当大的程度上调整猫夜游的习性，使之与人类的活动与休息规律相接近。

**7. 喜睡、打呼噜**　睡眠是动物不能缺少的重要行为，睡眠能解除机体和大脑的疲劳，能为下次的活动准备力量和精力。猫确实嗜睡，一般每天睡很多次，每次不超过 1h，可是每天的总睡眠时间并不短。猫的睡眠时间，大约是人睡眠时间的 2 倍。但是猫不像人那样集中地睡，而是分成数次睡，所以猫在夜里的任何时候都可以醒来。研究表明，猫的睡眠中有 3/4 的时间是假睡，即小睡。所以，看上去一天中的 16h 猫都在睡觉，其实熟睡的时间只有 4h。

猫的主人常见到猫蜷缩在沙发上、床上、家具顶上或窗台上懒洋洋地睡觉，爪子和身体其他部位常常不自主地动一动，这都是正常现象。虽然猫嗜睡，但通常小猫和老猫的睡眠时间比壮年猫长，天气温暖时比寒冷季节的睡眠长，吃饱后比饥饿时睡眠长。睡眠最少时是在发情期，此时激素的作用使得猫难以休息。

猫睡觉次数多，但却容易醒。这是因为猫的睡眠分深睡和浅睡两个阶段。深睡时，肌肉松弛，对环境中声响的反应差，一般持续 6～7min，接着是 20～30min 的浅睡阶段，此时，猫睡眠轻，易被声响吵醒。由于猫的深睡与浅睡是交替出现的，所以猫睡觉时很警觉。

人在睡觉时有各种姿势，猫也像人一样在睡觉时有各种姿势。猫有趴着睡的、坐着睡的，有时也仰天大睡。猫还会"说梦话"，这梦话便是呜呜叫。猫在做噩梦时也会被吓醒，睁开眼睛。

猫对睡觉场所的选择甚是小心，总是努力地争取最舒适的地方。夏天，猫能准确无误地找到一个通风、凉快的地方。冬天，猫能准确无误地找到一个暖和的地方，如靠近取暖炉处睡，但往往使猫尾巴被烤焦。母猫和小猫有时会选择舒适的场所挤在一起睡，但易使小猫窒息而死亡。有时猫为了找个好地方睡而把家具、用品踏翻损坏，这些行为养猫者必须要注意。此外，猫还跟随着太阳的移动多次移动睡觉的地方。

**8. 捕猎本能**　猫的头骨颇具特点，与犬相比，主要区别是猫的颅骨短，背面更圆。猫的顶骨形成一个光滑的曲面，因而猫的顶骨不像犬那样向上突出。猫的上颌骨较小，故其吻突不像犬那样长。猫的下颌骨也较短。下颌骨的直立部被称作下颌支，在其基部则是一个被称作髁状突的突起，通过此突起使下颌骨与颞骨相连，形成的关节称为颞颌关节。猫的嘴较短，因而猫的牙齿能容易地咬住和衔起猎物。

野生的猫靠捕食猎物而生存，因此捕猎是猫的本能之一，是生存的技能。见到猎物后，猫立即进入捕猎状态，等待猎物靠近或慢慢地接近猎物，在有效距离内飞身扑食，牙齿与利爪并用，攻击并捕获猎物，然后享用猎物。猫会经常经历捕猎的本能过程，直至达到每一个捕猎过程的动机阈。利用这些原理，人们可理解家养猫的捕猎习性：当主人喂饱猫后，但猫捕捉猎物的原始动机仍存在，因此它会把鼠当玩具玩。

虽然捕猎的每一个阶段都是小猫的原始天赋，但高超的捕鼠技巧则需后天学习，其中母猫的言传身教尤为重要。人们经常会看到这样的现象，即母猫从野外带回活猎物（如鼠），并亲自教小猫如何用牙齿和爪子捕捉；小猫则会认真学习，并学着母猫的样子具体操作。小猫长大后便会熟练地应用学到的捕鼠技能。猫捕鼠的方法有点类似"守株待兔"，它们会在一片开阔地里耐心等待很长时间，利用其灵敏的感觉能力（听力、视力等）体会周围小猎物的动静，一旦得出肯定的判断，便会迅速挡住猎物的去路，后爪着地，前爪抓住猎物。有些捕鼠能力较强的品种会用牙齿（猫的牙齿里有丰富的感觉神经末梢）找到猎物的颈基部，然后咬断脊柱，使猎物迅速死亡。曾有人做过猫捕鼠成功率的观察，结果发现猫不是万无一失的捕猎能手，因为 80% 的鸟和 50% 的鼠都可逃脱猫的攻击。猫的捕鼠行为得到了人类的赞扬。事实上，对于猫来说捕猎什么动物没什么区别，都是出于一种捕猎求生存的本能。

家养及驯化程度越低的猫，其捕猎的原始本能越强；高度驯养的纯种波斯猫则有较弱的原始捕猎动机，只要能给其毛球或假设猎物去玩，就能满足其捕猎的原始需求。家猫由于不必为填饱肚子而奔波，有时，主人可以见到猫将捕获的猎物如活的鱼、鸟、蛇和鼠带回家，戏耍一番后再享用，不留神时还会吓主人一跳。母猫将活的猎物带回窝，做示范给小猫，则是在传授捕猎技能。

家猫捕食的目标不只限于鼠，有时，家中鱼缸中的观赏鱼也可能成为猫的美餐。即使猫已吃饱，也不会放弃进入视线中的猎物。

### 9. 感觉灵敏

（1）视觉。猫的眼睛就像一架设计精巧的照相机，瞳孔可控制进入眼球光线的强弱。在瞳孔的后面有一双面凸的晶状体，可起到聚焦的作用，在眼球的底部，有一视网膜，视网膜与视神经相连。猫的视力很敏锐，在光线很弱甚至夜间也能分辨物体，而且猫也特别喜欢比较黑暗的环境，因此在白天阳光很强时，猫的瞳孔几乎完全闭合成一条细线，尽量减少光线的射入，而在黑暗的环境中，瞳孔开得很大，尽可能地增加光线的通透量。

猫的视野很宽，两只眼睛既有共同视野，也有单独视野，每只眼睛的单独视野在150°以上，两眼的共同视野在200°以上，而人的视野只有100°左右。单独视野没有距离感，共同视野有距离感。猫只能看见光线变化的东西，如果光线不变化猫就什么也看不见，所以猫在找东西时，常常要稍微地左右转动眼睛，使它面前的景物移动起来，才能看清。猫是色盲，在猫的眼里，整个世界都呈现深浅不同的灰色。如果你仔细地观察猫的眼睛，就可发现猫有一层特别的"眼皮"，横向来回地闭合，这就是第三眼睑，又称为瞬膜，位于正常眼睛的内眼角。第三眼睑对眼睛具有重要的保护作用，第三眼睑患有疾病时会影响猫的视力和美观。因此平时要注意保护好猫的第三眼睑，不能用手摸，有病要早治疗。

（2）嗅觉。猫的嗅觉很发达。猫的嗅觉器官位于鼻腔深部的嗅黏膜，面积有 $20\sim40cm^2$，比人大 2 倍，里面有 2 亿多个嗅细胞。这种细胞对气味非常敏感，能嗅出稀释成 $8\times10^{-6}$ 倍的麝香气味。猫的嗅觉可和犬相媲美，猫靠灵敏的嗅觉寻找食物，捕食鼠，辨认自己产的小猫。小猫出生后的第一件事就是靠嗅觉寻找母猫的乳头。在发情季节，猫身上有一种特殊的气味，公、母猫对这种气味十分敏感，即使距离很远也能互相嗅到，彼此依靠这种气味互相联络。

（3）味觉。猫的味觉器官是位于舌根部的味蕾，溶解在液体里的食物通过刺激味觉细胞，产生味觉。猫的味觉也很发达，但不十分完善，能感知苦、酸和盐的味道，猫能品尝出水的味道，这一点是其他动物所不及的，但对甜的味道不敏感。喂给稍有发酸变质的食物，猫就会拒绝进食。

（4）触觉。猫的胡须是一种非常敏感的触觉感受器，它可以利用空气振动所产生的压力变化来识别和感知物体。在某些情况下可以起到眼睛的作用。在遇到狭窄的缝隙或孔洞时，胡须被当作测量器，以确定身体能否通过。有人曾将猫的胡须剪掉，结果猫捕鼠的数量明显减少，甚至不捕鼠。因此，胡须在猫的生活行为中具有重要作用，千万不能随便损伤猫的胡须，并且要经常保持胡须干净整洁。同时猫的眼睑、颊部、颚等处的刚毛也有极灵敏的触觉。

（5）听觉。猫的听觉十分灵敏，据测验，猫可听到声频在 30Hz 至 50kHz 的声音，而人能感知的声频是 20Hz 至 20kHz，即有许多声音猫能听到而人听不到。猫对声音的定位功能也比人强，它能区别出 $15\sim20m$、距离 1m 左右的两个相似的声音。猫耳朵就像是两个雷达天线，在头不动的情况下，可做 180°的摆动，从而使猫能对声源进行精确的定位。猫能熟记自己主人的声音，如脚步声、呼唤自己名字的声音等。

猫也有先天性耳聋。蓝眼睛的白猫耳聋的比例比较高，这可能与遗传特性有关。对有些声音耳聋猫能"听"到，不过不是通过耳朵，而是通过四肢爪子下的肉垫来"听"。正常情

况下，肉垫里就有相当丰富的触觉感受器，能感知地面很微小的震动，猫就是用它来侦察地下鼠洞里鼠的活动情况。耳聋猫肉垫里的感受器更多，可以通过某些声音使地面产生的震动而"听"到，这样再结合正常的视力，耳聋猫也能十分健康地生长发育。

## 四、猫的寿命与年龄的推算

猫的平均寿命为 14 年，一般寿命为 8～12 年，有的可长达 17 年甚至更长。猫的寿命一般要比犬的寿命长些，在家庭饲养的情况下，如果营养充足、医疗条件好，公猫的平均寿命为 13～15 岁，未曾交配的母猫寿命为 15～17 岁，但绝育的公猫和母猫的寿命比平均寿命长1～2 年。有些猫的寿命不长，这是因为相当数量的猫遭人遗弃沦为流浪猫或患病得不到及时治疗而死亡。有些猫则是因为遭人虐待残害或误食中毒鼠而丧生。猫到晚年不会给人带来很多麻烦，通常由于患病后不愿进食，几天后便会死亡。为了不给相伴多年的主人带来悲伤，它们往往会寻找一个主人看不到的地方独自度过弥留时刻。主人最好成全它的心意，不去打搅它最后的安宁。

与人相比，猫出生后半个月就相当于人的 1 岁，猫 1 岁相当于人的 15 岁，猫 2 岁相当于人的 25 岁，猫 14 岁相当于人的 72 岁，猫 15 岁相当于人的 76 岁，猫 16 岁相当于人的 80 岁，猫 17 岁相当于人的 84 岁。母猫 11～12 岁就丧失繁殖能力，公猫虽然 15 岁时还有生殖功能，但到 12 岁就不宜做种用。

猫年龄的推算一般以牙齿磨损作为依据较为准确。小猫出生后 3 周开始长乳齿，到了 5 周后乳齿已全部长齐。小猫出生后 1 年下颌的门齿开始磨损（这时相当于人类 20 岁），5 岁后犬齿逐渐老化，7 岁时下颌门齿呈圆形，10 岁时上颌门齿脱落。

根据毛的生长情况也可推算出猫的年龄。小猫出生 6 个月后长出新毛，表示成年。6～7 年后进入中年期，嘴上长出白须时表明进入老年期，猫的头背部都长出白毛，失去光泽，变得粗糙，表示猫已成为老年猫。

## 五、新养猫的喂养护理

（1）对于刚带回来的幼猫，在为猫选择食物时要特别慎重，最好是选择易消化、味道鲜美、营养全面的食物。猫粮是最好的选择，如果要给幼猫变换猫粮，最好慢慢更换，逐渐增加新猫粮的比例，以防止猫发生肠胃不适。食物温度应与室温相同。

（2）一定要使用新鲜干净的饮用水，使用干净低浅的食盘，并在安全、熟悉、固定的地方喂食。

（3）幼猫喜欢嚼生骨头来磨炼它们的牙齿。但一定不要让尖锐的碎骨片伤了猫的牙齿。颗粒状的猫粮是经过精心设计的，能够帮助猫磨牙，并确保绝对安全。

（4）喂猫的食物必须新鲜，食具必须清洗干净后再使用。

（5）冬季要保温，夏季要降温。猫全身由被毛覆盖，除脚趾处分布有少量汗腺外，体表其余部分缺乏汗腺，因而散热功能较差。夏季气温高，湿度大，猫体热不容易散发，易发生中暑，尤其是长毛猫。因此夏季中暑对猫来说是一种大的威胁，为此，给猫提供一个干燥、凉爽、通风、无烈日直射的生活环境很重要。

## 六、新养猫的调教

猫表达情感比较内敛，不像犬一样热情，不理解它的人会觉得猫傲慢冷漠，但如果懂得它的身体语言，就会知道它是充满热情的动物。如最常见的是猫用尾巴绕着主人，用头或身体碰主人的腿，用耳背或脸蹭主人。猫卧在人的膝上，在主人的旁边翻滚身体，甚至在主人的身边"咕噜咕噜"地叫着。要了解猫的行为语言所表达的信息，以便懂得如何调教它。

（1）给猫起一个名字。为了便于家人对猫的呼唤，更好地调教猫，要给猫给取一个名字，可用零食或玩具引诱，家人在与其交流的时候就不断地呼唤它的名字。

（2）习惯于洗澡等护理或美容。要经常给猫梳理被毛、洗澡，让其习惯护理与美容。

（3）对猫的不良行为及时纠正。猫讨厌惊吓，大的声音或其他突如其来的噪声都会吓到它。可以用这些声音来制止不想让猫做的事情，但是必须要在猫做错事的同时出声，这样它才会明白讨厌的噪声和它所正在做的事情有关。

当猫做错事时，用手掌推猫的脸，然后用很严厉的声音大声说"不"，这个声音的音调要与平时摸它们与它们玩耍的时候的声调截然不同。

（4）不能用暴力去解决问题。如果能用正确的方法来教育猫，用正确的心态来对待猫的行为，它们不会给主人的家庭带来烦恼。为了能使其更好地适应家庭生活，应正确地了解猫的行为习性，纠正其不良的行为，并通过常规的训练使其更加可爱、行为得体，使猫与人的感情有进一步沟通。

## 七、纠正猫的不良行为

### （一）不良行为纠正方法

**1. 纠正夜游行为**　纠正猫的夜游行为必须从小猫开始。开始时要用笼子驯养，白天放出，让其在室内活动，但绝不能放出户外，晚间再捉回笼内。时间一久，猫就会养成习惯，即使去掉笼子，夜间也不会出去活动。

**2. 纠正猫吃死鼠行为**　如果看到猫叼回死鼠，要立刻夺下，猫想吃时，就用小棍轻打猫的嘴巴。隔几小时之后，再把死鼠放到猫的嘴边，如果猫还想吃，就再打嘴并严厉地斥责。这样几次以后，猫再看到死鼠就会引起被惩罚的条件反射而不敢吃了。

**3. 纠正异食癖**　异食癖属于一种非正常的摄食行为，主要表现为摄取正常食物以外的物质。如舔吮、咀嚼毛袜、毛线衣等绒毛性衣物，或主人不在时偷食室内盆栽植物等，并且恶癖成性，时常发生。

纠正异食癖可用惊吓惩罚或使其产生厌恶条件反射的方法，如可用捕鼠器、喷水枪等恐吓。将捕鼠器倒置（以防夹着猫）在绒线衣物或植物旁，当猫接近时，触及捕鼠器，由于弹簧的作用，捕鼠器弹起发出噼啪声，能将猫吓跑；或手握水枪站在隐蔽处，见猫有异常摄食行为时，立即向其喷水，猫受到突然袭击后会马上逃走。这样经过若干次以后，猫便能改掉异食癖。另外，也可将一些猫比较敏感的气味物质（如除臭剂、来苏儿）涂在衣物或植物上，猫接近这些物品时，由于厌恶这种气味而逃走，即可纠正其异食癖。

**4. 纠正猫上床睡觉和上桌子行为**　要从小训练猫，让它到专门的猫窝睡觉。假如猫已经养成了和主人一起睡觉的习惯，应通过调教纠正猫的这种不良习惯。其方法是当猫上主人的床或进入主人的被窝时，就立即拍打猫的臀部，并且大声训斥猫，将猫赶下床。一般来说，猫对主人的情绪十分敏感，这样反复多次后，便可改变猫上床睡觉的坏习惯。但在惩罚猫时，主人一定要表现出非常气愤的样子，并且要迅速将猫赶下床。

猫还有爬高的习惯，但应训练它不上桌子。因为猫在桌子上跳上跳下，尤其是在饭桌上或工艺美术品陈列柜内，既不卫生，又容易损坏器皿，一旦碰坏了贵重的纪念品或工艺美术品时，易影响主人与猫之间的感情。所以，应调教猫不上桌子。当猫爬上桌子时，主人要一边轻轻敲打它的头，一边较严厉地对它说"不可以"。若猫不理，则要敲打得重一些，语气也要严厉一些。如果猫听话，从桌子上下来，主人要及时抚摸它的头或身体，并说"真乖"，给以言语奖励。这样经反复训练后，只要说"不可以"，猫就会从桌子上下来，逐渐改掉上桌子的习惯。

### （二）注意事项

（1）要严格调教，奖惩分明。

（2）要坚持改掉猫的不良习惯，不能中途退缩。

（3）人和猫共患的疾病有40多种，人的许多疾病（如流行性出血热、肝片吸虫病、旋毛虫病等）均可由猫传播。特别是猫可将弓形虫病传播给人，孕妇感染此病后常常发生早产、流产、死胎和畸胎等，严重危害着母婴健康。此外，猫的外寄生虫病（如蚤、虱）或皮肤真菌病均可感染给人。所以一定不能让猫与人同眠共枕。

## 八、猫的技巧训练

### （一）训练项目

"来"的训练、打滚训练、衔物训练、扒抓木柱的训练、在便盆上排泄的训练。

### （二）操作材料

猫笼、死鼠、盆栽植物、水枪等。

### （三）方法步骤

**1. "来"的训练**

（1）在训练之前，给猫取一个名字，要让猫熟悉自己的名字。

（2）训练这个项目可用食物诱导法。先把食物放在固定的地点，嘴里呼唤猫的名字和不断发出"来"的口令。如果猫不感兴趣，没有反应，就要把食物拿给猫看，引起猫的注意，然后再把食物放到固定的地点，下达"来"的口令，猫若顺从地走过来，就让它吃食，轻轻地抚摸它的头、背，以鼓励它。

（3）当猫对"来"的口令形成比较牢固的条件反射时，即可开始训练对手势的条件反射。开始时，口里喊"来"的口令，同时向猫招手。以后逐渐只招手不喊口令，当猫能根据手势完成"来"的动作时，要给予奖励。

**2. 打滚训练**

（1）让猫站在地板上，训练者在发出"滚"的命令的同时，轻轻将猫按倒并使其打滚，如此反复多次。当猫有反应时应立即给猫食物奖励，并给予爱抚。

（2）每完成1次动作就给予1次奖励，随着动作熟练程度的不断加深，要逐渐减少奖励的次数，如打2个滚给1次奖励，直到最后取消食物奖励。

（3）一旦形成条件反射，猫听到"滚"的命令，就会立即出现打滚的动作。隔一段时间应再给予些食物奖励，以避免这种条件反射的消退。

**3. 衔物训练**

（1）首先是基本训练，即先给猫戴项圈，以控制猫的行动。

（2）训练时，一只手牵住项圈，另一只手拿令其叼衔的物品如小木棒、绒球等，一边发出"衔"的口令，一边在猫的面前晃动所拿物品，然后，将物品塞入猫的口腔内。

（3）当猫衔住物品时，立即用"好"的口令和抚摸，予以奖励。

（4）接着发出"吐"的口令，当猫有吐出物品的行动时，立即重复发出"吐"的口令，当猫吐出物品后，喂点食物以奖励。经过多次训练后，当人发出"衔"或"吐"的口令，猫就会做出相应的衔叼或吐出物品的动作。

**4. 扒抓木柱的训练**

（1）将猫关在房间或密闭的环境内，房间的内部要尽可能是耐抓的材质。在房间中放置猫的床铺、碗、玩具和猫砂盒，然后在猫床铺附近安装一根大小、质地和坚硬度都刚好的猫抓棒。

（2）当看到猫在抓猫抓棒时就适当地给予拍抚和赞赏。

（3）当猫习惯在密闭的环境中使用猫抓棒后，活动范围便可以逐渐地扩大到整个居家范围。

（4）若猫不扒抓，训练者或主人可用手轻轻地抚摸猫的头部，并下压其头部强迫它扒抓木柱，但动作一定要轻。猫扒抓木柱以后，将脚上腺体分泌液涂擦在扒抓部位。由于分泌液气味的吸引，猫会到木柱上扒抓。有些猫抓棒会有薄荷味，这对某些猫会有刺激作用。

**5. 在便盆上排泄的训练**

（1）先选择合适的地点放置一个用废盒或小纸箱作为便器，便器里铺垫 3～4cm 厚的猫砂，上层放一层带猫尿或粪气味的猫砂。

（2）当看到猫焦急不安、四处绕来绕去时，要赶快把猫带到便盆附近，先让它闻一闻猫砂的味道，它很快就会在便盆里排便。

（3）当发现猫忘记在便盆里排便，而在别的地方排便，不要打它，防止影响以后的训练效果。

（4）猫排便时，不要干扰它或惊吓它。因为猫胆小，一有声响就惊慌，甚至终止排便，形成条件反射后，对训练很不利。

**（四）注意事项**

（1）训练的过程中要奖惩结合，不能一味地惩罚。

（2）一旦形成某一种条件反射，要不断地巩固和加强，防止已形成的条件反射消退。

（3）训练有过程，不能急于求成，掌握猫的习惯和特点。

（4）搔抓动作是一种标记行为，目的是在留下讯息；因此猫抓棒必须置放在明显的位置，让猫随时都可以使用。

（5）训练越早开始越好，猫抓棒可以用买的或自己做。大多数猫喜欢的猫抓棒是能在向下拉扯时产生反弹拉力，且包覆纵向绳状纤维的。

（6）猫抓棒可以紧靠墙壁放置，也可以单独直立或横向放置，只要猫使用时不会翻倒即可。猫抓棒也要足够长，让猫使用时能伸长身子。也可以在猫抓棒周围用线悬挂一些玩具，摆动玩具以诱使猫在猫抓棒附近玩耍。

1. 你对猫的品种了解多少？列举3～4个猫品种，你最喜欢哪个品种？
2. 猫的哪些生活习性需要调教？
3. 如何制止猫的一些不良行为？
4. 猫在什么情况下会产生攻击性？
5. 猫喜爱什么食物？什么食物不宜食用？
6. 养猫需要准备哪些用品？

# 任务二　猫的饮食护理

　　猫在野外生活时期以食肉为主，经过家养驯化以后逐渐变为以肉食为主的杂食动物。由于猫长期消化吸收杂食，家猫肠管的长度也由野生状态下的 1.2m 左右变成了目前的 1.8m 左右。猫生活习性改变的同时，机体器官也会随之发生相应的适应性改变。猫所需要的营养成分与其他动物相同，如蛋白质、脂肪、糖类、维生素、矿物质等。其中任何一种营养物质过剩或缺乏都会影响猫的健康，因此全面了解猫所需的食物类型和数量是十分重要的。实际上猫的味觉比较迟钝，它们通常是用嗅觉来选择食物。有些主人用自制食物饲喂猫，如饲喂并不适合猫的羊肉和鸡肉，可能无意中破坏了猫的饮食均衡，从而严重损害猫的健康。所以有必要了解猫的营养需要，合理选择猫的饲粮，适时补充营养，才是养好猫的关键。

**学习内容**

1. 不同的食品及营养成分对猫的作用
2. 猫粮的重要性
3. 喂猫应注意的问题

## 一、不同的食品及营养成分对猫的作用

### (一) 常见商品猫粮

　　商品猫粮是指目前市面上出售的成品猫粮，猫粮品牌和种类繁多，按食物的性质主要分为干燥型猫粮、半湿型猫粮和湿型猫粮 3 类；按适用对象可分为幼猫粮、成年猫粮和老年猫粮。商品猫粮经过科学配方以适应不同年龄和不同生长发育阶段的猫营养需要，具有营养全面、适口性好、易于消化吸收，饲喂时不需要加工，饲喂方便，保存期长，无须冷藏等优点。

　　**1. 干燥型猫粮**　又称为猫干粮，水分含量很少，占 10%～15%。该类猫粮的营养全价且较均衡，包装精细，无须冷藏就可以长期保存。干燥型猫粮可作为健康猫的主食，饲喂期间无须再补喂其他食物或添加剂，否则会破坏猫的营养平衡。值得注意的是，使用该类猫粮时，要保证猫有充足的饮水。干燥型猫粮常见以下几种：

（1）幼猫粮。由于幼猫处于生长发育的黄金时期，营养需求较高。幼猫粮富含优质蛋白质、必需氨基酸、维生素和矿物质等，可提供幼猫日常活动所需的能量，促进骨骼生长发育，增强免疫力；营养全面且易于消化吸收，有助于幼猫健康的生长发育。除供幼猫食用外，还可供给妊娠后期（妊娠第 5 周）和哺乳猫食用。

（2）成年猫粮。成年猫需要特殊的全价平衡的营养食品，成年猫粮含有较高的蛋白质、必需氨基酸、维生素和矿物质等，使猫保持健壮、视力良好、不发胖、被毛光亮的身体状况；增强抗病力，使猫保持充沛的活力。

（3）老年猫粮。老年猫由于新陈代谢逐渐变慢，活动量减少，内脏器官和消化功能逐渐减弱，所需的热量也相应减少。老年猫粮中脂肪和钠含量较少，蛋白质、纤维素及一些必需脂肪酸较多，这样不但可以保持猫体重适宜、消化功能好和被毛光泽，同时增强老年猫的免疫力，提高其抗病能力。

（4）猫乳粉。用于饲喂母猫乳少或无乳母猫的仔猫。

**2. 半湿型猫粮**　具有适口性好、营养均衡、能量较低、含有 20％～30％水分等特点。这类猫粮常添加了防腐剂，被加工成各种形状，如小饼状、颗粒状、条状。用密封袋包装，携带方便，保存简单无须冷藏，但价格较贵。需要注意的是半湿型猫粮可即开即食，但开封后不宜保存过久，需尽快吃完。为使饲料的营养完全，最好再加入一些适量的碎肉、肝、干酪、鱼干粉。

**3. 湿型猫粮**　也是市面上常见到的猫罐头。含水量较高，为 72％～78％，营养全面，适口性好，是猫最喜欢的食品。其蛋白质含量较高，可分为全肉型和完全饲粮罐头型。全肉型的成分全部为肉类、鱼类和内脏；完全饲粮罐头型的成分除肉类、鱼类和内脏外，还有多种谷物、青菜、维生素、矿物质等。湿型猫粮具有即开即食、营养全面的优点，但价格比较贵。需注意湿型猫粮因具有不易保存、易腐败变质的特点，开罐后需一餐或一天吃完。

**（二）猫的补充食品**

**1. 营养补充品**　增添猫无法自行合成的各种必需营养素，例如钙质及牛磺酸等，能让猫皮毛健康、健壮活泼。

**2. 休闲零食**　多为肉类或海鲜制品，耐咀嚼，味道鲜美。可按摩牙龈，提供蛋白质与钙质，使毛发亮丽、强壮骨骼。例如海鱼干具有低脂肪、高蛋白质的特点，含有 ω-3 脂肪酸以及多种维生素和钙质，是猫零食的首选。

**3. 保健食品**　能促进猫身体保健的疗效食品，主要为化毛用，包括具有催吐功能的化毛膏制品以及猫非常喜爱的猫草（图 2-8）等。

（1）化毛膏。猫经常会自己舔舐清理被毛，猫舌头上的倒刺很容易将自己清理的被毛带入肠胃，在胃里堆积形成毛球。当达到一定程度时猫就会通过呕吐把胃内的毛球吐出来。但有些猫不能定期吐出胃内毛球，毛球也不能随粪便排出时，这些毛球便会在胃肠内越变越大，影响猫正常的消化和排泄，最后影响猫的健康。

化毛膏主要由玉米糖浆、麦芽糖浆、植物油、酵母及牛磺酸等组成，它可以温和护理肠道、防止毛球生成及促进毛球排出。化毛膏采用膏体设计、方便食用。挤出让猫舔舐，每周喂食 3 次即可。

（2）猫草。新鲜的猫草中含有植物纤维素、维生素和叶酸，可以帮助猫补充营养素、调理胃肠健康、舒缓轻微的肠胃不适、排除腐气、改善口腔环境以及帮助猫肠胃更好地运动。

猫草可以帮助猫排出毛球，减少毛团积聚。猫吃了猫草后，猫草在胃内翻动，有助于猫吐出毛球。因为猫草含有荆芥内酯、麝香等化合物，也可起到舒缓神经的作用，缓解猫的压力。需要注意的是给猫吃猫草不要过于频繁，应该保持在 3d 以上吃 1 次，猫草吃多了容易造成猫便秘。

图 2-8　猫　草

图 2-9　猫营养膏

**4. 处方食品**　所谓处方食品是营养师和兽医根据猫所患疾病的器官、性质、类型、程度等研制出的猫粮。这种特殊配方的猫粮可作为疾病的辅助治疗，有利于病猫的恢复和延缓病情，同时也是全价均衡的营养食品。对病中或病后的猫有控制病情的功效，饲料种类及喂食比例也需遵照医生的指导。这种全营养食物味道鲜美，增强了对那些因健康问题而变得口味挑剔的猫的吸引力。食物的消化率可以按需要改变，可利用这一特点防止猫患某些疾病，以改进医学治疗的功效。目前用于猫的兽医处方食品按用途可分为若干类，可分别用于肝疾病、糖尿病、泌尿道疾病、胃肠疾病、胰腺疾病、口腔疾病等疾病状态。每一类中又有不同系列，因此在购买和使用处方食品前应仔细阅读说明书，应严格遵医嘱按照不同的疾病来饲喂病猫，决不能私自采购。以下介绍几类常见的猫处方食品：

（1）高营养性处方食品。该处方食品多为膏状（图 2-9），类似牙膏包装，或放在大注射器内，以方便饲喂患病猫。食品里含有高蛋白质、脂肪和维生素等。应用于各种疾病引起的厌食、虚弱和恶病质，病后、手术及产后的恢复阶段。高营养性处方食品有助于增强机体免疫力和抗病能力。需要注意的是一旦机体恢复正常，就应立即停止使用。对于患有严重的胃肠道疾病的猫要禁止使用。

（2）治疗和预防磷酸铵镁尿结石用处方食品。该处方食品含有较少的蛋白质、镁和磷，钠的含量较多。食后能使尿液变酸，猫会感到口渴而多喝水，继而排尿增多，从而溶解磷酸铵镁尿结石和预防其形成。需要特别注意的是禁止用该处方食品饲喂幼猫、繁殖母猫，禁止与尿酸化剂同时使用，更不能用于患心脏病、肝衰竭、肾病、水肿和非磷酸铵镁尿结石的猫。

（3）胃肠道疾病处方食品。该处方食品由低脂肪、低纤维和高电解质成分组成，其特点是易消化吸收，营养价值高。主要用于猫胃肠道疾病、肝病、胰腺炎等。禁止用该处方食品饲喂患有充血性心力衰竭和肾衰竭的猫。

（4）防治食物过敏处方食品。该处方食品主要用于防止猫食入过敏性食物引起的皮肤瘙痒和湿疹、过敏性腹泻或呕吐。目前已经发现能引起猫过敏的食物有很多种，如马肉、猪肉、牛肉、大豆、牛乳、蛋类、鸡肉、鱼和甲壳类以及含有谷蛋白的各种谷物等。该处方食品的主要成分是羔羊肉和稻米。稻米不含谷蛋白，羔羊肉具有低过敏性的特点。

（5）充血性心力衰竭处方食品。该处方食品蛋白质和钠含量较少，而钾的含量较多。主要用于猫充血性心力衰竭，肝病和肾病引起的高血压，钠和液体潴留性水肿等。严格禁用该处方食品饲喂腹泻、脱水和电解质平衡失调的猫。

（6）肾衰竭处方食品。该处方食品蛋白质、磷和钠含量较少。主要用于猫肾病、肾衰竭、进行性肝病、充血性心力衰竭和肾代谢性酸中毒。

（7）高能量、高蛋白质处方食品。该处方食品由高质量蛋白质和高能量营养物质组成，主要用于猫虚弱性疾病、食欲不振、营养不良、贫血、低血糖、恶病质、病后恢复期、手术后、孕猫搐搦和骨折等。严格禁用该处方食品饲喂患有心脏病、肾病、肝病和肥胖的猫。

（8）减肥处方食品。该处方食品由高纤维、低脂肪和低能量性营养物质组成。由于食物的能量低，可达到减肥的目的。主要用于肥胖的成年猫，活动量小以及高血脂和淋巴管扩张的猫。严格禁用该处方食品饲喂严重患有心脏病、肾衰竭和肝病的猫。

（9）防治纤维反应性疾病处方食品。该处方食品纤维素含量较多，脂肪和镁含量少。猫食用后能使尿液变酸，其食物中所含能量比正常猫粮低，比猫减肥处方食品高。主要用于纤维反应性病症，如糖尿病、高血脂、便秘、大肠炎、淋巴管扩张、猫泌尿系统综合征和有肥胖倾向的猫等。

（10）泌尿系统综合征处方食品。该处方食品镁和磷含量较低，钠、钾和牛磺酸成分含量较高。猫食用后能使尿液变酸。主要用于猫的泌尿系统综合征和磷酸铵镁尿结石。

**（三）家庭制备猫食**

**1. 肉类和鱼**　肉的部位不同在营养价值上有很大区别。肉类是很好的蛋白质来源，它可提供许多必需氨基酸、脂肪、铁和某些 B 族维生素。多数肉类缺乏维生素 A 和维生素 D，相对于磷来说钙的含量较低。肉类对于猫有良好的适口性，要保证肉类的质量。加工时猪肉必须完全煮熟，以预防各种寄生虫病。

鱼虽然适口性不如肉类，但猫很喜欢。鱼是高质量蛋白质的极好来源。因为鱼的内脏可能含有维生素 $B_1$ 而导致神经系统疾病，所以要对鱼进行清洗和煮制。鱼的骨头较多，且基本比较锋利，被猫不小心食入可能停留在消化道的任何地方，从而造成伤害。鱼也有寄生虫，饲喂前必须制熟。

**2. 动物内脏**　猫的食物中应限制动物内脏的添加量，如动物肝含有大量的维生素 A，在猫食中的添加量不能超过 10%，过食肝可引起消化问题、出现维生素 A 过多症等。肺可以作为猫中等质量的蛋白质来源，用于饲喂缺少热能且活动较少的猫。

**3. 乳制品和蛋**　乳不仅是高质量蛋白质的来源，也是脂肪、糖类、钙、磷及许多微量元素、维生素 A 和 B 族维生素的很好来源，乳中含有猫所需要的大部分营养物质，缺乏铁与维生素 D。虽然猫喜欢吃乳制品，但少数猫可能无法忍受摄入较多的乳糖，因为缺乏乳糖酶会引起猫的腹泻，它们对不含乳糖的酸乳是容易消化的。蛋中富含铁、蛋白质、维生素 $B_2$、叶酸、维生素 $B_{12}$、维生素 A 和维生素 D 等营养物质。常用于饲喂生长发育期的猫，饲喂前应先将蛋类煮熟。

**4. 谷物**　是猫能量的一种来源，以淀粉的形式提供大部分的热能。谷物除了提供一定数量的蛋白质，还含有其他营养物质，特别是维生素 $B_1$ 和烟酸。麸皮中有种子剥离的外壳，

是粗纤维和磷的很好来源。饲喂前一定要加热处理，否则大部分的磷是没有活性的。谷物对猫来说适口性不好，使用时一定要煮熟，否则难以消化。

**5. 蔬菜** 能提供纤维，有利于稀释能量，并可加速食物流经消化道时间。蔬菜是 B 族维生素的良好来源，但在加热过程中 B 族维生素可能会被破坏。猫不喜欢吃蔬菜，添加时尽量加工得精细些，可加入充分煮熟的土豆泥，防止猫不吃而将蔬菜剩下。

**6. 饼类** 主要包括豆饼、花生饼、芝麻饼和向日葵饼等，蛋白质含量在 $40\%\sim50\%$。豆饼蛋白质含量较高，常用来调节饲料中赖氨酸的含量。需要注意的是，饲喂前一定要煮熟，因为豆饼在榨制过程中，可能会因加热不够而残留胰蛋白酶抑制素、红细胞凝集素和皂素等有毒有害物质。在花生饼收获过程中，花生容易发霉，发霉的花生会产生黄曲霉毒素，所以一定要选用优质花生榨制的饼。

## 二、猫粮的重要性

猫粮发展到目前已经是一件成熟的工业产品，对于猫来说，无论是从营养学的角度还是其他方面来看都有着极大的作用，猫粮中含有大量营养物质，即蛋白质、脂肪、糖类等。猫是肉食性动物，猫所需的营养素精氨酸、牛磺酸、烟酸、维生素 A 以及维生素 $B_{12}$ 等都只有通过肉食获得。它们的身体只能将蛋白质和脂肪转化成生存和身体活动所需的能量，而不能把糖类转化成能量。所以猫粮对于猫是很重要的，猫粮合理的成分添加及恰当的比例对猫具有均衡营养、促进生长发育的作用。

猫粮使用的原料要通过多项严格的安全检测，以完全确保原料安全可靠。同时采用现代科学营养配比和加工技术。

猫粮具有很好的适口性，有金枪鱼、三文鱼及牛肉等不同的猫粮，从而满足猫挑剔的口味。同时针对不同时期的猫设计出适合其生长发育需求的猫粮。以幼猫猫粮为例：幼猫猫粮根据幼猫的生理需求，特别为幼猫量身定制，适合幼猫使用。均衡的蛋白质、维生素和矿物质（如维生素 D 及钙），有助于幼猫骨骼与肌肉的协调发育，促进幼猫的生长发育。不同口味的幼猫猫粮又特别添加了高质量蛋白质、$\omega$-3 脂肪酸、牛磺酸、益生元以及抗氧化物等营养物质。这些营养物质可以提高幼猫机体自身免疫力、促进身体生长、视力和大脑健康发育、平衡肠道菌群、提高肠道保护力等，使幼猫能健康地成长。

自制猫食虽然猫很喜欢吃且价格便宜（如鸡肝拌饭、猫鱼拌饭等，这些食物的味道都能满足挑食猫口味），但是自制猫食相对专业猫粮来说有很多的不足之处。如存在着各营养成分的添加比例不均衡、不合理，食物安全很难达标等问题：肝和其他动物内脏缺少矿物质，特别是钙，而鸡肝里维生素 A 含量过高，猫自身又无法代谢过量的维生素，长时间食入维生素 A 会使猫发生中毒，导致肾衰竭和关节变形。而商品猫粮膳食结构均衡、营养全价、钙磷配比合理，强健骨骼，低盐低油清淡健康，控制盐分和油分摄入，减少肝肾负担，远离"三高"等疾病。同时颗粒状猫粮可减少猫牙结石的发生，呵护口腔健康。商品猫粮能保证猫每日全面、完整、均衡的营养，让猫健康地成长。

## 三、喂猫应注意的问题

### （一）定时、定量、定温、定质

**1. 定时** 是指每天饲喂的时间要固定。定时饲喂能使猫形成条件反射，使消化腺能定时活动。定时饲喂后，只要到了喂食时间，猫的胃液分泌和胃肠蠕动就会有规律地加强，这无疑对猫的食欲、采食和消化吸收都有一定的好处，不易患消化道疾病。假如没有养成定时饲喂的习惯，主人随时、随地拿起食物就给猫，时间长了就会破坏猫的进食规律，不但影响其采食和消化吸收，还易使猫患上消化道疾病。

**2. 定量**　是指每天饲喂的猫粮量要相对稳定，不可忽多忽少，要防止猫因吃食过多或暴饮暴食引起消化不良。更不能因饲喂过少而让猫吃不饱，影响身体的发育和健康。对于处在生长发育期的幼猫、妊娠期及哺乳期的猫可酌情增加饲喂次数。猫一般每次吃八九成饱为宜。

**3. 定温**　猫喜食温热的食物且饮水不多。可根据不同季节气温的变化，调节饲粮及饮水的温度，按照"冬暖、夏凉、春秋温"的原则来饲喂。饲粮的温度不能过高也不能过低，否则会严重影响猫的食欲并引发消化道等疾病。喂猫的食物必须经过加热后再饲喂。特别需要注意的是冬季天气寒冷时，冷冻食物不可饲喂猫，否则会影响猫的食欲，还可能引起消化功能紊乱。一般情况下，食物的温度以 25～40℃最好，夏季食物温度可稍凉一些，冬季则需要较温热的食物。

**4. 定质**　一定要保证饲粮的质量安全。对于商品猫粮最好选择正规厂家生产的，针对不同生长发育阶段选购合适的猫粮。对于自制猫食一定要保证食物的新鲜清洁和营养均衡。需要注意的是不要频繁变动猫粮，假如需要变动一定要按照下面的步骤来更换猫粮。更换猫粮时应逐渐增减，新换的猫粮应逐渐增加，逐渐以 1/4、1/3、1/2、3/4 的新猫粮添加比例更换直至完全换为新猫粮。一般更换猫粮的过渡时间需要 5～7d。若猫粮一次突然改变，猫容易因消化不良引起肠胃道疾病，造成食欲减退或绝食。

**（二）定食具、定场所**

**1. 定食具**　喂猫的用具要固定。每只猫的食具要专用，不得随意调换或变更食具。

猫对食具的变化非常敏感，更换食具可能会引起猫拒食。在选择猫用食具时，要根据猫的大小而定，尽量让猫吃食时感到舒适。否则猫在吃食时，易沾污头面部的皮毛，食物也不易吃干净。猫食具要保持清洁卫生，水盆、食盆都应该每天清洗，并定期消毒。吃剩的食物尽快处理好，要么倒掉，要么保存好留着下次饲喂，但要注意防止食物腐败。如果饲养的猫比较多，可采取每只猫一个食盆，这样可以防止出现拒食、抓盆以及弱者吃不到食的现象。选择食盆时，应选择底部较重且底部面积较大的食盆，防止猫爪钩食物时把食盆弄翻。必要时可对猫吃食进行调教。

**2. 定场所**　是指猫窝（笼）和饲喂场所要相对固定。喂猫的地点要固定，环境要安静，光线也不要过于强烈。给猫喂食的地方应选择在比较安静并且光线不太强的地方，最好不要轻易变动喂食的地方，避免影响猫的食欲。有的猫会将食物从食盆中叼到僻静的角落或床底下去吃，主人要注意及时调教来纠正其不良行为。

**（三）观察猫进食情况**

猫进食时，通过观察可掌握猫吃食的情况。正常的猫吃食、饮水均有其自己的规律及特点，如食量、吃食的速度、饮水量等。猫食量过大或过少都可能影响猫的生长发育，因为长期过量进食容易引起猫胃肠疾病，而长期食量不足则会导致猫营养不良而影响正常发育。如果猫吃饱后，食盆中仍有猫粮，可能是猫粮给的过多；相反，猫如果吃完后，仍然在食盆前来回走动而不愿离去，并用舌头舔食盆，寻找食物，表示给的食物量太少。

假如猫食量突然减少，需要考虑从以下几个方面进行分析：一是猫粮，可能存在适口性差、不新鲜、有异味和有污染等情况，要及时进行严格排查。猫对饲粮的异味特别敏感，猫喜欢吃甜食或有鱼腥味的猫粮，太淡和太咸的食物均会影响猫的食欲。对于一些被污染的饲粮，如含汞的生鱼或被灭鼠药等药物污染的饲粮，猫食入后就会发生中毒，严重的会导致死亡。二是环境，可能饲喂的环境发生了变化，饲喂场地条件不适合，如有强光、喧闹等，猫吃食时喜欢安静、清洁的场地。另外，季节变化也可能影响猫的采食量，冬季往往要比夏季采食量多。三是疾病，如上述原因都被排除，猫的食欲仍不见好转，则应考虑是不是存在疾病问题。此时要注意观察猫身体各部分有无异常，如发生口腔炎症时猫因吃食疼痛会拒绝采食等。发现问题应及时找宠物医生就诊。

### （四）合理的饲喂次数

饲喂次数要根据猫的不同生理阶段区别对待。一般幼猫饲喂的次数多，成年猫饲喂的次数较少。一般情况下，成年猫以每天饲喂2次为宜，生长发育的幼猫和泌乳母猫饲喂次数要有所增加，每天饲喂3～4次，否则不能满足它们的营养需要。

### （五）饮水

猫饮水量不多，必须保证全天供给清洁、充足的饮水，让其自由饮用。千万不能用各种汤来代替饮水，最好每天能更换2次饮水。

### （六）饲喂猫残羹时注意事项

应选择清洁、无异味、无腐败变质的残羹喂猫；尽量选择块状或颗粒状残羹作为猫的食物。残羹中鱼刺、骨头尽可能挑干净，以防卡住猫的喉咙，残羹的汤不要用来饲喂猫；如用残羹饲喂猫应该用当天的残羹。不宜将残羹过夜保存，特别是夏季更要注意这一点；残羹饲喂猫前一定要经过煮烧。如残羹味太浓，应加一定量的水，煮后再用来饲喂猫。

### （七）猫不能吃的食物

**1. 洋葱**　洋葱含有破坏猫红细胞的成分，需特别注意给猫吃人的剩饭剩菜时，防止让猫食用混入的洋葱。

**2. 骨头**　猫在吃食时不是咀嚼，而是吞下去。特别是比较硬的鸡骨，误食后可能会刺伤猫胃，所以喂猫时要剔除掉骨头，尤其是鱼骨、鸡骨等。

**3. 甜食**　应避免给猫喂甜食，不要让猫养成吃甜食的习惯。猫食用甜食后，牙齿上会残留食物，长时间会发生龋齿，也易引起猫肥胖。

**4. 生猪肉**　猫吃了生猪肉易患弓形虫病，所以一定要把生肉煮熟再喂猫。

**5. 墨鱼、章鱼**　猫吃了墨鱼、章鱼以后不易消化，经常喂食可能引发猫胃肠道问题。

### 🐾 分析与思考

1. 如何为不同年龄阶段的猫选择猫粮？
2. 喂养猫应注意的问题有哪些？
3. 猫不能吃的食物有哪些？

# 任务三　猫的防疫与驱虫

猫出生后，当母源抗体消失后，容易受到传染病的危害，因此要及时给猫注射疫苗，并且要定期注射疫苗，以保持猫体内的抗体水平，维持猫对疾病的持续抵抗力。同样，寄生虫对猫也会造成较大的危害，要及时、定期驱虫。

**学习内容**

　　1. 猫驱虫的重要性
　　2. 猫免疫的重要性

## 一、猫驱虫的重要性

### （一）驱虫要先于免疫

**1. 不驱虫易导致免疫失败**　在猫的基础防疫体系当中，驱虫和免疫是两个不可或缺的重要组成部分。疫苗的效果会受到体内寄生虫的影响，如果猫肠道内有寄生虫，那么免疫失败的可能性会很大。因此，应先进行驱虫。

**2. 驱虫**　驱虫就是利用药物（图 2-10、图 2-11）清除猫体内及体外寄生虫的过程。猫常见的体内寄生虫包括蛔虫、钩虫、绦虫、心丝虫等，猫常见的体外寄生虫包括跳蚤、虱、

图 2-10　猫内驱虫药物

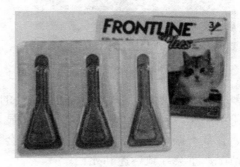

图 2-11　猫外驱虫药物

螨等。即使是刚出生的幼猫也有可能从母猫身上感染这些有害的寄生虫。如果得不到及时的清理，这些寄生虫会造成猫营养不良、免疫系统脆弱、消化系统疾病或皮肤病等问题，进而为其他病菌的肆虐创造机会，有些寄生虫本身也会传播猫的恶性疾病，所以驱虫很重要。

### （二）任何猫都要驱虫

　　猫是许多寄生虫的中间宿主或终末宿主，因此必须驱虫。猫一直在地上行走，而且不断地舔毛清洁身体，不可避免地会将虫卵吃入体内，因而容易感染体内寄生虫，即使是足不出户的家养猫，也需要每 3～4 个月驱除 1 次体内寄生虫，刚出生的幼猫体内也有可能有生活着的寄生虫。典型的如蛔虫，携带蛔虫的母猫会将这种寄生虫的幼虫通过胎盘传染给幼猫。除通过胎盘传播外，乳汁也是幼猫从母猫身上感染寄生虫的一个重要途径。所以即使是刚出生、从来没有出过门的幼猫也需要驱虫，如果驱虫不及时，幼猫很快就会表现出各种病症，例如食欲不振、消瘦、发育迟缓、呕吐、腹泻等问题，严重的甚至会引发死亡。只有做好预

防工作，才能确保幼猫不会感染寄生虫，保证猫的健康。

### （三）猫常见的体内寄生虫与危害

寄生虫病是猫常患的疾病，体内寄生虫对猫的健康影响极大，且主人常常不易察觉猫感染了体内寄生虫，所以应给猫定时驱虫。

**1. 蛔虫**　蛔虫一般是猫吃了受到污染的食物或水而感染的寄生虫，妊娠的猫也可以通过胎盘传染给胎儿，当蛔虫还是幼虫时，被感染的猫会因为幼虫移动引发肺炎，表现为咳嗽、流鼻液等症状。蛔虫成虫会寄生在猫的肠道里，吸收宿主消化的食物中的营养。当蛔虫在幼猫体内大量寄生繁殖时，会造成幼猫的发育不良与生长迟缓。另外蛔虫的虫体（图2-12）较大，容易对猫的肠黏膜造成机械性刺激，引起腹泻和腹痛。虫体若是大量堆积在小肠还可能引起猫肠阻塞、肠套叠或肠穿孔，导致猫死亡。

**2. 绦虫**　绦虫同样是通过感染的食物传染给猫的，感染初期并没有明显的症状。但严重感染时，猫会出现食欲下降、呕吐、腹泻，或贪食、异嗜，继而消瘦、贫血、生长发育停滞，有时会发现猫肛门口有绦虫节片（图2-13），像米粒一样。当虫体成团时，也可能堵塞肠管，造成猫肠阻塞、肠套叠、肠扭转甚至破裂而死亡。

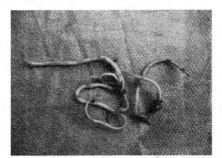

图2-12　猫粪便中带蛔虫成虫

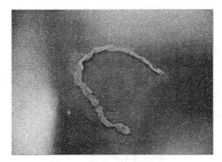

图2-13　猫粪便中的绦虫节片

**3. 钩虫**　一般是猫采食了具有感染性的幼虫或中间媒介而感染，钩虫同样可以通过胎盘传染给胎儿。钩虫病的临床症状并不明显，主要为贫血、黏膜苍白、局部皮肤出血、体力衰退、食欲不振、腹泻，幼猫感染后有时会见到排出混血的黏液便或具腐臭味的咖啡色泥状便，情况严重会导致昏迷和死亡。

**4. 球虫**　球虫病一般是由于环境卫生不良和饲养密度过大而导致的，高温与高湿的季节容易发生。球虫一般寄生在猫的小肠和大肠黏膜上皮细胞里内，轻度感染并不会有明显的症状。但重度感染者在受到感染3~6d后会腹泻或排出带血液的粪便（图2-14）。猫感染球虫后会出现轻微发热、精神沉郁、食欲减退、消化不良、贫血等症状，患病的猫会因为极度衰竭而死亡。

**5. 弓形虫**　猫是弓形虫的终末宿主，猫感染弓形虫多为隐性感染。猫感染弓形虫分为急性感染和慢性感染，急性感染者主要表现为厌食、嗜睡、高热、呼吸困难等临床症状，有些会出现呕吐、腹泻、过敏、眼结膜充血、对光反应迟钝甚至失明。妊娠的猫可能会流产，不流产的胎儿在出生后数日内也会死亡。慢性感染者表现为厌食，体温在39.7~41.1℃，发热期长短不一，可能超过1周。有的猫会出现腹泻、虹膜发炎、贫血等症状。中枢神经系统症状多表现为运动失调、瞳孔不均、视觉丧失、抽搐等。

对于不同的体内寄生虫有不同的驱虫药物和治疗方法，主人一旦发现猫出现身体不适、感染体内寄生虫时一定要将猫及时送往宠物医院。另外，幼猫身体没有完全发育，体质弱，难以承受寄生虫的入侵，所以主人要给幼猫做好驱虫工作，并且尽量不要让猫吃生食、吃鼠（图 2-15）等，以免感染弓形虫。

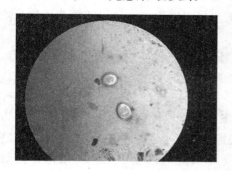

图 2-14　猫粪便中的球虫

图 2-15　猫吃鼠易感染弓形虫

### （四）猫常见的体外寄生虫与危害

猫体外寄生虫常见的有跳蚤、虱、疥螨、耳螨形螨、蜱等。

**1. 跳蚤**　跳蚤虫体为深褐色，雄虫不足 1mm，雌虫可达 2.5mm。跳蚤不仅危害猫也会危害人。跳蚤可刺激皮肤，引起猫瘙痒，会导致猫不停地抓痒引起皮肤炎症，出现脱毛与皮肤破溃，被毛上会出现蚤的黑色排泄物，下背部与脊柱部位会出现结痂。猫身上的跳蚤较小，可叮咬人。跳蚤会在猫的皮下产卵，还会在布料、地毯等地方产卵。成年跳蚤没有血吸后就会饿死，但虫卵有卵壳保护，不怕寒冷，不易被破坏和死亡。所以防跳蚤，杀死虫卵是最重要的一步。另外，室外的草地、垃圾堆等藏污纳垢的地方也是跳蚤产卵的温床。人在室外活动会将跳蚤卵带回家而传染给猫，或者和流浪犬、猫接触也会感染上跳蚤，因此猫的主人平时要注意防护。

**2. 虱**　以壁虱为代表，呈淡黄色具褐色斑纹，虱体扁平，分头、胸、腹 3 部分。虱以毛和皮屑为食物，采食时引起猫皮肤瘙痒和不安，影响猫采食与休息。虱的啃咬会损伤皮肤，引起湿疹、丘疹、水疱与脓疱等，严重时会导致猫脱毛、食欲不振、消瘦及发育不良。壁虱通常雌雄成对活动，雌虫吸血。壁虱离开猫体之后会沿着墙往上爬，到墙的空隙处休息或产卵。如果猫不小心碰到，即可寄生在其体表。

**3. 疥螨**　常寄生在猫的面部、鼻、耳以及颈部等处。猫体外有螨虫会导致猫脱毛、长斑、结痂，而且有强烈的瘙痒感。如果严重，猫会拼命抓痒，则会患上皮肤病，使皮肤增厚、龟裂，出现棕色痂皮，常引起死亡，人接触到也会产生痒感。

**4. 耳痒螨**　寄生在猫的外耳道内的寄生虫，以淋巴液与渗出液为食。有时由于细菌的继发感染，病变可以深入中耳、内耳与脑膜等。感染后主要表现摇头、搔抓或摩擦患耳，耳道内出现褐色的分泌物，有时有鳞屑状的痂皮。

**5. 蠕形螨**　猫如果免疫系统功能低下，常有蠕形螨寄生。猫若感染了蠕形螨，会造成严重的脱毛，而且剧痒难耐。蠕形螨难发现，要通过刮下皮毛在显微镜下找到虫体来诊断。

**6. 蜱**　蜱是吸血动物，寄生在猫体表时损伤皮肤，猫出现痛痒、烦躁不安，经常摩擦或啃咬皮肤，导致寄生部位出血、水肿、发炎，由于大量吸血可引起猫贫血、消瘦、发育不良。寄生在肢体或趾间可引起跛行。

### (五) 驱虫药物的选择与驱虫程序

**1. 驱虫药的种类** 猫用驱虫药一般分体内驱虫药和体外驱虫药。有进口驱虫药与国产驱虫药之分。体内驱虫药主要驱除猫体内蛔虫、钩虫、鞭虫、绦虫、球虫、弓形虫等体内寄生虫。体外驱虫药主要驱除体表的螨虫、跳蚤、虱、蜱等体表寄生虫。进口驱虫药价格虽然要昂贵一些，但质量更有保证。

**2. 猫驱虫药的用量** 驱虫药是有毒性的，所以一定要按照说明书上的要求进行喂食，尤其是国产驱虫药，用药之前一定要称好猫的体重，按照产品说明书，按照体重来计算应该食用的剂量。

**3. 猫驱虫前后的准备** 猫进行体外驱虫前要先洗澡，完全吹干后，过 3d 再把驱虫药点在猫颈部以后脊背舔不到的地方，点药后 3d 内不要洗澡，在驱虫药失效前不要过度给猫洗澡。猫进行体内驱虫要在猫吃完食物 3～4h 后，喂完驱虫药后禁食 5～6h，以保证药效发挥。

**4. 注意事项** 大多体内寄生虫都是经口感染。猫吃了不干净的食物，如生肉、鼠、昆虫、鸟类、水产品等容易感染寄生虫。因此应保证猫日常饮食健康，不喂食生肉，不放猫外出，保持家中清洁，避免猫捕食昆虫。夏季防止蚊虫叮咬，可预防血液寄生虫的侵害，不要让猫在草丛等户外寄生虫较多的地方活动，若家中有蚊虫，可使用对猫无害的或宠物专用的驱虫液。

要定期预防，每 3 个月进行 1 次体内驱虫。广谱驱虫药虽只能杀灭部分肠道寄生虫，但还是有非常重要的意义。尤其是不少寄生虫在变成成虫移行至猫其他脏器前，始终在肠道中寄生，若能在其成虫前杀灭，可减轻对猫的影响。虫卵从孵化到发育需要 2～3 个月。

## 二、猫免疫的重要性

### (一) 猫常见疫苗的种类

猫的疫苗主要分为两种，一种是预防猫患某些传染病的疫苗，另一种是保护人不因被猫咬伤等而患狂犬病的狂犬病疫苗。

国内使用的猫传染病疫苗均为进口疫苗，属于灭活苗，最常用的是三联苗，主要用于预防猫瘟热、猫鼻气管炎和猫杯状病毒病。猫三联疫苗为国际上通用的产品，目前临床上反映效果确实。

狂犬病疫苗犬、猫通用，供健康犬、猫等动物预防狂犬病。狂犬病疫苗有国产和进口的两种产品，从临床效果上看，进口和国产狂犬病疫苗效果均较好。接种狂犬病疫苗是养犬者的义务，也是养犬法规的规定条例内容，是预防狂犬病的有效方法，必须严格执行。

### (二) 疫苗主要预防的疾病

国外预防猫传染病疫苗已有 7 种，可预防猫瘟热、猫传染性鼻气管炎、猫杯状病毒病、猫狂犬病、猫白血病、猫肺炎（鹦鹉热衣原体引起）、猫传染性腹膜炎 7 种病。

狂犬病疫苗用于预防狂犬病的发生。

### (三) 不适合免疫的情况

猫必须是在健康的情况下才进行免疫，在 8 周龄前不可接种疫苗，在接种疫苗前最好先测量猫的体温是否正常，发热、体内有寄生虫或者处于病毒感染潜伏期，以及应激状态下都有可能导致免疫失败。尤其刚从宠物店买回或者刚领养的猫，可能体内已经潜伏感染某些疾病，所以应先观察 10～15d 再注射疫苗。因此，猫在突然改变环境、感冒、患病期间不能接种疫苗。接种前务必听从宠物医生的指引，绝对不能在不明确身体状态下强行进行免疫。

**（四）疫苗的免疫程序**

**1. 免疫前检查猫身体是否健康** 注射疫苗前要进行体检和驱虫，这样才能收到较好的免疫效果，因为患病和身体不健康的瘦弱猫不能注射疫苗，否则适得其反。

**2. 免疫日龄要求** 幼猫 60 日龄后才能进行疫苗注射。对于刚刚出生的小猫来说它们的抗体是从母体中得到的。这些抗体在它们 60 日龄后，也就是断奶后会逐渐消退，所以在 60 日龄要及时为它们免疫，帮助它们抵抗病毒性疾病的侵害。

**3. 猫注射疫苗的程序** 用于预防猫瘟热、猫鼻气管炎和猫杯状病毒病的三联苗的免疫程序为：8 周龄免疫第 1 针，12 周龄免疫第 2 针，16 周龄免疫第 3 针，一年后的每年都加强免疫 1 针。狂犬病疫苗的免疫程序为：3 月龄以上的健康猫免疫 1 针，以后每年免疫一针。切记，不足 3 月龄的猫不可以注射狂犬病疫苗。

猫在第 1 针疫苗注射之后，疫苗并不能起到免疫的作用，第 1 针只是在猫的身体内产生一个信号，使猫自己的免疫系统能够认识病毒、识别病毒。第 2 针疫苗才是真正地建立起对病毒性疾病的免疫防护系统，帮助猫抵制病毒的危害。而抗体的产生也是有过程的，在接种第 2 针疫苗后 7～10d 才真正有了免疫能力。在国外有的地方是接种 3 次，道理也一样，只是更加保险而已。

疫苗接种后都有一定的保护率，但都不是 100%，所以猫主人对猫的护理不能掉以轻心，宠物医护人员也要告诉猫主人这一点。在注射疫苗的 1 周内，应该避免给猫洗澡和外出，因为疫苗通常在注射后 7d 才起作用。注射过血清的猫，需经过 20d 左右才能接种疫苗，因为血清含有抗体，可能和疫苗产生副作用。

**（五）免疫前后注意事项**

刚买来的猫，特别是刚从市场上买回来的猫，由于可能接触了病猫染上疾病，换环境又使得免疫力有所减弱，因此不可以马上进行疫苗注射，应先适应 2 周左右，观察是否正常，待猫情况稳定，身体强壮，又适应了新环境后，经过体检和驱虫，再进行疫苗注射。在计划给猫注射疫苗的前后 1 周内尽量不要洗澡、不要出门，以避免猫受到惊吓而导致抵抗力下降，从而导致免疫失败。

猫注射疫苗时可能出现的轻微反应，如注射部位不舒服或有肿块、食欲变差、不喜欢活动、轻微发热，一般情况下以上症状在 2～3d 就消失，猫很快恢复，但如果猫注射完疫苗后以上症状一天比一天严重，那就要及时咨询兽医并就诊。而比较严重的反应是在注射疫苗后数分钟到 1h 内发生的严重且危及生命的过敏反应，因此在注射疫苗后不要急着离开医院，而应在医院观察 10min 左右，待猫没有什么不良反应后再离开。

**（六）免疫失败的原因**

在兽医临床上，部分动物接种疫苗后仍然发生传染病的现象称免疫失败。导致免疫失败的原因有以下几点：

（1）幼猫在注射疫苗过程中不注意饲养管理，导致患病后擅自用药，会对免疫器官和免疫细胞具有不同程度的抑制效应，影响淋巴因子和免疫抗体的生成，影响机体的免疫应答的反应，进而削弱机体的免疫力，导致免疫失败。

（2）猫疫苗质量及使用方法的原因，如假冒伪劣疫苗不但无质量可言，而且对某些猫传染病的流行起到了推波助澜的作用。

（3）疫苗的运输与保存不当。疫苗存储时要求的温度为 2～8℃，因此，疫苗在运输保管过程中要保证低温条件，否则会导致其效价降低或失效。除低温条件下运输和保存外，疫苗受到日光直接照射、疫苗反复冻融、疫苗过期或变质等均可影响疫苗的效价及免疫效果，因而导致免疫失败。

（4）免疫程序不合理，间隔时间过长或过短等均会导致免疫失败。

### 拓展知识

#### 人被猫咬后的处理

被猫咬伤后，立即用肥皂水、消毒剂或单用清水反复清洗伤口，时间不少于 15min，伤口深时要用注射器灌注反复冲洗，时间至少 30min，然后用酒精反复消毒，最后涂上碘酊；伤口尽量要求不止血、不包扎、不缝合。迅速就医，由医护人员进行伤口的消毒，依据医生诊断，给予预防破伤风及其他细菌感染的防护措施。采取主动免疫措施，即注射狂犬病疫苗，咬伤后注射越早越好，并要保证在 24h 内注射疫苗，注射后要做好休息，不能饮酒及吃辛辣食物。

### （七）弓形虫对人的危害

有这种疑问的主人通常是担心弓形虫对孕妇的危害。这种担心在养猫的家庭中更为常见，不过在临床案例上，人类最常见的感染弓形虫的途径是吃未充分煮熟的肉类制品，而并非接触猫、犬等宠物。正确地预防弓形虫才能保证既不会因为大意发生感染，也不用因为潜在的风险而隔离宠物了。

饲养猫的家庭感染弓形虫的情况通常只发生在以下个别情景中：只有在户外觅食或者经常食用生肉的猫才有感染弓形虫的可能性；猫在感染 2 周之后才会排携带弓形虫卵囊的粪便，当猫体内产生抗体之后，粪便中就不会携带卵囊；弓形虫的卵囊要传播到人体内，必须要经由口腔摄入。所以，只要在清理猫砂之后洗手，就能避免粪口传播；随猫粪排泄出来的卵囊需要至少 1d 才能完成芽孢化，具有传染力，因此每天清理猫砂的家庭被传染的概率会非常低。如果家庭成员不放心，还可以到医院进行弓形虫筛查。通过检测弓形虫抗体来确定是否感染弓形虫。

### 分析与思考

1. 为什么不驱虫易导致免疫失败？
2. 任何猫都要驱虫的原因有哪些？
3. 猫常见的体内寄生虫与危害有哪些？
4. 猫常见的体外寄生虫与危害有哪些？
5. 如何选择驱虫药物并开展驱虫程序？
6. 驱虫药的种类有哪些？
7. 猫驱虫药的用量如何计算？

8. 猫驱虫前后的准备工作有哪些？

9. 猫常见疫苗的种类有哪些？

10. 不适合免疫的情况有哪些？

11. 疫苗的免疫程序是什么？

12. 免疫前后注意事项有哪些？

13. 免疫失败的原因有哪些？

14. 弓形虫对人的危害有哪些？

# 任务四　猫的基础护理

　　虽然大多数的猫不喜欢被梳理，但长毛的品种若不每天梳理，毛就会缠到一起。刷毛具有按摩的效果、有利于血液循环，猫也乐于接受，刷毛可以防止脱毛，刺激皮肤，促进血液循环，使毛更亮泽。猫习惯了以后，只要人一拿出毛刷，就会很高兴地靠过来。除了梳理被毛，猫的趾甲、眼睛、耳朵也要定期清洁与护理，才能保证猫与人和谐地生活在一起。本任务详细地介绍猫基础护理的内容，包括猫的被毛梳理，趾甲的修剪，眼睛的保健，耳朵的保健，牙齿的清洁与保健，猫的皮毛清洗等。

**学习内容**

1. 猫皮毛特点与功能　　　　　　　　5. 猫的保定

2. 皮毛的异常状态　　　　　　　　　6. 猫的被毛梳理

3. 猫的牙齿生长规律与换牙特点　　　7. 寄生虫的清除

4. 抓猫的方法　　　　　　　　　　　8. 猫的眼、耳、口、趾甲的保健

## 一、猫皮毛特点与功能

　　猫的被毛和皮肤是一道坚固的屏障，能防止体内水分的丢失，能抵御某些机械性的损伤，如摩擦冲撞等；保护机体免受有害理化作用的损伤，如较强的酸、碱、紫外线等的伤害作用。另外，皮肤及被毛在寒冷的冬天具有良好的保温性能，使猫具有较强的御寒能力。在夏季，皮肤又是一个大散热器，起到降低体温的作用。

　　皮肤里有许多能感受内外环境变化的器官，称为感受器。每种感受器可感觉一种或数种刺激，如冷、热、触、压、痛等。这些感觉在捕获食物和躲避危险等方面具有重要作用。因此，要十分注意皮肤及被毛的保健与护理，保持皮肤清洁，促进被毛的生长，保护皮肤的屏障功能。

### （一）毛的形成与生长

**1. 毛的形成**　　毛是从皮肤的毛囊内生长出来的，毛囊呈细长袋状。猫的毛囊有两种：一种是只长一根毛的孤立毛囊，另一种是长有多根毛的复合毛囊，猫的毛囊以复合毛囊为主。因此，猫的被毛是很稠密的，大约每平方毫米 200 根。

**2. 毛的类型**　猫的被毛可大致分为针毛和绒毛两种。针毛粗长，绒毛短细而密。绒毛发达的品种抗寒能力强，但需要花时间梳理被毛。

**3. 毛的颜色**　毛的颜色由色素物质含量的多少而定，含色素少的毛色浅，反之毛色深。受季节的影响，猫每年都要脱毛。脱毛受光照变化的控制，如果是生活在野外的猫，1年要脱2次毛，春秋各1次。但家养猫，晚上有灯光的照射，所以脱毛次数要多些，为3～4次。如果是持续不断并且大量脱毛，则可能是一种病态，如寄生虫或过敏性疾病都能引起过度脱毛。

**4. 毛的生长速度**　猫毛的生长速度大约每周平均生长2mm。但由于品种不同，毛长到一定长度就不再生长了。

**（二）猫皮肤内的腺体**

猫皮肤里还有皮脂腺和汗腺。皮脂腺的分泌物呈油状，在猫梳理被毛时被涂抹到毛上，使被毛变得光亮、顺滑。猫的汗腺不发达，不像人的汗腺那样积极参与体温的调节，因此不管天气多热，绝对看不到猫有大汗淋漓的现象。猫的散热是通过皮肤的辐射散热或像犬那样通过呼吸散热，但这种散热的效率比排汗蒸发散热要差，因而猫虽喜暖，但又怕热。

## 二、皮毛的异常状态

猫容易患几种皮肤瘙痒病，而且不大容易被察觉，因为猫会花大量的时间来吮舔、轻咬并梳整自己的毛。如果猫看上去比平时更频繁地梳整自己的被毛并经常吞吃毛球，或者有抓、搔或吞吃自己的皮肤迹象时，要引起注意。但通常是等到猫的身上有斑秃、痂疤、脱皮或者皮肤出现炎症之后，人们才会发现。

**1. 寄生虫**　跳蚤是引起猫皮肤瘙痒的常见原因。所有的猫都会因跳蚤叮咬而感到刺痛，但有些猫会在跳蚤叮咬的过程中对其唾液产生极度过敏反应。即使只叮咬一下也会引起剧烈瘙痒，伴随着剧烈抓挠和自残，毛的颜色也变得不好看，皮肤上也可以看到大面积鱼鳞状斑块。

螨虫是另一种引起猫皮肤刺痛的原因，具有高度的传染性，并且也会叮咬人类。猫感染后常常有皮疹，皮肤呈鱼鳞状（皮肤屑），特别是颈部周围和背部。耳螨多影响未成年猫的耳朵。这种寄生虫能引起患猫猛烈摇头，抓耳朵，排泄出黑色、像蜡一样的物质，有时候还会扩散到身体的其他部位，引发全身刺痛的症状。

**2. 皮肤过敏**　在许多种情况下猫的皮肤瘙痒是由过敏反应引起的。然后猫通过不断舔、咬受影响部位，出现皮肤发炎并引起疼痛。猫的过敏原包括灰尘、灰螨等吸入性物质，特定食物以及跳蚤的叮咬或其皮肤接触到的化学物质。有些猫对防跳蚤颈圈里面使用的杀虫剂过敏。出现此种情况，通常需要做皮下测试、血液检查或者让猫试吃低过敏原性的食物。可能需要改变猫的膳食结构，并让其服用消炎药物。

**3. 营养缺乏**　不管是长毛猫还是短毛猫，在正常情况下毛都很平滑，富有光泽，并且梳整得很好。缺乏特定营养成分时，毛状态不佳，暗淡无光，脱落稀少。

**4. 异常的毛发脱落**　猫全年都有死毛脱落，猫偶尔也会因为患病或做过大手术而脱毛。有些雌猫在妊娠期或哺乳时也会脱毛。也有些类型的脱毛是因为猫过敏而抓搔或患有寄生虫病、皮疹引起的，但经过治疗后，正常情况下猫的毛会在1～2个月后重新长出来。

**5. 癣菌病**　猫毛成片脱落的一个常见原因是猫患有癣菌病（皮癣）。这是一种具有高度传染性的真菌感染，幼猫和长毛猫最常见。由于真菌而形成的斑块常常呈圆形，头、耳、爪和背部是最可能患此病的部位（图 2-16）。癣菌病通过接触能轻易传播到其他猫、犬和人的身上，因此如果猫身上有可疑的斑秃，应该带猫去宠物医院诊治。同时应该对猫窝、篮子和食具进行检查，以确保感染不会扩散。千万不能让儿童与受感染的猫一起玩耍。

图 2-16 猫头部癣菌感染

**6. 皮肤肉瘤和肿胀** 在梳整或抚摸猫的时候可以注意到猫皮肤上的肉瘤和肿胀。猫皮肤上经常会有肿块，并且有很多种病因。肿块的大小、触感和外形差异很大。有些肿块大而软，有些则小而硬。有时候皮肤上只有一个肿块；有时候则可能有很多个细小的肿块分布在一大片皮肤上。有些肿块可能会摸上去感觉很坚硬，流出脓液或者溃烂并流血。有时候皮肤斑秃并且呈鱼鳞状。有些肿块可能会让猫特别痒或明显使猫感到疼痛。

猫皮肤上的单个肿块有时很难让人意识到问题的严重性。有些肿块必须经过检查并了解病史之后才能确诊。例如因被咬、抓伤发炎而导致脓肿或溃疡会在猫打架之后几天内才会出现。通过体表触摸可以摸到猫的皮肤上有肿块，通常在猫的面部或尾巴上，感觉湿热并会使猫明显感到疼痛。猫会看起来畏耳缩尾，并且拒食。如果脓疮在腿上，猫可能会走路一瘸一拐。有时候脓疮会破裂，流出脓液。

其他肉瘤和肿瘤可能会更难分辨。小而坚硬的肿块以及炎症性肿胀可能是猫机体对寄生虫产生的过敏反应，特别是对跳蚤或者对食物过敏。其他容易引起皮肤肉瘤和肿胀的疾病还包括包囊、肿瘤、真菌、细菌、病毒、荆棘等嵌入猫身体中的异物。因此要及早判定病因，及早治疗。

**7. 癌变的肉瘤** 皮肤癌中最普遍的一种是鳞状细胞癌，多发于经常暴露在太阳光辐射的部位（耳朵、眼皮、鼻和嘴唇），毛色为白色且身上有大面积褪色皮肤的猫最常患这种癌症。最初皮肤看上去发红并且像是太阳晒的，然后发展为脱皮和小肉瘤，结硬皮并且溃烂。

有时雌猫身上还会出现乳房肉瘤。这些肉瘤可以是微小的单个肉瘤块，也可以是很多小块或者大块肉瘤。任何出现在猫乳房部位的肉瘤都应该立即请兽医来诊断。对于未绝育的雌猫，恶性乳腺肿瘤较常见，在第一次发情前将雌猫绝育可以降低恶性乳腺肿瘤概率。乳腺癌的癌细胞扩散速度非常快，并且可能会在治疗之后复发，但在患病的初期就进行外科或化学疗法能使患猫的病情得到控制。有些乳房肉瘤为不会对猫造成伤害的囊肿，病因可能是长期让猫服激素所致。

## 三、猫的牙齿生长规律与换牙特点

**1. 猫牙齿生长发育的两个阶段** 即乳齿阶段和永久齿阶段。

（1）乳齿阶段共有 26 颗牙齿：上颌 6 颗乳切齿，2 颗乳犬齿，6 颗乳前白齿；下颌 6 颗乳切齿，2 颗乳大齿，6 颗乳前白齿。

（2）永久齿阶段共 30 颗牙齿：上颌 6 颗切齿，2 颗犬齿，6 颗前白齿，2 颗后白齿；下颌 6 颗切齿，2 颗犬齿，4 颗前白齿，2 颗后白齿。

**2. 猫的牙齿特点**

（1）猫的门齿较小，两侧门齿较中央的门齿稍大，上颌门齿比下颌的门齿大。每个门齿有1个齿根，齿冠边缘尖锐，有缺口，形成3个片状齿尖。

（2）猫的犬齿较长，强大而尖。在上颌骨及下颌骨埋藏很深。犬齿有1个齿根和1个齿尖，当口关闭时，上犬齿位于下犬齿的后外侧（图2-17）。

（3）上下颌的犬齿的后面有一空隙，称牙虚位。牙虚位向后是前臼齿。上颌第1前臼齿较小，第2前臼齿较大，第3前臼齿最大，下颌第1前臼齿与第2前臼齿相似。上、下颌的前臼齿（除上颌第1前臼齿外）均具有4个齿尖，中央的1个齿尖较大，且尖锐，有撕裂肉的作用，故称裂齿。上颌的臼齿较小，面下颌的臼齿为下颌中最大的一个，有2个齿尖和2个齿根。

图 2-17　猫的犬齿的特点

**3. 猫牙齿生长和换牙的规律**　常可作为猫年龄的鉴定依据。

幼猫2～3周开始长门齿；3～4周长出犬齿；4～5个月长出臼齿；从4个月左右换门齿；第5个月开始换犬齿；1年后，下颌的门齿就开始磨损；第7年，下颌的门齿磨成圆形；10岁的猫，上颌的门齿就全部没有了。

猫换牙齿的时候，掰开猫的嘴巴，常常可以看到猫犬齿部分的牙龈略发红，这是要长新牙的征兆。再过1～2周，可以看到猫的上颌或者下颌有4颗犬齿，即同一个犬齿位置上有2颗牙，一颗略显粗大，这就是新长出来的牙。随着新牙的生长，乳犬齿慢慢被顶松、脱落，被猫吐出来。细心的猫主人通过观察猫牙齿的变化，应该为猫准备不同的食物，以利于猫的健康。

猫处于换牙阶段可能会食欲不振，这时一方面要注意观察猫的牙齿生长情况，另一方面要为其提供易嚼的食物，以保护新生牙齿。猫的牙齿经过保健和清洁可以延长其使用寿命，同时也可使猫的寿命延长。

## 四、抓猫的方法

抓猫时要注意方法，如果不注意容易被猫抓伤或使猫受伤害。抓猫时，要先和猫亲近一下，轻轻拍拍猫的头部，抚摸猫的背部，然后，一只手抓起猫颈部或背部的皮肤，另一只手迅速地去抱住猫或托住猫的臀部，再用手轻轻地抚摸猫的头部，尽快使其安静下来。如果是幼猫，用一只手抓住颈部或背部的皮肤，轻轻提起即可或双手呈摇篮状托起它的整个身体。如果是妊娠的母猫，要倍加注意，动作要轻柔，轻拿轻放，将整个猫抱入怀中，将猫爪放在臂弯中或将猫爪搭在肩上托起其身体的后部。千万不能抓猫的耳朵、揪猫的尾巴或四肢，这样更容易被猫抓伤或咬伤。让猫逐渐习惯于被陌生人抓起来。为了防止被猫抓伤，洗澡前先剪趾甲。

## 五、猫的保定

在对猫进行保健与护理的过程中，要注意对猫的控制，防止被猫抓伤、咬伤，同时防止猫受伤。因此，要对猫采取一定的保定措施。常用的方法有以下几种：

**1. 猫袋保定法**　猫袋可自制或购买专业用的，一般选择由质量较好的帆布制成的。选用与猫体型大小相同的猫袋，将猫从开口端装进去，另一头用猫袋绳拉紧。需要露头或臀部由袋口和绳子掌握。

**2. 站立保定**　让猫站立于操作台上，一人用手固定好猫的头颈部，另一人用手固定猫的四肢。

**3. 侧卧保定**　将猫侧卧于操作台上或操作者的身上，在固定好猫的头颈部的同时还要固定好其四肢，防止其挣扎影响操作。

## 六、猫的被毛梳理

正确地进行猫的被毛的梳理与清洗，促进皮毛的健康成长，保持被毛的光亮与清洁。正确地保定猫，为其洗澡、吹干。

猫的被毛梳理

### （一）梳理、清洗工具

（1）梳理长毛猫常用工具。刮刷、针刷和鬃刷，密齿和宽齿梳子。

（2）梳理短毛猫常用工具。密齿梳子、软猪鬃刷、橡胶刷、油鞣革巾等。

（3）洗澡工具。浴盆、美容台、洗毛液、吸水毛巾、吹风机、梳子。

猫的被毛
梳理与洗澡

### （二）操作步骤

**1. 长毛猫梳理方法**　见图2-18、图2-19。

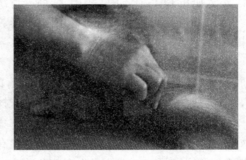

图2-18　用钢丝刷梳理被毛，去死毛及毛结　　　图2-19　用宽、密齿梳子梳通被毛，可去毛结

（1）用钢丝刷清除掉所有脱落的毛，要特别认真地梳理臀部，在这个部位很可能会梳掉一大把毛。

（2）用宽齿梳子梳通被毛，分开缠结的毛，一旦梳子顺畅地梳通毛，就改用密齿梳子进行梳理。

（3）有时可往毛里撒些爽身粉，这样可使被毛蓬松，增加丰满感，而且有助于将被毛分开。

（4）用密齿梳子向上梳毛，把颈部周围脱落的毛梳掉。

（5）可用一把面梳或牙刷轻刷猫脸部的短毛，注意不要太靠近猫眼。

（6）对于将要参加展示的猫，可用修饰刷使尾部的毛蓬松光滑。

**2. 短毛猫梳理方法**　见图2-20、图2-21。

（1）用一把钢丝刷或金属密齿梳顺着毛由头部向尾部往下梳。梳理时检查有无黑色发亮的小粒，有可能是跳蚤。

（2）要用一把橡皮刷子或美容师梳沿着毛的方向刷。如果是卷毛猫，这种刷子更有必

要，因为不会抓破表皮。

（3）梳刷后，搽一些月桂油促进剂，使毛色光亮。

（4）在参加展示之前，用一块绸布、丝绒或麂皮把被毛"磨亮"。用干净的手顺着毛的方向轻轻按摩也能保持毛的光泽。

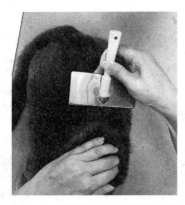

图 2-20　用钢丝刷去死毛及皮屑

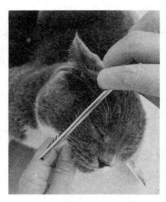

图 2-21　用面梳进行面部梳理

**3. 猫的洗澡方法**

（1）干洗。如果猫特别害怕用水洗澡，可用干洗方法给猫清理被毛和皮肤。干洗法只适用于不太脏的短毛猫，用专用干洗剂进行洗浴。

（2）擦洗。长毛猫要经常洗澡以保养长毛，短毛的品种没有必要频繁洗澡，可以用湿毛巾擦一擦。擦洗可以参照以下的方法：

用温水沾湿毛巾，先从猫的头部逆着毛擦拭 2～3 次，然后顺着毛按摩其头部、背部、两肋、腹部，就可以把附着的污垢和脱落的毛清除掉。也可以选用宠物商店出售的免洗香波，取少量放入手中，在猫的皮毛上涂抹揉搓。

擦遍全身后，快速仔细地用干毛巾将猫身上的水分擦掉，以免猫受凉感冒，注意保暖，最好是在家里温暖的地方进行，冬天要在有暖气的屋里为其擦拭。

用干净的毛刷轻轻刷拭猫的全身被毛，特别脏的地方更要细心刷拭。平常猫不喜欢人碰的腹部和脚爪也要认真刷拭。

用毛巾将猫身上的污垢和水分仔细擦干净后，再用吹风机吹干。如果猫讨厌吹风机，可以把猫装在笼子里远远地对它吹暖风。

等猫的毛完全干燥以后，从头到尾再刷拭一遍，包括胸部和腹部，刷完后，把毛刷清洗干净。

（3）水洗。洗澡前，用脱脂棉球将猫的耳朵塞上（图 2-22），防止水进入耳道。调节水温，使其温度在 30～40℃。从背部开始依次冲淋，最后冲洗头部（图 2-23）。

挤肛门腺（图 2-24），按照颈、胸、头的顺序抹上洗毛液（图 2-25），用指尖轻轻搓洗，等起泡后，再细心地洗臀部、爪子。按颈、胸、尾、头的顺序用淋浴器冲洗干净（图 2-26）。

洗净后，把猫从洗涤盆中提出来，用吸水毛巾包好（图 2-27），再用棉球蘸温水给猫洗脸，并将猫放在暖和的地方。

如果猫不害怕吹风机，可以用吹风机吹干猫毛（图 2-28），当心不要把毛烤焦。毛吹干后，轻轻地进行梳理和刷毛。

猫的被毛清洗

图 2-22 用脱脂棉将耳道塞上，防水进入

图 2-23 用水冲淋全身，头除外，要湿透

图 2-24 挤肛门腺

图 2-25 涂抹浴液并揉搓，要从上到下，最后洗头部

图 2-26 将浴液彻底冲干净

图 2-27 用吸水毛巾将身上的水分吸干

图 2-28 用吹风机吹干被毛

### （三）梳洗时的注意事项

（1）梳理被毛不但可以增进人与猫之间的感情，而且有利于猫的健康，还能促进皮肤的血液循环，有利于被毛的生长和增加皮毛的光泽，起到保健作用。

（2）平时猫身上总会有少量的被毛脱落，尤其在换毛季节，脱毛更多。猫在舔梳被毛时，或多或少地会将这些脱落的毛吞进胃内，而引起毛球病，造成猫的消化不良，影响猫的生长发育。经常给猫梳理就可以把脱落的毛及时清除掉，防止毛球病发生。

（3）给猫梳理被毛要从小开始，并定期进行，使猫养成习惯。6月龄以内的幼猫很容易患病，一般不要洗澡，猫的精神状况不佳时也不要洗澡，以免洗澡后因感冒加重病情。对长毛猫，洗澡前要先梳理几遍被毛，以清除脱落的被毛，防止洗澡时造成缠结，以致要用更多时间进行整理。

（4）给猫洗澡前应把所有的门窗关好，以防猫逃跑。洗澡最好用木盆，如果没有木盆，用其他盆时，可在盆内铺一个胶皮垫，使猫能站在上面不滑动。猫由于害怕洗澡而无法洗澡时，可把猫放入袋子里浸入水里，主人可在袋子外面用手揉猫的被毛，最后再用清水冲洗被毛。

（5）洗澡时要尽量防止水进入耳内，一旦发现有水进入耳朵时，就应用脱脂棉球擦干。为避免眼睛受刺激，可将眼药挤入眼内少许，有预防和保护眼睛的作用。

（6）猫的洗澡次数不宜太多，一般以每月 2～3 次为宜。猫皮肤和被毛的弹性、光泽都由皮肤分泌的皮脂来维持，如果洗澡次数太多，皮脂大量丧失，则被毛就会变得粗糙、脆而无光泽、易断裂，皮肤弹性降低，甚至会诱发皮肤干裂等，影响猫的美观。白色猫需要洗澡的次数比其他有色的猫多些。

## 七、寄生虫的清除

**1. 检查** 把猫床上的铺垫物放在湿的白毛巾上敲打，就能知道猫身上是否有跳蚤。另外，如果猫睡觉的地方出现一些黑色颗粒的话，取一颗放在卫生纸上，滴 1 滴水，润湿的地方如果呈红色，则表明这是吸了猫血的跳蚤的粪便。用齿密的梳子梳理猫毛时，可能会有跳蚤卡在梳齿里。这时不要把它碾死，而要粘在胶条上或是放到溶有洗涤剂的水里杀死。碾死的话，跳蚤体内的绦虫卵就会飞出来，还会被猫舔食到体内。

**2. 清除寄生虫的方法**

（1）家中要进行彻底清洁。经常用吸尘器清理床、地毯和猫窝，以减少家中的虫卵和幼虫，在吸尘器里放置一个驱虫项圈以有效杀死跳蚤。特别是房间角落、木地板的边缘、地毯、毛毯等要细心清理。

（2）利用杀虫剂。一些喷雾剂能杀死成虫或防止虫卵孵出，将其应用于地毯、毛毯、墙边、家具上，可以在一定的时间内生效。不过，杀虫剂对人和猫都有害，有儿童和幼猫的家里最好不用。杀虫剂并非总是有效，有时还会引起颈部皮肤的炎症。口服药是控制跳蚤的安全有效的方法，口服药通过阻止跳蚤卵的发育而达到治疗的目的。每月给予少量的液体药物，这些药能使跳蚤失去生育能力、虫卵不能孵出幼虫，跳蚤将会减少直至消失。但这种药不能杀死成虫，因此需要在治疗的初期同时应用杀灭成虫的药物。

（3）保持猫身体的清洁。用专门杀跳蚤的洗毛剂和保健液来清除跳蚤。洗的时候，从猫的头部开始一点一点地湿润直到尾部。不喜欢洗澡的猫，可用跳蚤粉。方法是分开有跳蚤的耳后、腹部、腿根处的毛，把手插进猫的毛内洒上跳蚤粉，然后用毛刷梳理。

（4）白虱是一种体型很小、呈浅黄褐色的昆虫，它在猫的毛发和皮肤上缓慢活动，远不像跳蚤那么常见。白虱终生寄宿在猫的身上，在毛里产卵，用治跳蚤的药剂通常也可杀白虱。

（5）扁虱是一种类似于蜘蛛的细小生物，靠吸食植物的汁液为生，猫经有扁虱的区域时虱子会进入猫毛里，然后紧贴在猫的皮肤上。定期给猫使用保护性洗液、喷雾剂或特制药物进行治疗。

（6）螨虫小到几乎不能为裸眼所发现，通过动物之间的直接接触传播。在猫的皮肤和耳道的内侧部位吸食猫的血液，能引发猫的被毛脱落和皮肤刺痛。可以用洗浴剂、喷雾剂或滴液来治疗。

## 八、猫的趾甲、耳、眼睛、牙齿的保健

要经常擦拭猫的眼睛，防止泪液在眼角外堆积，引起眼部发炎或形成褐色泪痕；猫的耳朵要定期清洁与护理，耳道长期不清洁会形成褐色或黑色耳垢，有时会被耳螨侵害，引起炎症；为了防止产生口臭及牙垢，猫的牙齿也要定期清洁；猫的趾甲用处很多，但太长会抓伤人或其他动物及破坏家具，因此也要定期修剪，这样才能保证猫的健康。护理的具体操作如下：

猫的趾甲、
耳、眼睛
的保健

### （一）使用的工具

宠物用趾甲剪、止血粉、洗眼水、洗耳水、脱脂棉或棉签、耳毛钳、宠物用牙膏、牙刷等。

### （二）方法步骤

**1. 修剪趾甲**

（1）首先把猫放到膝盖上或美容台上，用左手轻轻挤压趾甲根后面的脚掌，趾甲便会伸出来（图2-29）。

猫的趾甲修剪

（2）用锋利的趾甲剪剪去白色的脚爪尖（图2-30），并用趾甲锉将尖角磨去（图2-31），小心不要剪到脚爪下的肉。

（3）如果趾甲剪出血，则要用止血粉涂抹按压止血。

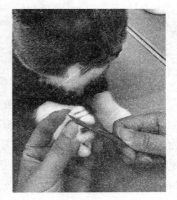

图2-29　左手轻轻挤　　　图2-30　用趾甲剪剪去　　　图2-31　用趾甲锉将尖角
　　　　压,露出趾甲　　　　　　　白色的脚爪尖　　　　　　　　磨去

**2. 清洁耳朵**

（1）检查耳朵，看看有无发炎的迹象，如图2-32中猫耳道见大量褐色分泌物。

（2）向耳道内挤入洗耳液（图2-33），轻揉耳根1～2min（图2-34），让药液软化耳内分泌物，然后松开猫让猫甩头，将耳内分泌物甩出，之后将止血钳上裹上棉花球（图2-35），轻柔地将耳内分泌物擦干净（图2-36）。应以转圈的方式用棉球为猫清洗耳朵，绝对不可以将棉签伸入耳中心。擦拭时需要一人保定猫的头部，防止在操作的过程中猫的头部摆动伤到耳朵，另一人用一只手将猫的耳郭翻开，另一只手用棉球擦拭。动作要轻，先外后内，给猫以舒适感。如果猫习惯了，不需要他人保定，一人便可完成操作，让猫侧躺在操作台上，一只手保定，另一只手操作即可。

图 2-32　猫耳道检查见
大量分泌物

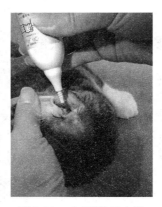

图 2-33　向耳道挤入洗
耳液

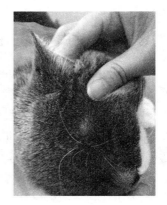

图 2-34　轻揉耳根 1～
2min

猫耳道清洗

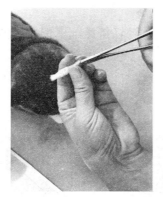

图 2-35　在止血钳上裹上棉球

图 2-36　轻柔地将耳内分泌物擦干净

（3）如果长毛猫的耳道内的耳毛过长，会黏有耳道分泌物及灰尘，阻塞耳道影响猫的听力，甚至污物积存过多会引发中耳炎。这时可将过多的耳毛拔除，操作的方法是：首先将猫保定好，将适量耳粉倒入猫的耳内（图 2-37），轻揉，待耳粉分布均匀后，用止血钳夹住少量的毛用力快速拔出，先拔除靠近外侧的耳毛，再向内拔，给猫一个适应的过程，这种操作最好一次性完成，可减少猫的紧张感与疼痛感，最后将耳道清理干净（图 2-38）。

图 2-37　在耳道倒入耳粉

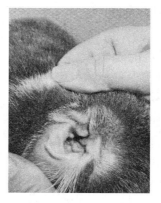

图 2-38　清理干净的耳道

**3. 清洁眼睛**

（1）对于一只健康的猫，并不需要太注意它的眼睛。如果发现眼睛有分泌物，用棉球蘸水清洗干净即可。但在洗澡前需滴入滴眼液保护眼睛（图 2-39），防止发炎。

（2）轻轻地用棉球擦洗眼睛的周围部分（图 2-40），不可用同一棉球清洗 2 只眼睛，以免传染。小心不要碰到猫的眼球。

（3）用棉球或纸巾抹干眼睛周围的毛。若是长毛猫要为它擦去眼角的污渍。

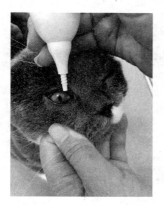  

图 2-39　在眼内滴入眼药　　　　图 2-40　用棉球清理眼周　　　　猫眼睛的清洁

**4. 清洁牙齿**

（1）从小就要训练猫，让猫习惯主人用手抚弄其牙齿，训练时可以在手指上缠上清洁的纱布或用棉签蘸上淡盐水擦拭猫的牙齿及按摩牙床，使其习惯被刷拭口腔。

（2）可以用专用猫用牙刷、宠物专用牙膏为其清洁牙齿，每周清洗 1 次。为猫刷牙时需要一人保定，另一人将适量的牙膏涂在牙刷上，让猫嗅一下牙膏的味道，使其习惯。刷牙的时间不宜过长，清洁时用力要轻柔，将牙齿上下左右全部刷拭一遍，刷拭结束后，用清洁的纱布将口腔内的牙膏等残留物擦拭干净。

（3）经常喂猫一些干硬的食物，喂食后喝点水，也可起到预防牙垢和牙龈疾病的作用。还可以为猫准备一定的棉绳或剑麻类玩具，通过啃咬来清洁牙齿，也可以起到清洁作用。

**5. 注意事项**

（1）不要忘记剪"拇指"，在前腿的内侧。有些猫的 2 只脚上分别有 6～7 个脚趾。只要剪尖端的趾甲，一般是白色的，避免剪到粉红色的部分，趾甲根处呈粉色的部分有血管通过，所以不要剪过血管，以防出血。如果出血，可用止血粉止血。

（2）猫放松的时候是剪趾甲最佳时机，如猫睡醒后。最好的方式是让操作者的两只手都参与剪趾甲的过程中，一只手用来抓住猫并让猫安静，另一只手剪趾甲。动作要快，如果猫在修剪的过程中出现烦躁不安，就停止修剪，即使没剪完，可以等它安静后再继续剪。或者边陪它玩耍边剪趾甲，并给予奖励，这样猫就会对剪趾甲产生好感。

（3）猫的前爪每 2 周修剪 1 次，后爪 3～4 周修剪 1 次，要用猫专用的趾甲钳进行修剪。最好在洗澡前给猫剪趾甲，不要让幼猫玩梳子和刷子，以免被抓坏。

（4）猫耳朵、眼睛的结构十分精细、脆弱，护理时必须非常小心。

（5）不能随便剪掉猫的胡须，但是折断的胡须可以拔除。拔的时候，用一只手托着猫的下颌，并用手指摁住应拔的胡须，然后另一只手的拇指和食指快速把它拔除。下颌的毛在猫吃食的时候很容易受到污染，特别是食用流食时，如果不注意清理，干燥后易形成结痂样的块状物，既影响美观，又易滋生细菌，出现这种情况时，应当使用脱脂棉蘸水进行擦洗。

（6）在跳蚤很多的时候也要隔2～3d洒1次除蚤水，不能每天都洒。但是不论内服还是外用，猫都有可能不适应，所以要先咨询再使用。

### 分析与思考

1. 检查哪些部位可以判断猫健康状况？
2. 猫的年龄可通过哪些方面来判别？举一例陈述。
3. 猫的美容与护理工具有哪些，应如何正确使用与保养？
4. 如何梳理长毛猫的被毛，梳被毛的好处有哪些？
5. 如何清除猫身上的外寄生虫，有哪些注意事项？
6. 给猫洗澡的方法有哪几种，每种洗澡的操作要点是什么，适用于哪种类型的猫？

# 任务五  猫的日常保健

### 学习内容

1. 猫的骨骼和肌肉
2. 猫的健康检查
3. 猫的体温与测量方法
4. 家中常备药品及使用方法
5. 猫的季节性保健
6. 去势猫的保健
7. 老年猫的保健

## 一、猫的骨骼和肌肉

### （一）猫的骨骼

猫的骨骼系统由231～247块骨头组成，其中有头骨、脊椎骨（包括颈椎7块、胸椎13块、腰椎7块、荐椎3块和尾椎21～23块）、肋骨（包括真肋9对、假肋4对）、胸骨和四肢骨。

头骨可分为颅骨和面骨两部分。颅骨包括成对的顶骨、额骨、颞骨和不成对的枕骨、顶间骨、蝶骨、前蝶骨及筛骨，共11块。它们围成颅腔，保护脑髓。面骨包括成对的上颌骨、前颌骨、腭骨、鼻骨、泪骨、颧骨和1块犁骨，共13块。它们构成口腔和鼻腔。

脊柱包括颈椎、胸椎、腰椎、荐椎和尾椎，共51～53块。颈椎共7块支持头部，第1颈椎为寰椎，第2颈椎为枢椎；胸椎13块，与数目相同的肋骨成关节；腰椎为7块；3块荐椎愈合成1块荐骨，构成盆腔的背侧壁，尾椎21～23块，支持尾部。

猫的肋骨共13对，其中真肋9对、假肋4对（最后1对肋骨为浮肋）。胸骨由8个节片骨组成，分为三部分，最前1块胸骨片称为胸骨柄；最后1块称剑胸骨，其末端连有一薄片状软骨，称为剑突；中间6块组成胸骨体。

前肢包括肩胛骨、锁骨（猫的锁骨已退化成一块细长而弯曲的小骨，埋藏在肩部前方的肌肉内）、肱骨、桡骨、尺骨以及前足的 7 块腕骨、5 块掌骨和 5 块指骨。

后肢包括髋骨（由髋骨、坐骨和耻骨愈合而成）、股骨、胫骨、腓骨、膝盖骨。后足有跗骨 7 块、跖骨 5 块和趾骨 4 块。

此外，猫也有 1 块内脏骨，即阴茎骨。

### （二）猫的肌肉

猫的肌肉数目与人相似，共有 500 多块，与人类不同的是，猫的肌肉更为有力，尤其是颈部和后肢的肌肉收缩力极强。这些肌肉与骨骼十分紧凑地构成了猫矫健的形体和发达的运动系统，使猫具有惊人的爆发力。但猫的生理构造也有其弱点，如猫的肩胛和锁骨较小，故四肢运动的频率快、幅度大，加之胸腔狭小，心脏和肺也相应较小，因而猫不及犬耐疲劳，每当剧烈运动之后，需要较长时间才能恢复体力。

## 二、猫的健康检查

猫较少患病，并且大多数疾病可以通过免疫得到预防或在兽医的治疗下痊愈。也可以通过过饲喂高品质的食物，而使猫获得更长的寿命和拥有健康的生活。

### （一）猫耳的检查

如果猫很健康，对它的耳朵无须多加注意。检查耳朵里面有无污物，用一个棉花球蘸上橄榄油，将污物清除掉即可。如果耳朵被耳垢堵塞，可以在猫的耳朵外面给予按摩，以缓解堵塞，再将堵塞物取出。另外要根据猫耳的表现症状，判断其是否患某种疾病：

耳朵周边有皮屑，剧烈瘙痒，多见于疥螨、虱寄生。如果猫持续抓搔、甩头，耳中有褐色分泌物（图2-41），则有耳螨寄生。用后脚搔耳朵，常为昆虫钻入耳朵，外耳炎等。耳朵外侧毛稀，后脚搔耳，多为外耳炎、外耳外伤、湿疹、虱寄生、过敏等。外耳中潮湿，有时出现脓状物，耳有腐臭味，多见于外耳外伤、化脓性外耳炎、过敏等。耳疼，摇头，头倾向肿耳，肿部有液体聚集，多见于外耳道皮下出血、耳血肿、脓肿。

图 2-41　耳螨的分泌物

耳朵不让碰，碰则耳疼，食欲不振，发热，常为中耳炎、外耳炎。失去平衡，头部歪斜，走路绕圈，不断眨眼睛，多为内耳疾病，应就医。

### （二）猫的口腔检查

健康猫的牙龈是光滑、粉红色的。牙齿洁白，但要根据猫的年龄来判断猫牙齿的生长发育情况。检查猫的口腔时，先将猫的口腔打开，检查猫的牙齿是否缺少或破损，颜色是否发黄，是否有牙垢存在，闻一下猫的口腔是否有异味。可以根据猫口腔的表现症状来判其健康与否：唾液多且混有血液，食欲不振，口角抽搐，常见于传染病、毒物中毒、口炎、齿间异物等；口臭厉害，牙龈暗红，尿味强，舌头红褐色，多为齿槽漏脓、牙垢沉着、消化道疾病、肠内寄生虫。

### （三）猫眼的检查

健康猫的眼睛应该明亮而清洁（图 2-42），猫眼周围的污物很容易擦拭掉。对于猫来说，眼科疾病相对较少，但应注意眼的分泌物、目翳或颜色的改变。定期检查猫的眼睛，如果猫眼有红肿、潮红、有浆液状或黏液状的分泌物或可见第三眼睑，说明猫可能有严重的健康问题。如果出现视觉障碍，猫会烦躁不安。有时可以根据眼睛的病症判断猫的患病情况（图2-43、图2-44）：

图2-42　正常的猫眼清澈明亮

（1）当眼球表面出现白色混浊，多见于角膜炎。

（2）当瞳孔有薄的白浊或浓的乳白色或瞳孔深处发绿，则可能患了白内障。也可能是因为受伤、感染、糖尿病或遗传性缺陷造成的。

（3）当整个眼球肿胀，结膜充血，则是眼睑炎、全眼球炎。

（4）当眼眵多，用前爪抓挠眼睛，很可能患结膜炎、猫瘟或其他传染病。

（5）眼皮不正常，眼毛稀少，多为眼睑炎。

（6）眼泪多，常见于结膜炎、鼻泪管闭塞、角膜炎、眼睑内翻等。

（7）眼睛怕光，半闭眼，用前爪抓挠眼睛，常见于角膜炎、视神经炎、网膜炎、进行性网膜萎缩。如果半睁半闭可能是眼中有异物。

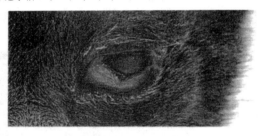

图2-43　（上）为结膜炎，（下）是由于泪管堵塞在眼角积聚的分泌物

图2-44　受伤的猫眼

（8）抓挠眼睛，但从外部见不到异常，常见于结膜炎、角膜炎、眼睑湿疹。

（9）眼球从眼眶中突出或第三眼睑突起，多为眼睛受创伤。

### （四）猫爪的检查

健康、活跃的猫在行动时不会有任何异样的症状，它的趾甲会伸缩自如（图2-45）。而猫在运动的过程中，趾甲会受到磨损，不会长得过长而影响行动。但是，如果猫年龄过大或者经常关养在室内，不进行活动，趾甲会长得过长，因此养在室内的猫要经常检查猫爪，看是否需要修剪。如果不进行修剪，猫趾甲可能长进猫的爪垫中去，猫就会疼痛不安。另外，当猫的爪垫在行动的过程中被异物刺入，也会引起猫的疼痛，走路时小心翼翼，不敢快速跑跳，甚至不许人碰。当发现猫走路异常时，可将猫放入怀中或需一人保定后，将前爪抬起，用手指将猫的前爪趾逐一分开，看猫是否有异常反应，另外，用手轻按脚爪上的爪垫，看猫是否有疼痛反应或红肿症状，如果猫出现挣扎反抗，说明其爪垫上有异常，要进行进一步的检查。

图 2-45　正常的猫爪

### （五）猫鼻的检查

健康猫的鼻应是干净、湿润的，猫的鼻头的颜色要根据其被毛的颜色而定（图 2-46）。通常检查猫的鼻孔周围是否有异物，猫是否打喷嚏、鼻孔通气不畅，或在鼻孔的周围形成黄色的分泌物，根据猫的鼻子症状检查判断其健康状况：

（1）流水样鼻液，多见于鼻炎、上呼吸道炎症、感冒。

（2）流脓状鼻液，鼻镜干燥，多见于鼻炎、鼻旁窦炎、某些传染病。

图 2-46　健康猫的鼻

（3）鼻出血，常见于鼻炎、鼻黏膜溃疡、头部跌打损伤等。

（4）不运动时张口呼吸，呼吸时出声，出鼾声，常见于鼻炎、蓄脓症、溃疡。

（5）鼻上部疼痛，单侧鼓起，见于溃疡、上颚牙龈炎、跌打损伤。

### （六）皮肤与被毛的检查

健康猫的被毛应光滑而且富有光泽。用手去抚摸猫的被毛和皮肤，感觉被毛的手感及皮肤是否有突起或下陷；用梳子梳理被毛，猫的被毛是否在不换毛的季节里大量脱落及皮毛的光泽暗淡或过于"耀眼"；翻开猫的被毛，看皮肤是否有抓痕、跳蚤、斑块等；检查一下猫的肛门及外生殖器，看是否有腹泻或生殖道疾病；同时对猫的跛行、肿胀及步伐异常均要注意。

## 三、猫的体温与测量方法

猫的正常体温为 38～39.2℃，如体温在 39.2～39.5℃为微热，40.5℃以上为高热。一般来说，猫体温晚上稍高，早晨稍低，成年猫体温要比幼猫体温稍低，猫运动或紧张时体温会暂时升高。

要知道如何初步判断猫是否发热，并不是任何时候猫的鼻子都是湿润的，如在睡觉的猫、刚刚运动后的猫的鼻子都有可能是干的，所以不能用鼻子是否干燥来判断猫的健康程度。当猫不是刚刚睡醒，鼻头却很干，耳朵发热的时候，就有可能是发热，这时要给其测体温。

## （一）给猫测体温的方法

**1. 直肠内测温法**  直肠测量温度是比较准确的。先把温度计用酒精消毒，然后甩到 35℃以下。在体温计顶端涂些凡士林、红霉素软膏或蘸点水，则较容易插入。轻轻提起猫的尾巴，把温度计慢慢插入猫的肛门，插入 5cm 左右就可以了。如果怕把握不好，可以用拿着温度计的拇指和食指卡在 5cm 左右的地方，这样插入合适的长度就可以停下来。温度计停留在猫体内 3～5min，然后慢慢取出，擦掉体温计上粪便，然后读数。需要注意的是，当猫因为不适来回摆动的时候，拿着温度计的手一定要随着它摆动，以免将温度计折断在猫体内。

**2. 后腿根部测温法**  首先把温度计甩到 35℃以下，然后把温度计放到猫的大腿根部，紧贴皮肤。3～5min 以后读数。体表温度一般比肛温要低 0.5℃。所以读数之后还要加 0.5℃才是猫的体温。用这种方法测量猫测体温最好在猫睡觉时进行，或是很舒服地趴在人身边的时候。

## （二）如何根据体温判断猫是否健康

猫喜欢待在阴暗又清凉的地方，或原本睡床的猫突然喜欢趴在地上，鼻又干又热，就要考虑可能是发热了。如果四肢冰凉，鼻、嘴唇、舌头发白，有可能是猫的低温症，严重时会导致休克或死亡。只要觉得猫状态不对，就可以测量体温，这是常规体检的重要一项。

猫发热时，连平常很凉的耳朵和尾巴尖都较热，筋疲力尽地瘫在冰冷的地板上。这时即使不量体温，也能知道猫发热。

出现以上症状应及时就医，体温超过 40℃时要立即送医院。发热有可能是因猫免疫力低而造成的细菌感染或是传染病。低热，总是没精打采时，多为高热的前期表现，必须注意。此外，身体某处化脓时也会持续低热。失去了能量来源或代谢出现异常会使得体温较平常低，必须立即送医院。猫发热时，精神萎靡，主人可以从猫的行为上看出来。一定要引起重视。一开始养猫的时候，最好定期给猫量体温，这样能够记录其体温范围。

# 四、家中常备药品及使用方法

家庭养猫应该常备一些药品，但一定要注意，在使用自备药品时，要掌握好剂量，不可过量使用。一般来说，养猫家庭应该常备如下药物：

**1. 基础类**

（1）猫用营养膏。是均衡全面的营养补充品。

（2）化毛膏或自种猫草。可以有效防止舔毛梳理造成的毛球症。

（3）葡萄糖。生病脱水、食欲不佳时补充能量用。不能多喂，以免影响食欲。

（4）医用酒精。消毒用或发热时用来擦爪垫降温。

（5）生理盐水。日常护理用。可以用来擦（刷）牙、擦眼睛、擦鼻子及擦嘴。

**2. 外用类**

（1）红霉素软膏。抗菌药膏，用来处理皮肤小外伤。

（2）氯霉素或宠物专用眼药水。眼部抗菌消炎。在眼睛轻微发红或者眼眵增多时用。

（3）红霉素或金霉素眼药膏。和眼药水的作用接近，比眼药水效果持久些，治疗眼睛的轻微炎症效果很好。猫有明显鼻液时不适用。

（4）复合溶菌酶消毒喷剂。治疗轻中度皮肤病效果非常好，对轻中度外伤也有加强消炎收敛效果。

（5）耳炎用药。宠物专用耳炎用药。

（6）跳蚤等体外寄生虫喷剂。在环境中出现寄生虫的情况下使用。

**3. 内服类**

（1）整肠生等益生菌类药品。用于调节消化道菌群，可以辅助治疗腹泻、食欲不振等。

（2）蒙脱石散。收敛、止泻药，用药连续超过 3d 无改善应及时就医。

（3）B 族维生素。皮肤、口腔等亚健康时需要补充。

（4）猫专用体内驱虫药。用于 3～6 月龄猫驱除体内寄生虫（如蛔虫等）。

（5）猫专用体外驱虫药。用于 3～6 月龄猫驱除体外寄生虫（如跳蚤等）。

**4. 器具类**

（1）专用剪刀。用于清除伤口周围的毛发，尤其是患皮肤病的地方一定要剪毛。

（2）一次性注射针管。主要用于喂药。患病时喂水或者喂食也需要用到。

（3）专用肛部温度计。沾些凡士林或润滑油以方便插入肛门（第一次操作请由兽医示范）。

（4）医用棉球。需要擦拭、清洁时使用。

（5）棉签。涂抹外用药、擦（刷）牙时使用。注意：刷牙应使用宠物专用牙膏，切不可用人用牙膏。

另外，并不是所有的药品主人都可以喂给猫，像一些常见的感冒药、止血粉、化毛膏等，主人可以自行喂猫食用，但一些消炎药还是要根据医生的指导使用。

## 五、猫的季节性保健

猫是一种怕热、喜暖的动物，而对寒冷有一定的抵抗力。因为猫体表缺乏汗腺，体热不易排出，特别是波斯猫等长毛品种，被毛长而密实，体热不易散失，因此要注意饲养环境的温度和湿度。一般来说，猫可在气温 18～29℃ 和相对湿度 40％～70％ 的条件下正常生活，但其最适气温为 20～26℃，最适的相对湿度为 50％。气温超过 36℃ 可影响猫的食欲，体质下降，容易诱发疾病。各个季节的气温不同，猫的生理状态也不同，因此在管理上应因季节不同而异。

### （一）猫的春季保健

**1. 猫换毛与脱毛问题**

（1）换毛是正常新陈代谢。换毛是为了使被毛与环境相适应，更好地保护自身。随着温度降低，猫的被毛逐渐增厚，帮助其保暖；温度升高，被毛逐渐开始脱落一般在春秋两季开始换毛，但基本都是从春季开始脱毛，一直到秋季开始重新长出厚厚的被毛。换毛主要由光照、温度和气候决定。

（2）脱毛的原因。患病：皮肤病、内分泌疾病会造成猫不停地脱毛，营养不均衡会造成被毛黯淡、断裂及脱落。心情：情绪不好、过度紧张、压力太大、害怕恐惧、不安烦躁都会造成猫脱毛，不停地舔舐身体其实是解压的一种方法，有些患有心理疾病的猫甚至会撕咬被毛造成大面积脱落。打架：猫打架也会将毛发撕落，多猫家庭常发生。

（3）警惕毛球症。当猫舔舐进胃里的被毛达到一定程度，大量毛球聚集在消化道，可能会堵塞肠道。猫需要一些刺激将毛球吐出，含粗纤维的食物、猫草都可以促进猫吐毛球，但不是所有的猫都会吐毛，消化功能好的猫可以借助粪便将毛球排出体外。可定期给猫吃化毛

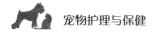 

球的食物。脱毛季节多梳毛，去除浮毛。

**2. 注意猫的饮食** 不要给猫吃过咸的食物，控制盐分的摄入，盐分摄入过多会导致猫毛脱得厉害。

最好的化毛球食物当然是猫草，目前适口性好、安全有效的、也比较容易得到的是小麦和大麦，狗尾草也有很多猫喜欢。不少猫不会吃草，主人可以剪碎了加入食物中。还可以饲喂化毛膏和化毛罐头以及化毛处方粮帮助猫排出毛球。

**3. 注意猫情绪** 平时不要让猫经常处于兴奋、紧张或者恐惧的情绪中，这样可以减少脱毛的可能性。

**4. 保持猫皮肤健康** 经常让猫晒太阳，并且让它们运动，使猫的身体健康。健康的猫在一般情况下是很少脱毛的。

**5. 预防猫泌尿道疾病** 每年的春秋季节，天气潮湿，是猫尿道疾病的高发期，由于猫自身的生理特征、生长环境、运动量、水质等原因，春季即将来临时，要特别注意做好猫的尿道疾病预防工作。猫尿道疾病很多，其中最常见的就是尿路结石。猫的生长环境、饲养方法、猫日常运动量减少和饮水饮食都会引起猫尿路结石。预防措施为适当增加猫的运动量，适当增加猫的饮水量。

**6. 猫的发情期问题** 猫虽一年四季都可发情，但以早春（1—3月）发情者居多，发情母猫的活动增加，精神兴奋，表现不安，食欲减少，在夜间发出比平时粗大的叫声，随地排尿，以此来招引公猫。公猫也外出游荡，并常为争夺配偶而打架，造成外伤。母猫发情一般是每2周1次，每次持续1周左右。发情时的表现是打滚、嚎叫。用手轻拍母猫的尾根，就会本能地将臀部翘起来。公猫一般会满地打滚或扭动身体，有的会粗声低嚎，或者把尿液留在屋子的角落里，吸引母猫。如果猫到了配种的年龄，要注意选择优良的种猫与之相配，防止猫偷配滥配。若不准备让成年的公、母猫繁殖，绝育是很必要的。母猫绝育是将子宫和卵巢全都切除，公猫绝育是将睾丸摘除。

猫性成熟之后就可以考虑为其实施绝育手术了。一般来说，6～8月龄是猫实施绝育手术的最佳时间。尽早实施绝育手术，猫恢复得快，患病的风险也低。如果猫未免疫过，可以在绝育前1周注射疫苗以达到保护作用。

需要注意的是一定要选择正规的宠物医院和技术优良的兽医，以保障手术的成功，并排除所有因为手术的原因造成的继发感染。

**7. 春季警惕对猫有害的植物**

（1）铁线蕨。全株。误食过量有腹泻及呕吐现象。

（2）朱顶红。鳞茎。误食鳞茎会引起呕吐、昏睡、腹泻等症状。

（3）沙漠玫瑰。全株，乳汁毒性较强。误食茎叶或乳汁引起心跳加速、心律不齐等心脏疾病。

（4）长春花。全株。误食造成细胞萎缩、白细胞减少、血小板减少、肌肉无力、四肢麻痹等。

（5）杜鹃花类。全株、花、叶毒性较强。误食会产生呕吐、血压下降、呼吸抑制、昏迷及腹泻等症状。

（6）变叶木。液汁。误食其汁有腹痛、腹泻、呼吸抑制、昏迷等症状。

（7）绣球花。全株。误食茎叶有疝痛、腹痛、腹泻、呕吐、呼吸急迫、便血等症状。

（8）虞美人。全草有毒，果实毒性较大。误食大量茎叶后出现狂躁、昏睡、心跳加速、呼吸快慢不均等症状，重则死亡。

（9）蜘蛛兰（鳞茎）。引起呕吐、腹痛、腹泻等症状。

（10）中国水仙（全草，鳞茎毒性最强）。引起呕吐、腹痛、腹泻、昏睡、虚弱症状，严重时可致死。

（11）彩叶芋（叶和块茎）。引起嘴唇、口、喉有麻痹和灼痛感。

（12）鸢尾（全株，尤其根茎及种子）。误食过量则出现消化道及肝炎症、呕吐、腹泻等症状。

（13）海芋（块茎、佛焰苞、肉穗、花序）。分别有喉部肿痛、嘴唇麻痹，甚至昏迷等症状。

（14）风信子（全株，尤其鳞茎）。引起胃部不适、抽筋、呕吐、腹泻等症状。

此外，龟背芋（茎叶及汁液）、绿萝（即黄金葛）（汁液）、牵牛（全草，尤其种子）、一品红（全株）、万年青、仙客来（根茎、块茎）、飞燕草（全草，尤其种子）、倒地铃（叶及种子）、龙葵（生鲜植物体及未成熟的果实）、马缨丹（枝叶及未熟果实）等对猫均有毒性，要避免猫接触。

### （二）猫的夏季保健

**1. 保证猫良好的睡眠质量**　夏季湿度大、气温高、主人作息时间不规律，这些都造成猫的睡眠质量大大降低，从而造成它们内分泌紊乱，情绪化严重，不愿意跟主人亲近，甚至频繁做出抓挠啃咬的行为。

（1）把猫窝单独放到安静通风的地方，不让主人的活动时间的延长给猫带来太大的影响；由于猫的警惕性很高，在它们睡觉时不要触摸它们，避免惊醒。

（2）做好足部护理促进体热散发。猫身体上的汗腺并不像人类那样发达，也很少像犬一样伸舌散热。猫的肉垫是它们身体重要的散热部位。帮它们修剪趾甲，勤清理脚底毛发，让肉垫更好地散热，干爽的肉垫还可以起到防滑的作用。

（3）勤梳毛促进死毛脱落。虽然已经过了春夏交替的脱毛季节，但是还会有新脱落的毛缠在身上，加强梳毛促进死毛脱落，以蓄积空气形成良好的隔热层。

**2. 调整猫的食谱**　猫夏季容易出现挑食、厌食的现象，时间一长，就会造成营养不良、体重减轻、体质下降。

应当及时调整猫的食谱，减少糖分和淀粉等热量高的养分，补充蛋白质、维生素和微量元素。为了改善食欲，可以选用高质量的罐头等食物。

**3. 多饮水**　夏天，猫的饮水量会大大增多，因此必须换大的容器给猫喂水，以保持猫随时都能饮水。

但要注意的是不但饮用水要及时更换，水碗也应频繁地清洗消毒，以防止病菌滋生诱发肠炎。

**4. 避免中暑**　适当的阳光可以促进猫对钙质的吸收，但是长时间暴露在高温烈日下，不仅会导致毛色改变和皮肤癌变，而且会引起中暑。

中暑的表现为猫心情烦躁、食欲下降、饮水增加、眼睛潮红、张口呼吸、体温升高，直至休克死亡。

一旦发现猫有中暑的症状，应立即将猫转移到通风阴凉处，并且用湿毛巾或酒精来擦拭它的头部、颈部、胸部、爪垫，亦可用冰块来按摩全身，使体温得以散发。

注意补充含电解质和 B 族维生素的饮水以及富含蛋白质和钙质的食物。

**5. 藏好家中的杀虫剂** 虽然猫的嗅觉很灵敏，不会轻易触碰有刺激性气味的杀虫剂。但许多对人类无害的杀虫剂，如除虫菊酯，对猫的毒性很大，所以使用杀虫剂必须要谨慎。杀虫剂应放置在猫够不到的地方。

如果是喷洒式的杀虫剂，应将猫转移到其他房间后密闭使用，尽量不要喷洒在猫可能舔舐的地方。

杀虫后应打开门窗通风，再让猫进入房间。

**6. 使用空调要谨慎** 夏日使用空调时不要将温度调得太低，同时尽量使用低风挡，以免干冷的空气刺激猫的呼吸道，引起过敏和其他呼吸道疾病。

将风向定在较高的位置，可以防止猫直接吸入冷风。

使用空调时应逐渐降低或升高温度，延长猫对室温的适应期，减少感冒的机会。

**（三）猫的秋季保健**

猫到了凉爽的秋季后，各种生理活动又进入旺盛时期，食欲增加，消化能力增强，夏季消瘦的身体逐渐得到恢复。随着猫的日渐肥壮，脱去夏毛，换上冬毛，被毛变得厚密，为秋后度过寒冬而做准备。因此，秋季的饲养管理中，应抓好猫的复壮工作，提供足够数量和营养全面的饲料，以增强猫的体力。猫在秋季又进入繁殖季节，此时注意求偶外出的猫有无外伤和产科方面的疾病，在春季管理中提到的注意事项仍应加强。此外，深秋昼夜温差变化大，注意保温和加强锻炼，在管理上要预防感冒及呼吸道疾病。

**（四）猫的冬季保健**

冬季天气寒冷，猫喜欢待在火炉或其他暖和的地方休息，若饲养管理不当可能造成烫伤或煤气中毒。冬季猫活动减少，运动量不足，易变得肥胖。缺乏阳光照射导致钙、磷代谢紊乱，仔猫骨骼生长发育受到影响，甚至引起猫佝偻病。因此冬季猫的管理中很重要的一点是主人尽力逗引猫多运动，当风和日暖时，要带猫到室外玩耍，多晒太阳。

冬季室内外温差大，猫又较长时间待在室内，若偶尔外出，易受风寒刺激而引起感冒、鼻炎、气管炎、支气管肺炎等呼吸道疾病。因此，冬季应做好防寒保暖，防止猫受寒感冒和患呼吸道疾病。

## 六、去势猫的保健

猫去势（绝育）手术前要对猫的身体状况进行详细检查，尤其是母猫。手术前猫应免疫完全。手术前 8h 禁食，手术前 4h 禁水。确定猫身体健康状况良好。另外母猫发情时不建议手术，因为发情时生殖器官肿大、充血，对伤口的恢复不利。公猫绝育手术全过程只需几分钟，母猫 0.5h 左右，术后即可出院。一般经过 5～7d，猫就能完全恢复。

**1. 猫手术前后的准备** 准备 1 个大小合适的纸箱之类的容器。准备干净的棉垫和棉被，以便术后猫保暖。

准备 1 瓶宠物专用眼药水。猫麻醉之后，眼睛不能闭合，玻璃体长时间暴露在空气里，会流失水分。所以手术时及手术结束后，要及时为猫滴眼药水，直至其恢复知觉。

准备头套或者手术服（母猫），防止猫苏醒后舔术部导致感染或将缝线咬掉。

准备好处方罐头，术后 6h 兑温水服用，有助于恢复体能。

**2. 手术后的护理**　给猫准备一个安静、无风的地方。建议前 3d 关笼子，避免剧烈活动，做好保暖。把猫碗和猫厕所放在猫窝附近。此时猫的自我保护欲强，家中有其他猫的要把其他猫隔离开，谨防被其他猫踩伤或追逐；谨防其他猫舔其伤口；谨防影响猫的心理。经常检查猫的手术服或者头套有无扯掉。术后 6h 后喂水（温水＋处方罐头），如喝水没吐再喂食，切忌太早喂水和喂食。每天两次清理伤口以及遵医嘱咐喂消炎药。保证猫充分休息，手术后，充足和良好的睡眠是猫恢复体能最好的方式之一。主人可以陪在猫身边，给予精神鼓励，帮助喂食或者排泄，如出现排便痛苦，应及时咨询医生。每天检查伤口有无红肿和组织液渗出，一旦有异常及时就医。

## 七、老年猫的保健

家猫的平均寿命为 14 岁。8～10 岁开始进入老年期。猫随着年龄的增加，各项机能开始衰退，视觉、听觉、味觉、嗅觉等也都大不如前。不仅如此，猫在性格脾气上也会有些许改变。因此老年猫更需要精心照顾。

### （一）如何照顾老年猫

**1. 选择适合老年猫的食物**　猫进入老年后，由于牙齿及嗅觉的衰退，其食欲不如以前，胃肠消化吸收能力下降，所以老年猫不太容易保持其正常体重，大部分猫变得消瘦。为了保持它们的健康体重，应饲喂高质量、容易消化的蛋白质。供给的食物既能提供高能量又易消化吸收，还不应太硬，以免咀嚼困难。老年猫由于年老体衰，消除体内自由基的能力降低，加速了衰老。大量研究表明，维生素 C 和维生素 E 有抗自由基氧化作用，能延缓衰老和增强免疫抗病能力。因此，向老年猫食物中加入维生素 C 和维生素 E，有利于延缓衰老。

矿物质有助于增强其骨关节的健康，维生素和蛋白质有助于增强免疫系统，防止传染病的发生。必需脂肪酸有助于使老年猫渐渐焦枯的被毛仍然保持柔软光滑。

老年猫活动减少，胃肠功能减弱，肠道蠕动缓慢，因此食物中需要增加纤维素含量，用以刺激肠道增强蠕动，防止便秘发生。个别老年猫还可能出现肥胖、超重，此时饲喂的食物量应适当减少，以便保持其健康的体重。10 岁以上的老年猫发生磷酸铵镁尿结石的机会减少，应停止饲喂使猫尿液酸化的食品。老年猫尿液的最佳 pH 是 6.5～7，稍偏碱性用以防止草酸盐尿结石的发生，老年猫食物中加些碱性物质（如碳酸氢钠）或饲喂老年猫粮能达到这个目的。

超过 7 岁的猫，多数肾机能有一定损伤，饲喂高质量、高蛋白质含量的食品不但不会使肾功能损伤加剧，反而能够延缓其发展。如果老年猫肾组织或机能损伤超过 75%，也就是肾衰竭时，需要控制食物中蛋白质含量。

老年猫营养调整的建议：勿喂盐分过高的食物，以免增加肾负担；减少脂肪的摄入；减少热量的摄入，防止发胖；增加蛋白质摄取量，选择高品质的蛋白质，尤其是过于瘦弱、生病、手术的猫；注意钙质流失，适当补钙；选择专为老年猫设计的食品，均衡营养。

**2. 老年猫的医疗护理**　老年猫常见的疾病包括心脏疾病、肾疾病、甲状腺功能亢进、关节疾病、糖尿病、口腔疾病以及肿瘤。除了平时注意猫生活作息是否异常外，每年定期做健康检查很重要，健康检查除了基本的检查（如皮毛检查、耳镜检查），还有血液检查（血常规、血液生化）、X 线片、腹部超声波和血压测量等。透过这些检查，不仅可以了解猫的身体状况，还可以在疾病发生的初期及时治疗并追踪。

老年猫必须定期进行体检。定期带猫去医院检查尿、血液和粪便。除了每年 1 次的疫苗

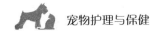

接种和体检，应通过宠物医生了解有关老年猫的血液化验（用于肾和甲状腺功能检查）、尿、心脏等方面的筛查，以及体重和疾病的监控。

特别要注意，慢性肾衰竭、牙结石和齿龈疾病、肥胖、便秘、甲腺机能亢进等是老年猫的常见疾病。此外还要注意猫的听力和视力，时常留意它们的健康状况。

老年猫运动量的明显改变会使消化能力和肝肾的过滤解毒功能发生改变。老年猫最容易患肝硬化、脂肪肝和肾病，这些内脏疾病初期没有明显的症状，从日常生活中不易被发现，等到有了明显的表现时，往往已经无法治疗了，所以及早发现问题可以减轻猫的痛苦，也容易治疗。

口腔保健对老年猫来说是必要的，因为年纪增长会造成免疫力下降，口腔内的细菌也容易滋生。口腔保健和刷牙可以抑制细菌生长、减少牙结石的产生。此外，定期到医院检查口腔并洗牙也很重要。

大量的牙结石会使牙齿松动脱落，要常常观察猫嘴里有无掉牙，掉牙的口腔和牙龈上有无溃烂。牙周发炎如果不及时治疗，会引发全身感染。长期的食欲不振也可能是因猫口腔不适造成的。应多给猫增加些软的食物，不要再强迫它吃定量的干猫粮。

在常规诊断中，定期评估猫的生活质量是非常重要的。猫都是隐藏不适、疾病和疼痛的，因此，主人应重视猫疼痛时的重要表现。

**3. 提供适宜的家庭环境**　老年猫会变得嗜睡，老年猫又不耐寒，所以更需要一个温暖又安全的猫窝。注意猫窝的摆放位置，放在家中安静处，最好选择白天能微微晒到太阳但避开直射的地方，夜间要注意保暖，如有必要，夜间还需用电暖器保持温暖。猫窝以舒适柔软为主。

老年猫由于骨骼身体机能等原因不再像以前一样善于跳跃，所以猫窝最好摆放在较低的位置，方面猫进入。此外，老年猫躺卧或睡觉的时间会比较多，所以容易出现褥疮。为了防止猫长褥疮，还应经常帮它变换躺卧的姿势。无法控制排泄的猫，需要保持床垫的干净，以免遗留在皮肤上的粪尿造成严重的皮肤问题。

此外，应增加清洁猫砂盆的次数，准备更大且不是很深的猫砂盆，方便猫爬进爬出。

如果老年猫仍然喜欢跳到高处，要为它铺设一些踏板或台阶，以避免不慎摔倒，引起骨折。关节痛是高龄动物的通病，在猫休息时尽量多地为它按摩肌肉，活动四肢关节。按摩时力度要轻，要考虑它的承受力。

对患有关节炎的猫可以使用稍微高的食盆和水碗，使用边沿较低的猫砂盆，制作一个有助于猫通过的猫洞等，对猫的生活均有帮助。

视力下降将使得猫夜晚看不清东西，所以尽量不要改变食盆和猫砂盆的位置，尽量不要改变猫已熟悉的居家环境。

老年猫很容易有压力和失落感，并且变得爱嫉妒。此时家中最好不要再添新的宠物。在家里多摆些绿色植物，可以大大地缓解猫的压力和紧张感。不要再用强硬的语气训斥猫，尽可能多注意它，与它说话和抚摸它。

**4. 老年猫需要适当的运动**　为了保证老年猫活动量，主人每天都需花一些时间陪它玩耍。但老年猫不能进行太过剧烈的活动，每次活动时间控制在 5min 左右，尽量在猫出现疲惫状态之前结束。充分活动不仅可以帮猫消除压力，还能提高它的食欲，有利于猫健康。随着年龄的增长，猫的关节会逐步退化，这将引起疼痛限制猫的行动。患关节炎的猫在室外是非常危险的，因为它不能够在发生危险时迅速逃离，因尽量限制其外出。

**分析与思考**

1. 猫的骨骼结构有哪些特点？
2. 猫的健康检查方法是什么？
3. 猫的体温测量的方法有哪些？
4. 家中常备药品有哪些？
5. 如何做好猫的季节性保健？
6. 去势猫如何保健？
7. 老年猫的保健方法是什么？

# 任务六　患病猫的护理

　　猫在一生中会受饮食、环境、年龄与日常护理等的影响而发生疾病，因此要了解猫患病的各种表现，并针对病因或症状进行合理的保健护理，让猫早日康复。

**学习内容**

1. 猫患病的各种表现
2. 腹泻猫护理
3. 呕吐猫护理
4. 厌食猫护理

5. 猫患呼吸道疾病时的护理
6. 猫患泌尿系统疾病时的护理
7. 猫寄养期间的护理

## 一、猫患病的各种表现

　　猫一般具有较强的忍受病痛的能力，患病后常躲在幽静、暗淡的地方，所以猫主人及医护人员应留心观察，及时发现异常情况，给予细心照顾及治疗使之早日康复。猫患疾病往往会出现多种异常表现，一般有以下几方面：

患病猫的护理

　　**1. 精神状态**　猫患病后体力消耗过多，精神萎靡不振、喜卧，眼球凹陷，眼睛无神或半闭，眼眵增多，四肢无力，行动变得迟缓，被毛显得脏乱，缺乏光泽。对周围事物的好奇心降低，对声音或外来刺激反应迟钝。病情越重，反应越迟钝，甚至出现昏迷、各种反射（如瞳孔对光反射）消失等症状（图2-47）。有的疾病也可能出现反常的精神状态，如共济失调、转圈、抽搐、兴奋不安、乱叫等。

图2-47　患猫瘟的猫精神萎靡不振

　　**2. 姿势**　猫站立、躺卧、步行、跳跃时的姿势异常也是猫患病的一种症状。如猫四肢出现疼痛时会出现跛行，站立时患肢不能负重，在被移动或者触碰时会因疼痛发出叫声。猫腹痛时常蜷缩身体，头放在腹下。

　　**3. 呼吸道异常**　猫正常呼吸次数为20～40次/min，如果呼吸次数增多或减少，同时出现打喷嚏、流鼻涕、眼眵增多（图2-48）、咳嗽、呼吸困难、明显的腹式呼吸，甚至张口呼吸（图2-49），可能患有呼吸系统疾病或其他全身性疾病。不过要与季节、气温以及活动量改变而引起的猫正常生理性呼吸的改变相区别。

**4. 饮食欲改变** 当猫出现厌食或者食量突然增大的现象，都表明身体出现了异常。这里应与猫的挑食习性相区别。当出现疾病时猫饮水量也会改变，如猫发热或者腹泻时饮水量常会增加，但病情严重或者严重衰竭时饮水量会减少，甚至不饮水。

**5. 胃肠道异常** 呕吐是猫患病的重要表现之一，很多疾病都会有呕吐的症状，可分为生理性和病理性两种。生理性呕吐是一种保护性反应，呕吐后猫精神和食欲都正常，为正常现象，可能与舔食被毛有关。如果呕吐持续且加重需及时就医。

健康猫的粪便是浅黄色，成形的条状，软硬适中。正常情况下排便次数、形状、数量、气味、色泽都比较稳定。腹泻的猫常表现为排便次数增多，粪便不成形或稀薄或水样，个别酸臭难闻，或含有未消化食物，甚至混有黏液、血液、气泡等。便秘的猫常表现不定时无规律的排便，粪便干、少，颜色深。重者排坚硬的颗粒状粪便，有的表现痛苦，甚至努责之后无粪便排出。

**6. 体温异常** 猫正常的体温在38.0～39.5℃，健康的猫鼻镜是湿润冰凉的，除了睡觉和刚睡醒的时候，如果鼻镜干燥，触摸耳根或腹股沟处皮肤发热，则可能体温升高。

**7. 泌尿系统异常** 公猫泌尿系统问题是常见疾病，该病症状主要表现为尿血，频繁舔舐尿道口，在猫砂盆以外的地方不规律排尿，频繁作排尿姿势但每次排尿量极少甚至无尿。出现尿闭的猫表情极度痛苦，甚至哀叫。母猫泌尿道系统异常症状主要表现尿频、血尿，出现尿闭的症状较少。

**8. 皮肤及被毛异常** 健康的猫被毛整洁有光泽。有皮肤疾病的猫被毛显得脏乱，缺乏光泽，局部或大面积脱毛、结痂、皮屑增多（图2-50）、毛发断裂。

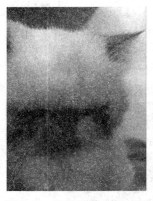
图2-48 患胰腺炎的猫精神
萎靡不振，眼
分泌物增加

图2-49 猫患肺水肿时
张口呼吸

图2-50 猫疥螨引起脱毛，
痂皮增多

## 二、腹泻猫护理

猫腹泻时排便次数增多，粪便不成形或稀薄或水样，有的有酸臭味，或夹杂食物残渣或混有泡沫，或呈淡黄色或其他颜色，肛门周围有粪便污染。引起腹泻的原因有胃肠道疾病和胃肠外疾病。胃肠道疾病引起腹泻主要有：食物过敏反应、食物不耐受、传染病、肠炎、肿瘤、非特异性小肠结肠炎、寄生虫（线虫、贾弟鞭毛虫、隐孢子虫或三毛滴虫、绦虫）、毒物及药物、运动性异常（即家族性自主神经异常或肠易激综合征）等。胃肠外疾病引起的腹泻主要有：胰腺外分泌机能不全、胃肠外肿瘤、与猫白血病病毒或猫免疫缺陷病毒感染有关的疾病、肝疾病、甲状腺功能亢进、肾衰竭等。猫发生腹泻时护理注意如下：

**1. 确诊病因**　对猫进行实验室化验确定具体病因，然后根据脱水的程度及粪便中丢失液体的量补充液体及电解质，有食欲的猫可以选择口服，无食欲或伴有呕吐症状的猫可选择皮下或静脉补液。不管在户内还是户外活动的猫，均可采用驱除肠内寄生虫疗法，即使粪便检查为阴性也应如此，选择氟苯达唑能有效驱除线虫和贾弟鞭毛虫，甲硝唑能有效驱除滴虫及治疗消化道感染。

**2. 饮食护理**　腹泻次数较多的猫可以禁食24～48h，只给水口服，可以口服等渗葡萄糖、氨基酸及电解质溶液。给予易消化的食物，可使用猫肠道处方粮或处方罐头，开始时少量多次饲喂，逐渐加量至正常，食物中添加益生菌（肠球菌、乳杆菌、双歧杆菌）及皮下注射维生素 $B_{12}$ 有利于疾病的恢复。

**3. 环境卫生护理**　腹泻的猫粪便容易污染肛门周围的毛发，也可能会污染猫砂盆及笼子，每次排泄完都应清洁肛门及环境中的粪便，长毛的猫可剃光肛门周围的毛发（图2-51、图2-52），有利于清洁。猫砂中的大便应随时清除，有传染病或寄生虫感染的猫应勤换猫砂，并消毒猫砂盆及猫砂铲，做好与其他猫的隔离措施。

图 2-51　装有胸腔引流管的脓胸猫并发肠炎

图 2-52　剃光肛门周围的毛发有利于清洁

## 三、呕吐猫护理

呕吐是猫经常出现的一种症状或现象，而不是单独的疾病，呕吐为强力的胃内容物从胃经口腔反射性喷出，猫发生呕吐不都是病理现象，有的是生理性的呕吐。猫有舔毛习性，被毛经常被舔食进胃中，在胃中渐渐形成毛球，毛球达到一定大小时对胃黏膜产生足够的刺激，反射地引起猫呕吐，吐出毛球，这是猫生理性呕吐的一种。此外采食过量过快、吃入较多的植物后也会发生呕吐，发生生理性呕吐时，猫无其他异常，呕吐后又会进食。

猫的很多疾病会有呕吐症状，可因胃肠道或胃肠外疾病所引起。引起猫呕吐的胃肠道疾病主要有食物不耐受或过敏反应，胃及十二指肠溃疡，胃肠炎，胃肠活动障碍，幽门螺旋杆菌性胃炎，淋巴瘤或其他胃肠道肿瘤，便秘，胃肠堵塞（异物、肿瘤、套叠），幽门狭窄，寄生虫感染。引起猫呕吐的胃肠外疾病主要有肾衰竭，输尿管及尿道阻塞，肝胆疾病，胰腺炎，糖尿病酮症酸中毒，甲状腺功能亢进，腹膜炎，疼痛，胃肠外肿瘤，与猫白血病病毒及猫免疫缺陷病毒相关的疾病。呕吐猫的护理主要注意以下几方面：

**1. 生理性呕吐护理**　长毛猫每天梳理被毛，特别是换毛季节，梳理脱落的被毛可以减少猫舔食的毛量，每周喂食2～3次化毛膏（图2-53）可以帮助猫将毛球排出体外。还可以让猫吃控毛球配方的猫粮，可以控制毛球在猫体内的形成。

**2. 治疗潜在疾病**　代谢紊乱及异常（如胰腺炎、肾衰、肝胆疾病）的治疗对控制胃肠外疾病引起的呕吐是必需的。幽门螺旋杆菌性胃炎或其他细菌性胃肠炎需要用抗生素治疗。胃肠道异物需要手术治疗。尿道阻塞需要疏通尿道。

**3. 饮食护理**　呕吐严重的病猫需要禁食禁水，让胃肠修整，呕吐停止后可以饲喂低脂易消化的食物和水，也可以根据病情选择合适的处方粮，如猫肠道处方粮、猫泌尿道处方粮等。开始时少量多次，逐渐恢复正常。

图2-53　喂食化毛膏

**4. 卫生护理**　猫发生呕吐时及时清除呕吐物，并清洁口腔周围的毛发，患病的猫没有体力梳理自己的被毛，应帮助猫清洁面部及梳理被毛，保持干净。

## 四、厌食猫护理

厌食是猫多种疾病的常见临床表现，如食管疾病、胃肠道疾病、呼吸系统疾病、心脏病、肿瘤性疾病、肝疾病、口腔疾病、泌尿系统疾病、疼痛等。厌食也有可能是一些非疾病因素引起的，如发情、食物的改变、生活环境的改变、受惊吓等因素。对于非疾病因素引起的厌食，猫主人需要改善导致厌食的因素，给予猫更多的关爱，让猫尽快恢复食欲。患病的猫不主动进食，如果营养不足，会造成身体缺乏能量，导致脂肪肝的发生，疾病的治疗也会变得更复杂，不利于猫自身的恢复。下面主要介绍猫在厌食情况下的护理：

**1. 确定病因、对症治疗**　首先通过临床问诊及检查查找厌食的病因，积极治疗原发病。很多情况下通过治疗猫都能较快地恢复。如猫脱水时输液，补充电解质，纠正酸碱平衡；呕吐时给予止吐药物；疼痛时给予止痛药物。如果厌食时间较长导致低蛋白血症、贫血、脂肪肝时，就必须通过其他方式给予营养治疗。

**2. 营养支持**　如果猫不呕吐或者呕吐轻微，可以选择营养丰富、易消化、适口性好的食物，如猫喜爱吃的罐头，来提高猫对食物的兴趣，如果猫不主动进食，可以将食物打碎制成流质用注射器慢慢灌食，给厌食的猫强行喂食。营养膏是非常好的补品，营养比较全面，里面的所含成分猫可以完全吸收，适口性比较好，猫不吃东西时也很容易填塞，少量抹于鼻头上让猫主动舔食。

对于厌食的猫可以使用食欲刺激剂：地西泮，每千克体重0.2mg，静脉注射，每天1～2次。赛庚啶，每千克体重0.2mg，口服，每天1～2次，用于仍能摄入日常维持需要量1/3～1/2的轻度病猫。如果猫口服食欲刺激药2～3d没有效果，无法摄入日常的营养需要量，则需要采取鼻饲管、食管饲管或者胃饲管。

安置鼻饲管操作简单，大部分情况下无须麻醉，是较为方便的一种饲喂方式，在临床上得到广泛的应用。灌食费时、费力，又增加猫的紧张情绪，加重病情，而鼻饲管可以使猫轻松得到所需营养。但是鼻饲管对鼻腔黏膜造成刺激，不能长期留用，且管道较细容易堵塞，只能饲喂流质食物（图 2-54）。鼻饲管的使用和维护主要注意以下几方面：

（1）鼻饲管管径较细易堵塞，所有食物都采用榨汁机打碎加水稀释，并用滤网滤过后饲喂。

（2）每次饲喂之前用注射器吸取 3～5mL 温开水冲洗管道。

（3）用注射器吸取流质食物，食物温热为宜，饲喂时一定要慢，随时观察猫的反应，如果有呕吐反应立即停止饲喂，并安抚猫。如果阻力很大则可能发生堵塞，可用温开水冲洗管子，如果还是不通畅可再注入少量生理盐水冲洗。

（4）饲喂完再次用 3～5mL 的温水冲管子，保持畅通，也可避免食管内容物回流或管道被食物阻塞，盖上鼻饲管盖子，皮肤缝合处每天消毒 1～2 次，检查伊丽莎白颈圈佩戴是否牢固。

第 1 天饲喂 3～4 次，共喂每天需要量的 1/3；第 2 天仍饲喂 3～4 次，共喂每天需要量的 2/3；第 3 天开始按每天需要量分 3～4 次喂，鼻饲管 7～10d 需更换 1 次，拆除鼻饲管时先解除其固定物，轻轻拔出鼻饲管，拔除时应用手指捏紧鼻饲管使其鼻腔关闭，以防食物呛入气管。继续观察猫是否主动进食，如果继续厌食可以继续安置鼻饲管，病程较长的（如猫脂肪肝）猫当病情稳定后，可在全身麻醉下安装食管饲管（图 2-55），从而长期饲喂。

图 2-54　放置鼻饲管喂流质食物

图 2-55　放置食管饲管的猫

食管饲管或胃管的优点是：易于安装；患病猫耐受性好，可以长时间放置（数周到数月）；插入导管易于护理和饲喂；可以使用管径较粗的导管（可以投喂糊状食物）；患病猫可以在插管期间进食进水；便于在任何时间取出。

当猫恢复正常食欲至少 1 周后拔除管道。

食管饲管放置的主要缺点是要对猫实施全身麻醉，并防止猫把导管抓出。每天记录病猫的饲喂量、呕吐次数、粪尿情况、体温以及猫的精神状态，以供观察猫的病情变化。

**3. 保持环境卫生**　让病猫生活在温暖舒适安静的房间，避免打扰，厌食的猫需要主人或者医护人员耗费较多的时间饲喂和照顾，投入更多的关爱，厌食的猫病程时间较长，体力大量消耗，不像平时喜欢整理自己的被毛，被毛显得蓬乱肮脏，所以每天要替它梳理被毛促进体表血液循环，及时清洁被粪尿或食物污染的被毛，猫用具及猫窝勤换洗消毒。

## 五、猫患呼吸道疾病时的护理

猫患呼吸道疾病时主要表现为昏睡、厌食、咳嗽、脓性鼻涕、多涎、结膜炎、脓性眼分泌物、发热、喘、呼吸困难、精神沉郁等。引起呼吸道疾病的主要原因有病毒感染、细菌感染、支原体感染、猫淋巴瘤、乳糜胸、胸腔积液、肥厚性心肌病、肺水肿等。当猫发生呼吸道疾病时护理主要注意以下几点。

**1. 注意隔离，防止交叉感染**　感染猫呼吸道的病毒主要有疱疹病毒和杯状病毒。传播途径主要是健康猫通过与感染猫的眼睛、鼻子或口腔分泌物直接接触而传播，也可通过呼吸道飞沫传播。确诊为病毒性呼吸道感染的猫需要与其他猫隔离，并做好消毒措施。

**2. 高热时的护理**　密切监测体温变化，体温40℃以上时需对症治疗。采取正确合理的降温措施，在四肢腋下、腹部、爪垫剃毛后放置冰袋或用酒精擦拭。1h后再测量体温，若仍然高再采取其他降温措施，如使用降温药物。

**3. 遵医嘱用药护理**　严格遵医嘱，喘、张口呼吸的病猫可能有肺水肿、胸腔积液或心脏疾病，需要吸氧，可以戴面罩吸氧（图2-56）或者将猫放置在有氧舱内。密切观察猫的精神状态，随时记录猫的每分钟呼吸次数、心率、尿量、体温，以了解病情的发展情况。在护理过程中要小心翼翼，少运动，避免刺激。

感染疱疹病毒的猫眼睛和鼻腔分泌物会增多，及时清除眼、鼻腔分泌物（图2-57）。用洗眼液清除黏附在眼睛周围的分泌物，要留意是否会发生角膜溃疡、角膜穿孔。如果有戴好头套（图2-58），防止触碰眼睛，用眼药水和眼药膏治疗。用小号棉花棒沾温水或温生理盐水来去除黏附在鼻孔周围的鼻分泌物。再用滴鼻剂滴1～2滴到鼻孔内，每日1～2次。并给予味道强烈的食物，这些护理可以使得感染病猫的嗅觉稍稍恢复，进而刺激其食欲。厌食猫可以使用鼻饲管饲喂。

**4. 保持环境卫生**　居住环境要通风有阳光，随时清洁猫砂盆中粪尿，保持室内空气清新，环境温度控制在25℃左右，体质弱体温低的猫需要保暖（图2-59）。

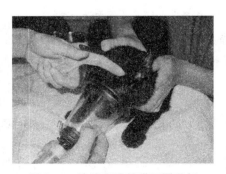

图 2-56　胸腔积液的猫面罩吸氧

图 2-57　及时清理眼、鼻分泌物，保持猫鼻腔干净

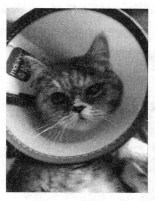

图 2-58　给猫戴头套

图 2-59　病重猫护理，保暖吸氧

## 六、猫患泌尿系统疾病时的护理

　　猫出现泌尿系统疾病时主要表现为血尿、尿频、排尿困难-痛性尿淋漓、异位排尿、部分或完全尿道堵塞。主要原因有下泌尿道炎症、泌尿道结石。猫泌尿系统疾病是猫的常见疾病，护理主要表现在以下方面。

　　**1. 导尿管无菌装置的护理**　出现尿道堵塞的猫，需要导尿并留置导尿管（图 2-60），使过度膨胀的膀胱肌肉得以恢复。使用一个密闭的尿液收集系统，并将导尿管固定在包皮上，导尿管保留时间尽可能短（平均 2～3d）。戴好伊丽莎白圈（图 2-61），防止猫咬断缝线、拔出导尿管与咬坏尿袋。每天检查导尿管是否通畅，每次换尿袋时记录尿的量、颜色、浑浊度（图 2-62）。所有操作过程都要注意无菌操作，防止污染尿道膀胱。

　　尿道造口的病猫每日用抗生素冲洗伤口 1～2 次，防止血凝块堵塞尿道，并涂布红霉素软膏（图 2-63）。

　　导尿管留置期间有时尿道漏尿，尿液容易污染毛发，需要及时清洁，保持皮毛干燥，防止潮湿引起皮肤问题。可剃除肛门周围及尾根的毛发，若有小便污染皮肤可方便清洁。若猫有腹泻症状，及时清洁肛门周围的毛发，防止膀胱尿道口感染。

图 2-60　留置导尿装置的住院猫

图 2-61　公猫膀胱结石术后戴头套防舔

　　**2. 饮食护理**　多饮水可以促进尿液生成，多排尿不仅可以把膀胱结晶排出体外，还能冲刷尿道。猫不爱喝水，要想尽办法让它们多喝水，食欲好的猫可以多喂罐头，也可把干猫粮泡水来补充水分。避免喂食蛋白质含量较高的食物，可以喂泌尿道处方粮和泌尿道处方罐头来预防泌尿道结石的疾病。

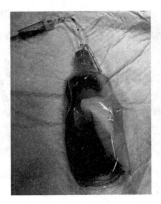

图 2-62　尿袋中的尿液

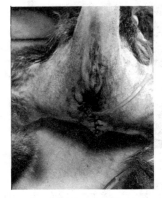

图 2-63　尿道造口的伤口护理

**3. 导尿管去除后的护理**　导尿管刚去除，有些猫可能会出现再次堵塞尿道的情况，要仔细观察猫的排尿情况，如果尿量较少，要检查膀胱是否充盈，有时候需要适当按摩猫的膀胱促进排尿。

让猫处于安静卫生的环境中，并且放足够的猫砂于猫砂盆中，猫砂要保持干净。

## 七、猫寄养期间的护理

猫是很恋旧的动物，一旦习惯了一个生活环境，就会对这个环境产生情感依赖性，不愿意轻易去改变环境，更不喜欢陌生环境。陌生的环境会给猫造成紧张不安的情绪，会让它们产生应激反应。与犬相比，猫对此更敏感，更易出现应激反应。当猫进入新的环境时，常常有尖叫、乱窜、撕咬等过于兴奋的行为，此外，它们也可能会出现长时间躲避、绝食、乱排泄等异常行为，这些都是猫受到应激的表现，护理人员照顾猫时需要格外专业、细心。

**1. 寄养要求**　和犬一样，寄养之前需对猫进行专业的健康检查，在对猫进行体表检查时尤其要注意耳道、口腔，查看耳道是否有大量的黑色分泌物（许多猫会有耳螨感染）。牙龈炎也很常见，很多猫都有轻度的牙龈炎症，大多数情况下主人并不知道。向主人了解猫病史，有无心脏病、尿道感染、皮肤病等，因为这些疾病在寄养期间有可能会复发。寄养前应查看猫的疫苗接种本，查看疫苗是否在保护期，如果过期了要在寄养前1周补注疫苗。如果未定期体外驱虫，寄养前应给猫滴上体外驱虫药物。有如下情况不建议寄养：

（1）6月龄以下的幼猫。幼猫抵抗力较弱，在寄养场所容易感染病毒、细菌等。

（2）未按照正常免疫程序接种疫苗的猫。缺乏疫苗保护的猫在寄养期间可能会感染猫瘟病毒、杯状病毒、疱疹病毒等。

（3）易产生应激反应的猫。应激反应轻的猫1周左右的时间就会适应环境，应激反应严重的猫寄养期间容易继发脂肪肝、下泌尿系统综合征、自我损伤性精神性疾病等。

（4）体弱多病或患有某些疾病的猫。这些猫需要细心照顾，有的需要定期服药，换个陌生环境有可能紧张不适应而导致病情加重。

**2. 日常护理**　猫寄养前，先向主人了解猫平时的生活习性、饮食习惯及运动方式，并记录在寄养单上。主人自带猫熟悉的东西，如猫粮、零食罐头、猫砂盆、猫窝、猫砂、玩具等。主人自带的随身物品都要填写在寄养单上，以免丢失。与主人签好寄养协议，告知双方的责任和义务。为猫准备干净的猫砂，将猫熟悉的随身携带物品放在笼子里（图2-64）。

给每一只猫准备1份寄养护理记录单，仔细观察猫的饮食量及猫砂盆里的粪便和尿的情况，并做好记录。观察猫有无异常情况，有些猫在寄养期间容易出现膀胱炎，表现尿血、尿频、尿闭等症状，所以寄养期间尿液的观察非常重要。

图2-64　寄养的猫

给猫添加新鲜的水及食物，食物量及次数参考平时在家中饲养时的习惯。有些寄养的猫前3d可能会拒食，即使这样也不要把食物和水移走，换上新鲜的食物和水。有些猫喜欢夜间饮食，为了增强猫的食欲，寄养期间可以添加美味的罐头或零食。

每天给猫进行1次常规的检查，主要是皮肤、被毛、耳道、牙齿、体温等，将结果记录在护理记录单上，以备查询。长毛的猫需要每天梳理1次毛发，泪液分泌较多的猫需要每天清洁1～2次。耳道每周清洁1次，留意有无异常分泌物和异味。寄养时间较长的需要定期安排洗澡。

猫的运动不像犬那么重要，它们习惯使用猫砂盆。可定期放猫在笼外活动，给一些玩具逗它玩（图2-65），可以早晚各1次，猫在房间闲逛时可以把门锁上或者在门上做好提醒，防止有人突然把门打开，造成逃逸。护理人员可根据个体情况来满足每一只猫的需求，胆小紧张的猫需要给予更多的安抚和交流，通过搂抱、抚摸、梳毛等方式建立亲密的感情（图2-66），使其尽快适应新的环境。

图2-65　猫笼外活动

图2-66　搂抱安抚猫

**3. 寄养环境要求**　为了最大限度地避免猫紧张情绪，要求寄养机构的寄养环境及设备要满足猫的需求，还要有专业的护理人员。猫的寄养环境要求安静，不能和犬在同一个房间，窗户需要设有防止逃跑的防护网，室内应通风良好，有足够的采光，冬季温暖，夏季凉爽。猫的寄养室放置猫喜欢的物品及玩具，可以让猫自由地玩耍。一猫一笼，除非是生活在一家的猫，猫笼空间要足够大，除了可以放置猫砂盆、食盆、饮水盆、玩具，还要让猫有适当的活动空间，理想的猫笼里还应该有栖木供猫休息。猫笼每天打扫消毒1次，粪便及尿液及时清除，每周需更换猫砂1次，更换猫砂时猫砂盆及猫砂铲应清洁消毒。

发情的猫一般不建议寄养，如果要寄养需要和其他的猫隔离。护理人员需要经过专业的培训，了解猫的生活习性及异常表现，工作中要认真仔细，善于观察猫的日常情况，及时发现问题。

### 🐾 分析与思考

1. 猫患病时有哪些临床症状？
2. 如果猫出现腹泻，需要如何进行护理保健？
3. 如果猫出现呕吐需要如何护理？
4. 如果猫厌食如何护理？
5. 猫患呼吸道疾病时有哪些症状？如何护理？
6. 猫泌尿系统感染有何症状？如何护理？
7. 哪些猫不适合寄养？
8. 猫寄养时有哪些注意事项？

# 项目三　观赏鸟的护理与保健

　　鸟是大自然的重要组成部分，是人类的朋友，保护鸟类就是保护大自然，就是保护人类生存的环境，就是保护人类。观赏鸟保健既是一门科学，又是具有一定独特文化的产业，爱鸟护鸟，提高观赏鸟的素养。本项目的主要内容有：观赏鸟的进化与外貌形态特征，常见观赏鸟的生活习性与品种识别，观赏鸟的日常健康检查，观赏鸟的疾病预防，观赏鸟的保健，特殊生理时期鸟的保健。

## 任务一　观赏鸟的进化与外貌形态特征

　　观赏鸟以特有的羽色、体态、舞姿和鸣叫声给人一种美的艺术享受，达到精神上的愉悦和放松。饲养宠物已成为世界性潮流，其中观赏鸟在提高人们的生活质量，改善心理压力，促进人类身心健康方面发挥着药物所无法达到的作用。观赏鸟种类比较多，其形态、生理、生态差异也较大，观赏鸟的保健处于发展阶段，经验性、操作性较强，要在观赏鸟养殖实践中去完善提高。

> **学习内容**
>
> | | |
> |---|---|
> | 1. 观赏鸟饲养的历史 | 4. 鸟类外部形态的观察 |
> | 2. 饲养观赏鸟的意义 | 5. 鸟体测量 |
> | 3. 观赏鸟的外部特征 | |

### 一、观赏鸟饲养的历史

　　观赏鸟饲养在我国已有悠久的历史，古书《诗经》《尔雅》《山海经》《禽经》等都记载了鸟类的生活习性、饲养管理方法等内容，《礼记》中有"鹦鹉能言，不离飞鸟"的记载。唐诗宋词也有不少以观赏鸟为题材的。从清朝开始，观赏鸟品种越来越多，饲养量也越来越大。康熙年间，热河地区（今河北省）曾把相思鸟作为贡品，上献宫廷，可见当时养鸟已相当普遍，我国观赏鸟的饲养大约有 3 000 年的历史。

　　近年来，人们开始追求更加丰富多彩的文化娱乐生活，因而观赏鸟的饲养量迅速增加，许多城市成立了养鸟协会，经常组织赏鸟、赛鸟活动。目前，在我国作为观赏而饲养的鸟已有百余种，其中主要是雀形目，这类鸟通常体型小巧，善鸣善舞。此外还包括鹦形目、佛法僧目、鸽形目、鸡形目、雁形目的部分鸟类。养鸟的规模有家庭饲养与供观赏的笼养，也有的已发展成较大规模的商业性生产。养鸟已从过去单纯用于观赏发展成为一种新兴的养殖业，如人工养殖孔雀、七彩山鸡、鸽、红腹锦鸡等。

几千年的养鸟历史使我国在养鸟方面积累了丰富而特有的经验。观赏鸟不仅为我国人民所喜爱，也为世界人民所喜爱，日本及西欧的一些国家和地区等在观赏鸟饲养方面也颇具特色。

## 二、饲养观赏鸟的意义

饲养观赏鸟作为一项有益健康的休闲活动，吸引了越来越多的爱好者，已成为人们生活内容的一个部分。饲养观赏鸟需要付出足够的爱心和耐心，而这种付出又能够在欣赏它们的过程中得到回报。观赏鸟可以给人们营造一种活泼轻松的氛围，它们以特有的体态、动作、羽色和叫声给人一种艺术的享受，使人们在精神上得到愉悦和放松。七彩文鸟、梅花雀、金山珍珠、黑枕黄鹂、红嘴蓝鹊、寿带鸟、蓝翡翠的形态十分优美，全身的羽毛五彩缤纷，令人赏心悦目。画眉鸟、红嘴相思鸟、红点颏、蓝点颏的叫声极为动听，有的激昂悠扬，有的柔润婉转，有的清朗流畅，使人心旷神怡。百灵、云雀、绣眼鸟在鸣唱之时还能同时起舞，姿态优美多变，舞时有的不断颤动两翅，有的能停在半空飞翔，有的能在半空翻身，常常令人忍俊不禁。整日为生活忙碌的人，听到了它们的叫声，疲劳会一扫而光；心情忧郁的人，听到了它们的叫声，会觉得心胸变得坦荡。还有许多鸟类，经过人们的耐心培训，能学会许多技艺，做各种滑稽逗人的表演，黄雀、金翅雀、朱顶雀可以表演接物、戴面具、撞钟等；八哥、鹩哥、鹦鹉还能模仿人的语言及其他鸟的叫声和声响，更是令人开怀大笑，平添几分幽默。

饲养观赏鸟是一项趣味性很强的活动，对于那些辛劳一生、退休在家的老人，养鸟给他们的生活增添了不少情趣，使他们心胸开朗、性情平和，驱走了生活中的孤独寂寞，令他们的晚年生活充实、愉快。清晨，拎着鸟笼散步于林间湖畔，欣赏万物复苏时的美景，呼吸着新鲜空气，聆听着小鸟婉转的歌声。如果遇到鸟友，可以把鸟笼挂在一起，一边聊天，一边交流各自的养鸟心得，再活动活动手脚，真是怡神怡体、其乐无穷，大大地增进了身心健康。饲养观赏鸟运动量并不大，可以看作是一种积极的休息。遛鸟还能调节日常生活作息规律，使人们以更充沛的精力投入工作和生活之中。

观赏鸟不仅能陶冶情操，增添乐趣，还能成为有毒、有害气体的"监测仪"和"报警器"。观赏鸟大多体型小巧，对有毒、有害气体反应灵敏，当人们对空气中一些有毒、有害气体尚未觉察的时候，一些观赏鸟便已有感觉并有所反应，提醒人们迅速采取措施。

饲养观赏鸟所需的设备比较简单，资金投入不多。随着观赏鸟饲养技术的改进，特别是许多观赏鸟得以成功地进行人工繁育，使观赏鸟又可作为一种很有前途的事业来发展。科学地、合理地和有组织地饲养、繁育一些名贵的观赏鸟，既可以满足国内外市场需要，又可以创造一定的经济效益，还能起到保护鸟类资源、维护生态平衡的作用。但目前饲养水平都不高，有必要建立饲鸟专门科研机构，提高饲育质量，增加观赏鸟的种类。如金山珍珠、灰文鸟、胡锦鸟、牡丹鹦鹉、玄凤鹦鹉等都可以进行人工饲育，不仅国内饲养者需要，还可大量出口。特别是那些善于啭鸣的鸟深受国外观赏鸟爱好者的欢迎。

### 三、观赏鸟的外部特征

鸟类种别的鉴别主要是根据鸟体的外部形态结构与特征。因此，只有正确地掌握鸟体外部各部位的名称和量度方法，才能准确地识别鸟的种别，为学习与掌握观赏鸟的日常保健与美容打基础。

#### （一）鸟的体型

从鸟的体型上，可将其分头、颈、躯干三部分，体外被羽，构成流线型外廓，表面光滑，即可减少飞行阻力。前肢演变成适应飞翔的翼，由坚强的羽毛构成翼面，即可振翼而推动气流，自如地朝着不同方向飞翔。上下颌形成喙，后肢趾端有爪。喙和爪的发达程度与形状与其食性及栖息环境有关。会游泳的雁鸭类鸟趾间有发达的蹼；猛禽类的爪大而锐利；生活在沼泽或水滨的涉禽类后肢较长，喙和颈也长，适应伸入水中捕食鱼虾。

#### （二）鸟羽的构造与功能

鸟类的皮肤上着生羽毛，这是一类被羽的二足动物。鸟羽由皮肤的表皮衍生而成，具有保证体温恒定、增加鸟体浮力、显示物种的体色以及飞翔等作用。

**1. 羽域的分布**　鸟类的羽毛生长在体表的一定区域。着生羽毛的体表称为羽区，反之为裸区。

**2. 鸟羽的类型**　根据鸟的形状、构造及功能，一般可分成五种类型：

（1）正羽。这是覆盖鸟体表面的一类大型羽毛。正羽是由羽轴与羽片两大部分组成。羽轴的上半部分着生羽片，该部分的羽轴实心，称羽茎。羽茎两侧的羽片，有的是左右对称的，为对称型羽片，如覆羽。有的正羽是不对称的，如鸟翅上的飞羽。其内侧的羽片较宽，外侧的羽片较窄。鸟翅的每一正羽的外羽片均是覆盖在另一正羽的内羽片上，形成覆盖瓦状。当鸟高空飞行时，飞羽的这种覆盖可增加气流的上浮力与减少大气对翅膀的上压力，有利于鸟体上升飞行活动。

正羽的羽片是由许多斜生而平行的羽枝组成。而每一羽枝的两侧又分生出许多羽小枝。每一羽小枝的一侧生有许多细钩，名为羽小钩；另一侧着生许多锯齿状突起，称为羽小齿。因此，相邻的羽小枝之间借羽小钩与羽小齿进行彼此勾结，则形成不散开的羽片；一旦羽片分散后，经梳理即复原。由于外力作用，羽小钩与羽小齿脱开而羽毛蓬乱，鸟类常以其喙加以梳饰而复原。

正羽着生的位置不同，其功能即不同。正羽着生在翅膀的边缘，主要起着飞翔作用的，这种正羽又称飞羽，是构成翼（翅膀）的主要部分。飞羽又可分成初级飞羽、次级飞羽及三级飞羽。正羽覆盖在全身表面的，主要起保温作用者为覆羽。正羽着生在尾部，对飞翔时起舵的作用，称尾羽，有的种类尾羽长而美观。

（2）绒羽。这是一种蓬松絮状的羽毛，它们多分布在正羽的下面。羽茎很短，有的绒羽的羽茎已完全消失，仅存短的羽根。长而柔软的羽枝簇生在羽茎或羽根的顶端；羽枝也侧生羽小枝，但无羽小钩与羽小齿，所以羽小枝之间不能相互勾结，故呈絮绒状，主要起保温作用。水鸟类的绒羽特别发达，如雁鸭类。

（3）半绒羽或副羽。在羽茎的两侧有许多羽枝与羽小枝。而羽小枝上无羽小钩及羽小齿，因此羽片蓬松，其形态介于正羽与绒羽之间的一种中间类型；因羽枝柔软而蓬松，故名半绒羽，又称副羽。

（4）毛状羽。这类羽毛杂生在正羽与绒羽之间，实际上，是退化了的正羽：在羽茎的顶端簇生羽枝及无羽小钩和羽小齿的羽小枝。平时把鸡或鸭去掉正羽与绒以后，在其体表常发现有稀疏的毛状羽。

（5）须羽。羽毛多着生在眼、鼻及喙的周围，例如鼻须、额须、睫毛等。它们仅有一条硬的羽茎，而无羽枝，即使有羽枝，也着生在羽茎的基部。须羽具有触觉功能。

**（三）鸟嘴的形态与功能**

**1. 鸟嘴的结构特点**　鸟嘴是由上颌与下颌延长而成，鸟类的嘴称为喙，其外面被一层坚硬的角质鞘构成锐利的切缘或钩曲，成为鸟类的取食器官，现代鸟类的嘴中无齿。

**2. 嘴的形态与食性及摄食方式的关系**　鸟嘴的外形往往因食性而不同，食肉性鸟的嘴形尖锐而钩曲，则便于撕裂猎物，例如鹰、隼、伯劳、鹭等猛禽的嘴；若以喙取匿居树中虫类为食者，嘴呈楔形，且强直而坚硬，则便于穿凿树木，例如啄木鸟的嘴形；若以谷物或种子为食的鸟嘴，多呈粗短而圆锥状，如鸡、鸽、麻雀等；交嘴雀的嘴，先端上下交叉，借以伸入松类球果的鳞片间，取其间的种子为食；吃鱼的鹤类、鹭类等，它们常伫立在水边，伺机捕捉鱼类为食，因而具有长腿、长颈和长的喙，有助于捕鱼活动；以水与泥沙中小型无脊动物及藻类为食的鸟类，它们的嘴宽扁，嘴的内侧有若干角质状缺刻，使入口内的水溢出，而食物留在口内；蜂鸟的嘴细长而呈管状，适于吸取花蜜。

**（四）鸟翼的形态与功能**

鸟的前肢特化成翼，由坚强的羽毛构成大的翼面，凭借气流而鼓翼飞翔。覆盖在翼表面的羽毛主要是正羽，由于着生翼体的部位不同，其名称及功能也不同。鸟翼形状大小往往因飞翔能力不同而异。飞翔能力强而善飞的鸟类，其翼长而尖，例如燕子、雨燕、信天翁、军舰鸟；不善飞，当飞行时，必须不断地上下扑动，才能够维持其飞行，如鹌鹑、雉、秧鸡、家鸡等，其翼形圆而短；企鹅的翼不用于飞翔，而起鱼鳍的作用，已变成鳍形；鸵鸟的翼不能飞，其飞羽已无羽钩，故不能鼓翼飞行，仅用于奔驰时的助势，各种羽毛具有其相应的作用。

**1. 飞羽**　这是质地牧坚硬的大型正羽，构成翼的主要部分，又因着生在翼骨的不同部位而分为初级飞羽、次级飞羽及三级飞羽。

（1）初级飞羽。附在掌骨与指骨上的一列最长正羽，9～10根。如若把它拔除切断，飞翔能力即大减或失去，故初级飞羽是飞羽中起飞翔作用的主要部分。

（2）次级飞羽。附着在尺骨上的一列正羽，排列在初级飞羽之后，故得名。其数目比初级飞羽多，但每根次级飞羽的长度较短。由于二者着生的部位及长度不同，故易区别。

（3）三级飞羽。位于翼的内缘，纵行排列，也附在尺骨上，因位于次级飞羽的内侧，故也名为内侧次级飞羽，其数目量最少，但在展翅飞行时也起着重要作用。

**2. 覆羽**　覆盖在鸟翼上下表面的一系列的正羽名为覆羽。在翼的上表面的覆羽又称上覆羽，在翼的下表面者称下覆羽。上覆羽有时具有鲜艳的色斑，名为翼镜或翼斑，在鸭类中常为识别的标志。覆羽是组成鸟体外壳的部分，具有保温及飞行时增加浮力的作用。下覆羽虽然也有初级及大、中、小覆羽之分，但区划并不太明显。

**（五）鸟尾的形态与功能**

一般脊椎动物的尾巴都由若干尾椎支撑，而现代的多数鸟类的最后的6～10块尾椎愈合成尾综骨，形似向上翘的犁头，以支持丛生的尾羽，因此平时人们所见的鸟尾实际上仅是尾羽部分。鸟羽的数目、颜色及尾形是鉴别鸟类物种的依据之一。鸟类的尾羽是左右对称排列，一般为10~12根，但也可少至4根，多者达32根，如若数目多时，由中央向两侧渐变细小，似针状，居中央者称中央尾羽，位于两侧的统称外侧尾羽。尾羽的基部被柔软的正羽所覆盖，统称为尾部覆羽。位于尾羽基部上面的覆羽被称为尾上覆羽；位于下面的称为尾下覆羽。

鸟翼是飞翔鸟类的主要运动工具，鸟类在空中的自由飞翔活动不仅靠鸟翼的作用，尾也起着定向的舵手作用。

### （六）鸟脚的形态与功能

鸟类脚由股、胫、跗跖及趾等组成。股也称大腿，是脚的最上部分，与躯干部相衔接，常被羽毛，因此多隐藏而不外现。胫也称小腿，在股的下部、跗跖的上端，有的种类胫是被羽毛的，有的种类胫是不被羽毛的。跗跖在胫的下端、趾的下端，是一般小鸟脚（足）的显著部分。有的种类跗跖被羽毛，有的种类跗跖附鳞片，在跗跖的后缘有2个整片的纵鳞，跗跖的前缘有的着生横列的盾鳞，有的呈网眼状鳞，有的呈靴状的整片鳞。

鸟类的趾是着地部分，一般为4趾。第1趾为后趾，第2趾是内趾，第3趾居中，靠外侧的为第4趾。趾端有爪，其形态与长度以及趾排列状况是分类的依据。大多数鸟类的足（脚）第2~4趾向前，第1趾向后，在鸟类学中称为常态足。

鸟类脚的长短与强弱因种而异。凡飞翔力不强的种类，脚均很发达，如雉类、鸡类；凡飞翔力强的种类，脚均细弱，如燕子、雨燕。游禽类（鸭、鹅）的脚较短，而涉禽类（鹤、鹳、鹭）的脚较长，适于浅滩中涉水取食。适于游泳的鸟脚趾间有蹼，如鸭的前面趾间完以蹼相连，恰似桨状，适于划水，因此又名蹼足。有的鸟类为对趾足（第1与第4趾向后，第2与第3趾向前），如啄木鸟。而另一些鸟类为异趾足（第1与第2趾向后，则第3与第4趾向前），如咬鹃。异趾足与对趾足都适于攀缘功能。有的鸟类4趾皆向前的名为前趾足，适于握物功能。又如翠鸟的脚，前3趾的基部相互愈合，名为并趾足，适于长时间栖止，窥视猎物动静。某些猛禽类（鹰）的趾强大，爪锐而钩曲，适于捕捉及撕裂食饵。

### （七）鸟皮肤的特点

鸟类的皮肤薄而松，便于飞翔时肌肉剧烈的运动，但缺皮脂腺，仅在尾的基部上方有一隆起的尾脂腺，常以喙（嘴）触擦尾脂腺而刷润体羽，保持羽片不紊乱，尤其是水鸟类，增强其体羽防水性。尾脂腺常可分泌油脂，以弥补其皮肤的干燥；有的鸟类，在外耳道内尚有一些小的腺体，也能分泌油脂。但家禽皮下含的大量油脂是体内脂肪细胞沉积成的，而不是皮脂腺的分泌物。皮肤上着生羽毛是鸟类独有的特点。鸟羽是皮肤的衍生物，有保持鸟的体温恒定、增加飞翔时浮力等作用。此外，鸟类的跗跖表面尚附生鳞片，其形状因种而异。鳞片也是皮肤的一种衍生物。

## 四、鸟类外部形态的观察

**1. 操作目的** 正确识别各种观赏鸟类外部形态特征，比较不同鸟体形态差异，进而了解其形态类型和生活习性。

**2. 操作材料** 不同观赏鸟的标本、观赏笼养鸟（根据当地的常见鸟种进行选择）。

**3. 操作要求** 鸟类外部形态观察，提供的观赏鸟的标本及笼养鸟数种，对其嘴形、翅形、体色、腿形、爪形以及食性进行观察，并将其结果填入表3-1。

表 3-1　观赏鸟的外部形态特征与食性

| 鸟名 | 嘴形 | 翅形 | 体色 | 腿形 | 爪形 | 食性 |
|------|------|------|------|------|------|------|
|  |  |  |  |  |  |  |
|  |  |  |  |  |  |  |
|  |  |  |  |  |  |  |

## 五、鸟体测量

**1. 操作目的**　正确掌握鸟体外部各部位的名称和量度方法。比较不同鸟类形态差异，进而了解其生态类型和生活习性。

**2. 操作材料**　不同观赏鸟的标本、笼养的观赏活鸟，卡尺、卷尺等。

**3. 操作要求**　根据所提供的观赏鸟，对其进行下列指标的测量，了解鸟体的特征，并把相应的结果填入表 3-2，鸟体的测量指标主要有以下几种：

（1）体长。鸟体仰卧，腹部朝上，头尾伸直，自嘴端至尾端的直线距离。

（2）嘴峰长。自嘴基生羽处至上嘴先端的直线距离。

（3）嘴裂长。上下嘴张开时的最大的宽度。

（4）翼长。自翼角（即腕关节）至最长飞羽的先端的直线距离。

（5）翼展长。鸟体腹部朝下，双翅全部水平展开，自一侧翼羽的最尖端至另一侧翼羽最尖端的直线距离。

（6）尾长。自尾羽基部至最长尾羽的先端的直线距离。

（7）跗蹠长。自胫骨与跗跖关节后面的中点，至跗跖与中趾关节前面最下方整片鳞的下缘之间的距离。

（8）趾长。自跗跖与趾的关节处，跗跖最下端的整片鳞缘至趾端爪基缘的距离。

（9）爪长。自爪基缘至爪先端的直线距离。

表 3-2　鸟的体尺测量结果

| 鸟名 | 体长 | 嘴峰长 | 嘴裂长 | 翼长 | 翼展长 | 尾长 | 跗蹠长 | 趾长 | 爪长 |
|------|------|--------|--------|------|--------|------|--------|------|------|
|  |  |  |  |  |  |  |  |  |  |
|  |  |  |  |  |  |  |  |  |  |
|  |  |  |  |  |  |  |  |  |  |
|  |  |  |  |  |  |  |  |  |  |

### 🐾 分析与思考

1. 鸟体的外部形态包括哪些部分？
2. 常用的鸟体量度指标有哪些？
3. 简述鸟羽、鸟翼、鸟尾的构造与功能。
4. 简述鸟嘴、鸟脚、鸟皮肤的构造与功能。

# 任务二 常见观赏鸟的分类与品种识别

## 一、观赏鸟的分类

鸟类在体积、形状、颜色以及生活习性等方面都存在着很大的差异，因此在分类方面也有很多不同方法，主要有系统分类、外部形态特征分类、生活习性分类等。

**1. 系统分类** 鸟纲分古鸟亚纲和今鸟亚纲，现存的鸟都可以划入今鸟亚纲的 3 个总目：平胸总目、企鹅总目和突胸总目。鸟纲是陆生脊椎动物中出现最晚、数量最多的一纲。全球有鸟类 9 000 余种，其中我国就占 1 183 种之多。鸟类品种虽多，但适合饲养的却只有 200 多种，我国饲养种类为百余种，其中多为雀形目鸟类，其余是鹦形目、佛法僧目、隼形目和鸽形目。

**2. 以生态类群分**

（1）走禽类。这类鸟嘴的形状扁短；都在沙漠和草地上生活；胸部不突起，没有龙骨突；翅膀几乎完全退化，因此不会飞翔；双脚强大有力，善于奔跑，而且行动迅速，如鸵鸟、鹤鸵等。

（2）游禽。嘴阔而且扁平，脚趾向后伸，趾间有蹼，善于游泳，通常在水上生活，如雁、鸭、天鹅等。

（3）涉禽类。嘴细长而直。颈、脚和趾都很长，适于在浅水中涉行，不会游泳，通常在水边或沼泽一带生活，因为腿长，势必要低头啄食，所以生有较长的脖子，如丹顶鹤、白鹭等。

（4）猛禽类。嘴强大像钩状，翼大善飞，脚强壮，趾有锐利的钩爪，性凶猛，如鹰、雕、隼、猫头鹰等。

（5）攀禽类。嘴尖直似凿，脚短健，两趾向后，有利于攀缘树木，如啄木鸟、鹦鹉、翠鸟等。

（6）鸣禽类。嘴后细长或短粗，脚趾细，有 4 趾，3 趾向前，1 趾向后，个体都比较小；擅长鸣叫，在树上生活，能做精巧的窝巢。如百灵、画眉鸟、缝叶莺、织布鸟等。

（7）鹑鸡类。身体健壮，嘴较短健，上嘴稍曲，略大于下嘴，脚强健，有 4 趾，3 趾向前，1 趾向后，并生有适合挖土的钩爪；翅膀短小，不善于长距离飞行，善于奔走。雄鸟常较雌鸟美丽，如鸡形目中所有种。大多数是定居的鸟类，如鹧鸪、雉鸡等。

（8）鸠鸽类。嘴比较短，基部柔软；主要营树栖生活；特别擅长飞行；吃植物性食物；它们的嗉囊能分泌乳汁哺育雏鸟；上嘴基部为软皮质并膨胀成泡状，脚短健有 4 趾，3 趾向前，1 趾向后，如斑鸠、鸽等。

**3. 按鸟类随季节变化居留或迁徙划分**

（1）留鸟。指终年栖息在繁殖区，没有迁移的现象，如黄腹脚雉、雉鸡等。

（2）旅鸟。指相对某一地区，鸟类只在南北迁移时，路过某地的鸟类。此外，还有迷鸟，是因特殊情况如狂风等，鸟类离开原先迁移的路线，被迫移到异地。

（3）夏候鸟。指相对某地区春夏季节飞来繁殖，秋冬季节飞走越冬，如燕子等。

（4）冬候鸟。指相对某地区秋冬季节飞来，春夏季节飞走繁殖，如鸳鸯等。

**4. 按雏鸟孵出后发育程度划分**

（1）早成鸟。雏鸟孵出时已发育充分，体表被羽绒，眼睁开，能立即随双亲活动，如鸡类、鸭类等。

（2）晚成鸟。雏鸟孵出时未充分发育，眼未睁开，脚无力，需双亲喂养，在巢内完成后期的发育，如猫头鹰、鹰类、麻雀类等。

**5. 以生存价值和分布为基础的分类系统** 据此分类系统可将鸟类分成两个类群：普通鸟和保护鸟。普通鸟是指数量较多、全球性分布的鸟类；保护鸟则是指数量较少、呈局限性分布的鸟类。保护鸟则又可分为世界级保护鸟、国家级保护鸟和地方级保护鸟三类。世界级保护鸟有13种，其中有产于我国和日本的短尾信天翁和朱鹮；国家级保护鸟是各国根据其鸟类资源情况所确定的鸟类保护对象；地方级保护鸟则是各地方区域（可以为一个国家的特定区域，也可以是某一跨国特定区域）根据其鸟类资源所确定的鸟类保护对象。

**6. 按照鸟的观赏功能划分**

（1）体态优美、羽色鲜艳。这类鸟饲养较简单普遍，不需调教，只要养活就能达到观赏要求。国内常见品种有虎皮鹦鹉、牡丹鹦鹉、金山珍珠、红嘴相思鸟、黄鹂、绣眼、戴菊、戴胜、七彩文鸟、红嘴蓝鹊、中国寿带鸟、蓝翡翠等。这些鸟类的鸣声虽不够优美动听，但因羽色夺魁仍深受人们的喜爱。

（2）鸣声悦耳动听。这类鸟通常称作鸣禽，是中外众多爱鸟者的主要观赏对象。羽色鲜艳的鸟类，鸣声并不悦耳，而一些羽色平淡的鸣禽唱家，如画眉鸟、百灵、云雀、乌鸫、大山雀、沼泽山雀等，反而是真正的歌唱家。这些鸟能鸣善唱，鸣声激昂悠扬有序，并可学其他鸟的鸣叫，音调婉转多变，节奏条理，往往引人注目，使人流连忘返。

（3）姿态娇丽、鸣声悦耳。既有美丽的羽毛和以其鸣声或鲜艳的色彩取悦于人，如金丝雀（芙蓉鸟、白玉鸟），轻盈悦耳，令人冶情养性。鸣唱柔润婉转，清朗流畅。目前较为常见的鸣唱笼鸟种类繁多，国内最普通的种类有相思鸟、黄雀、绣眼、白头鹎、红点颏、蓝点颏、鹪鹩、朱顶雀等；百灵、石雀、绣眼鸟、歌鸲、柳莺、山雀等舞姿优美。

（4）善于模仿人语。鹦鹉能言，早在古籍中就有记载。诗人白居易在《秦吉了》（鹩哥）中曾写有"耳聪心慧舌端巧，鸟语人言无不通"的诗句。除鹦鹉、鹩哥外，还有八哥、松鸦、红嘴蓝鹊等鸟，这几种鸟比较聪明，伶牙俐齿，善模仿学舌。

（5）表演技艺。善于表演技艺的笼鸟有黄雀、金翅雀、白腰文鸟、斑文鸟、鹦鹉、虎皮鹦鹉、沼泽山雀、蜡嘴雀、锡嘴雀、交嘴雀、鹩哥、太平鸟、白腰朱顶雀、朱顶雀、金丝雀、相思鸟、黄鹂等。这类鸟小巧玲珑，轻捷活泼，机敏灵巧。经过调教、特定强化训练后，能学会衔物、接物、翻飞及衔取小型道具等多种技艺动作。

（6）打斗。画眉鸟、棕头鸦雀、鹐鹑、鸡等雄性都是好斗的鸟禽，可观赏打斗。

（7）驯养观赏狩猎。狩猎鸟均较凶猛、强悍，体质强健，耐饥饿。能驯养的鸟在我国主要有苍鹰、雀鹰、鸬鹚和灰伯劳等，国外还有训练金雕的。我国人民驯养鸬鹚主要是利用鸬鹚捕鱼。

（8）竞翔鸟类。主要指信鸽，鸽可分为观赏鸽、信鸽和食用鸽几类，其中信鸽在国防、科研上都有特殊用途，鸽竞翔比赛是少数人们喜爱的体育项目之一。鸽具有飞翔能力，受过训练后可以传递讯息，赛鸽则为人们提供了休闲的乐趣。

## 二、常见观赏鸟的生活习性与品种识别

常见观赏鸟

**1. 虎皮鹦鹉**　虎皮鹦鹉是一种深受人们喜爱的笼养鸟，它又名娇凤、阿苏儿、彩凤，属鹦形目、鹦鹉科。它于 1780 年由澳大利亚传入英国；1850 年在比利时安特卫普动物园繁殖成功；1872 年在比利时初次培育出黄化型虎皮鹦鹉；1875 年在德国也第一次培育出黄化型虎皮鹦鹉。到目前为止，黄化型虎皮鹦鹉被各国人民所饲养。我国是在 20 世纪 40 年代引入的。虎皮鹦鹉的鸣叫虽不悦耳动听，但羽毛颜色十分抢眼，全身羽毛由黄、黑、绿、蓝、青等 7 种不同颜色组成（图 3-1），色彩鲜艳而和谐，给人一种美而不俗的舒适感，深受国内外养鸟者的喜爱。

图 3-1　虎皮鹦鹉

原种虎皮鹦鹉的体色主要为黄绿色，头及背部为黄色，并带有黑色横纹。体长只有 20cm 左右，在鹦鹉科中属于小型品种。虎皮鹦鹉的腰、胸及腹部均为绿色；尾羽则呈黄色且很长，但中间却有两根蓝色尾羽，很是明显，颊部有蓝黑色圆斑。头圆，嘴短而硬，上嘴有钩曲似鹰嘴，嘴基有蜡膜。腿较短，两趾向前，两趾向后，适于在树上攀缘。雌雄虎皮鹦鹉的体色基本一致，但是雄虎皮鹦鹉在发情期间上嘴基部的蜡膜变成蓝色或蓝白色，老年雄虎皮鹦鹉的变成深蓝色；雌虎皮鹦鹉则相应变化为肉色，老年雌虎皮鹦鹉的蜡膜则变化为姜黄色。人工培育的虎皮鹦鹉要比自然生长的虎皮鹦鹉的颜色、品种多，一般可见下列五种类型：

（1）玉头型。为稀有的品种，一种头部白色，其他部位为淡蓝色；另一种头部黄色，其他部位为绿色。

（2）波纹型。国内饲养的虎皮鹦鹉主要是这一类型。体表的虎皮斑纹与原种相似，但有蓝、绿、黄等多种颜色。

（3）白化型。有两种，一种全身洁白如雪，眼睛呈红色的，也称白红眼虎皮鹦鹉；另外一种体羽白色，全身分布有大块的黑斑点，称云斑虎皮鹦鹉。

（4）黄化型。眼睛红色，全身黄色，但有深黄与浅黄之分。

（5）淡色型。分上体深黄、下体绿色和上体白色、下体蓝色两个品种，翅上均有黑色斑点。

虎皮鹦鹉杂食性，野生虎皮鹦鹉常在山丘的林间活动，秋季飞至田野啄食谷物，其嘴坚硬，像一把拔钉子的钳子，再硬的果壳也能被它们敲开。除此之外它们还吃植物种子、果浆及植物的嫩叶等。虎皮鹦鹉一般寿命可达 15 年，而以 4～5 年繁殖能力最强，每窝产卵4～8个。晚成鸟 20d 以后羽毛出齐，30d 以后出窝，幼鸟 5～6 月龄达到性成熟。

虎皮鹦鹉经过训练后不仅能学会爬梯子、跳绳子等技艺，还可训练成手玩鸟。虎皮鹦鹉耐寒性较强，但生活环境温度不能低于 5℃。虎皮鹦鹉不需遛鸟，不喜水浴，天热时可喷雾淋浴。

**2. 大绯胸鹦鹉**　大绯胸鹦鹉属国家二级保护鸟类。属鹦形目、鹦鹉科，它同时又被称为四川大鹦鹉、长尾绯胸鹦鹉，主要分布于我国四川、云南、广西以及西藏东南部，还有印度的北部等地。大绯胸鹦鹉善于模仿人类的语言。

大绯胸鹦鹉体型较大，约有45cm长，嘴粗短有力，呈钩状。从颜色上看，雄鸟上嘴呈橘红色，下嘴为黑色，雌鸟嘴均呈黑色。额基部有一条黑纹向左右延伸至眼圈，自下嘴基部有一对黑色带状斑延伸至颈侧。头部紫灰色，面颊绿色，后颈部及上体均为艳绿色且光泽感强，飞羽黑色，覆羽绿色，喉及胸部为葡萄紫色并染有紫蓝色，尾下覆羽绿色。楔状尾，中央尾羽特长，呈天蓝色，尖端绿色。跗脚暗灰绿色（图3-2）。它们的食物主要为植物种子、果实、浆果、嫩枝及幼芽等。

图 3-2　大绯胸鹦鹉

**3. 牡丹鹦鹉**　牡丹鹦鹉属鹦形目、鹦鹉科，又名情侣鹦鹉、黑头鹦鹉、蜡嘴鹦鹉。野生原始种有9种，人工培育有100多个品种。牡丹鹦鹉的体色十分艳丽，原产地在非洲，是国外一种常见的笼养观赏鸟。后来也被我国引入，在动物园中展出，受到了人们的欢迎，现已成为家庭饲养的观赏鸟。牡丹鹦鹉体长14～18cm，也属一种小型鹦鹉，尾短而圆，眼睛周围有一白圈，头部呈红色、灰色、棕色或黑色，嘴呈红色。牡丹鹦鹉在我国分两个类型：黑头牡丹鹦鹉，其体长约14cm，嘴红色，眼及蜡膜为白色，头部黑褐色，颈部有赤黄色的环带，上胸橙红色，背与翼为绿色，但翼端为黑色，尾羽绿色，脚灰色；棕头牡丹鹦鹉，其头部为棕褐色，故名棕头牡丹鹦鹉。尚有红头牡丹鹦鹉（见图3-3）、黄头等品种。

图 3-3　牡丹鹦鹉

**4. 黄化鸡尾鹦鹉**　黄化鸡尾鹦鹉属鹦形目、鹦鹉科。是20世纪50年代后期才出现的新品种，在它之前的20世纪40年代，美国的加利福尼亚州首先出现了鸡尾鹦鹉，但是杂色的。由于鸡尾鹦鹉是由佛罗里达州的饲养者穆恩夫人培育出来的，因此它最初的名字为"月光"。黄化种曾是鸡尾鹦鹉中最流行的类型（图3-4），但黄棕色种、白脸种、银白种和纯白种目前也非常流行。

黄化鸡尾鹦鹉身长为30cm。喜食较小的谷类种

图 3-4　黄化鸡尾鹦鹉

子、向日葵种子、绿色食物和水果。雌鸟的尾羽下侧有横纹。孵化期是 18d，28d 后羽毛长成。幼鸟与成年雌鸟相似，但尾羽较短。黄化鸡尾鹦鹉的平均寿命是 18 年。刚饲养的成鸟很快可适应环境，对其他种类没有攻击性，叫声清脆清亮，手养鸟可爱亲人。

**5. 蓝眼凤头鹦鹉**　蓝眼凤头鹦鹉属鹦形目、鹦鹉科。不管在野外还是人工养殖的数量都很稀少，它们是最友善也最爱玩的一种，喜欢一些新奇的物体，喜被人赞扬。它们有着强而有力的喙，喜欢啃咬，力量也很强劲。蓝眼凤头鹦鹉人工养殖的平均寿命是 40 年，但是它们在野外的平均寿命可高达 50～60 年。刚进入饲养初期的鸟较为胆小害羞，与其他大型凤头鹦鹉一样，喂食方面需要提供热量较高的坚果类、葵花子、蓖麻籽等，日常饲喂混合种子与蔬果。

蓝眼凤头鹦鹉头部有着向后弯曲的黄白色圆弧状羽冠，翅膀和尾羽内侧也有着黄色的羽毛。眼睛外围有着明显蓝色的眼圈，鸟喙为灰黑色，成熟雄鸟的虹膜为深棕色，雌鸟则为红棕色（图 3-5）。

图 3-5　蓝眼凤头鹦鹉

**6. 百灵**　百灵属雀形目、百灵科。又名蒙古鹨、蒙古百灵、塞云雀、华北沙鹨等。分布于东半球，我国境内有 6 属 13 种。主要分布于内蒙古的呼伦贝尔市、林西县和鄂尔多斯，河北张家口等地区。

百灵体长 13～20cm，体重 46～72g，雄鸟的额部、头顶周围和后颈呈栗红色，头顶中部为棕黄色。背部的羽毛大致上呈土棕色。两翼黑褐色，外侧有白斑。喉部白色，胸部两侧有黑色斑块，腹部沙白色。雌百灵的外形与雄鸟相似，只是眼睛显得圆而小，眼神亦不如雄鸟明亮，额部和后颈呈棕黄色，胸部两侧的黑斑不如雄鸟明显（图 3-6）。

百灵是寒带鸟，野生百灵栖息于广阔荒漠的草原上，属于地栖性鸟类，从来不栖息枝头，故喜沙浴、日光浴。百灵笼内不设栖架，仅在笼底的中央设一个圆形木质高台，百灵可经常站立在台上扬首高歌。百灵鸟笼一般分为

图 3-6　百　灵

大、中、小型 3 种，均为圆形竹笼。大型高笼一般高 120cm，笼底直径 60cm；中型笼高 45～60cm，笼底直径 45cm；小型笼高 20～30cm，笼底直径 30cm。大型高笼也可制成按需要调节高度的升降高笼，升高可专供百灵飞舞鸣唱，降低可便于移动或运输。笼底用薄木板制成，笼壁的下部以木片或竹片封闭，封闭高度为 3～5cm，以利于笼底铺垫细沙，供百灵沙浴。笼壁以竹片封闭的上方设有圆形孔洞 1～2 个，食缸及水罐固定在洞外的笼壁上，鸟头可以自由伸出笼外取食或饮水，也便于随时添加饲料和饮水，还可避免笼内细沙及粪污混入食水之中而损害笼鸟健康。沙子最好用河沙，因河沙细而柔软，且凉性较大，鸟沙浴时会感到清凉舒适，并可以擦拭羽毛，使羽整齐；笼里的沙子要常筛滤，并及时将鸟粪和其他杂物清理掉，最好用水冲洗干净。沙子用过一段时间后应放在太阳下面暴晒消毒。鸟笼悬挂在通风、凉爽、严禁太阳暴晒的地方。百灵对遛鸟、水浴要求不高，只有在天气炎热时，用水将鸟体喷湿即可。

百灵主食野生植物的种子，兼食昆虫。百灵的羽毛并不是很出众，其优势在于悦耳的鸣声，有东、西口百灵之分。东口百灵能站台歌唱，其羽色为青褐色，跗跟部近褐色，后趾及爪较长；西口百灵善舞鸣，羽色棕红，跗趾部为红色。

**7. 灰文鸟**　灰文鸟是一种世界性笼养鸟，原产地在苏门答腊、马来半岛等地，属雀形目、文鸟科。野生的鸟经过长期的人工饲养和繁殖，已有多种不同颜色的新品种问世。随着灰文鸟的饲养数量和品种的增加，一方面可满足广大养鸟爱好者的需求，另一方面可减少对野生鸟的捕捉，对保护自然界鸟类资源有一定作用。

灰文鸟如麻雀般大小，嘴、眼圈、爪为红色，身体却是灰色的，又有着黑白的羽毛。成年灰文鸟除观赏其羽色外还可听其叫声，雄鸟叫声尖锐，是拉长音，发出"啾——啾"的声音，雌鸟只发出"嗽——嗽"的短音。人工培育的灰文鸟新品种在颜色上较自然繁殖的灰文鸟多一些，可分为花色、白色和驼色 3 种类型：花色灰文鸟，体羽为浅灰色，带有白花；白色灰文鸟，全身好像披着一层圣洁的白雪，加上红嘴、红脚、红眼睛，显得非常典雅；驼色灰文鸟，体型比

图 3-7　灰文鸟

白色灰文鸟稍大，体羽为驼色，两颊有大白斑（图 3-7），是近年来培育出的新品种。繁殖力较低，体质较弱，但由于颜色特殊，所以很受养鸟者的青睐。

灰文鸟的雌雄难以从羽毛颜色上判断出来的，不过细听鸣叫声有所不同；细看嘴峰，雄鸟稍高，雌鸟较平；再观眼圈，雄鸟红色完整，雌鸟红色浅淡且有缺刻处。

**8. 七彩文鸟**　七彩文鸟属雀形目、文鸟科，又名胡锦鸟、胡锦雀、五彩文鸟，原产于澳大利亚。七彩文鸟是一种以羽毛艳丽而闻名于世的观赏鸟，它的羽毛有 7 种颜色，十分漂亮，故被誉为"鸟中美男子"。鸟体有黄、红、蓝、紫、黑、绿及过渡色之分，因而又有七彩文鸟之名。

七彩文鸟上体绿色，下体黄色，头、脸颊部为玫瑰红、黑色、黄色，嘴前端粉红色，嘴角乳白色。后额为蓝色，并一直延伸到颈下构成环状，下颏为黑色，颈后及背均为绿色。胸部为葡萄紫色，腹部为淡黄色，腰部和尾上的羽毛又为海蓝色，尾下的羽毛渐为白色。跗跖、趾则为肉粉色。七彩文鸟体长 11cm 左右，成鸟雌雄易分别，雌鸟羽色较雄鸟淡。雏鸟很难分出雌雄，换羽后的幼鸟才能分辨雌雄。七彩文鸟鸣声低细婉转、悦耳，令人喜爱。经过人类的长期繁育，七彩文鸟现已多出 20 多个品种，这些新品种的体羽颜色更加绚丽多彩，数量稀少，愈显珍贵。这些新品种主要有红头七彩文鸟（图 3-8）、黑头七彩文鸟、黄头七彩文鸟。

图 3-8　七彩文鸟

**9. 金丝雀**　金丝雀也被称为芙蓉鸟、白玉、白燕、玉鸟。属雀形目、雀科。它的原产地为大西洋中的加纳利群岛，但目前世界各地已普遍饲养。金丝雀性情温柔，饲养简便，是人们喜爱的笼养鸟之一。金丝雀不仅羽毛艳丽，叫声婉转圆润，还是不可多得的珍贵笼鸟，目前已培育出许多品种。该鸟野生时羽色呈灰色，经过人工饲养后羽色变化较多，有黄、

绿、白、红、咖啡、灰褐等色（图3-9）。

图3-9　金丝雀

金丝雀体长只有12～14cm，有的头顶有一撮毛，有的尾羽两边镶有黑毛。野生的金丝雀主要以植物的种子为食，夏季兼食昆虫。经过人类驯化的金丝雀可以一整天不间歇地鸣唱，还可以按驯鸟人的意图做放飞、接物、戴面具等技艺表演。

**10. 画眉鸟**　画眉鸟又称虎鹟、金画眉，属雀形目、画眉科。是我国独有的珍贵鸣鸟，原产于甘肃、湖北、安徽、江苏以南，以及四川、云南等地。画眉鸟鸣声洪亮，婉转多变，富有韵味，被人们赋予"林中歌手"和"鹛类之王"的美称。是我国传统的笼养鸟，并驰名海外。

画眉鸟体长21～24cm，体重60～80g。嘴呈黄色，眼周围白色，眼的上方有清晰的白色眉纹向后延伸（图3-10），细长如画，故有画眉之称。上体为橄榄褐色，头和上背羽毛具深褐色轴纹，下体棕黄色，腹部中央污灰色。腿为黄色。雌雄鸟颜色趋同，若想区分它们，则只能通过鸣叫声判断。雏鸟的羽色较成鸟浅，并呈棕色，口腔为橘黄色，嘴缘为黄色。

图3-10　画眉鸟

画眉鸟喜欢安静，多独处，偶尔结成小群。常栖居山区、丘陵地带的灌木树丛或竹林。春天发情季节，雌雄成对生活。雄鸟性野、嗜斗，有一定的区域性，如果其他鸟进入占领区，它会立即追赶甚至撕斗，因此画眉鸟往往又作为斗鸟。画眉鸟是杂食性鸟类，主食蝗虫、蚂蚁等各种昆虫，嗜食松毛虫，也吃植物种子和野果。对于画眉鸟饲养来说，要重视水浴和坚持遛鸟，水浴每天或隔天1次，天冷时要提高水温，严冬和换羽期可不水浴，遛鸟必须每天坚持，一般在清晨遛0.5～1h，遛完鸟后，将鸟笼挂在环境幽静的地方，2个鸟笼之间距离保持2～4m，让其自由鸣唱。

**11. 红嘴相思鸟**　红嘴相思鸟隶属雀形目、画眉科，又名相思鸟、红嘴鸟、五彩相思鸟、红嘴玉。小型鸟类，体长13～16cm，嘴红色，上体暗灰绿色，眼先、眼周淡黄色，耳羽浅灰色或橄榄灰色。两翅具黄色和红色翅斑，尾叉状、黑色，颏、喉黄色，胸橙黄色（图3-11）。主要栖息繁衍在我国秦岭以南、长江流域及长江流域以南的丘陵山林地区。红嘴相思鸟的羽色华丽、体姿优美、鸣声美妙婉转。栖息地为混交林、针叶林、阔叶林及灌木丛，它们的迁移为季节性垂直迁移，冬季时迁移到山脚下、低山或土丘林中生活，平时集群活动，在树丛下寻觅食物，也在树林中层、树冠或灌木丛间穿梭跳跃，偶见于地面活动。

红嘴相思鸟生性活泼，在鸟笼中整天不停地蹦跳和鸣叫。鸣声清脆响亮，鸣声多变，音调悦耳，相思鸟一般不学其他鸟叫。性情温顺不惧生人，但在繁殖季节喜欢成对在僻静处活动，雌雄鸟寸步不离、亲密无间。饲养红嘴相思鸟最好成对饲养，着重欣赏它们之间相互依偎、理羽、亲密无间的情趣。红嘴相思鸟以各种昆虫为主食，如松毛虫、飞蛾的幼虫等，也吃野生植物的果汁、种子等。

图 3-11　红嘴相思鸟

**12. 红胁绣眼鸟**　红胁绣眼鸟也称紫档绣眼、粉眼儿、绣眼儿、竹叶青等。分类学上属于雀形目、绣眼鸟科、绣眼鸟属。分布于我国东北、华北、华东、华中、华南和西南地区，以及俄罗斯东南部、朝鲜、缅甸和中南半岛等地。

体长 10～12cm，体重 7～13g。头顶、后颈和上体主要为黄绿色，眼圈白色。飞羽黑褐色，尾羽暗褐色，颏、喉、胸部黄色，腹部白色，胁部栗红色，虹膜褐色，上嘴褐色，下嘴肉色，脚呈铅蓝色（图 3-12）。栖息于山地、平原和居民点附近的树林中，主要以蝗虫、金龟子、瓢虫、蚜虫、蟓象等为食，也吃花蜜、草籽、野浆果和成熟香蕉、柿子等的果肉等。繁殖期为 4—7 月，在树上营小巧而精致的吊篮状巢，由羽毛、细草、蛛丝、地衣、纤维织绕而成，每窝产卵 3～4 个，卵为纯天蓝色或纯白。孵化期为 11～13d，雏鸟出壳后需亲鸟喂食。

图 3-12　红胁绣眼鸟

绣眼鸟科还有一种暗绿绣眼鸟，体长 10cm 左右，绿身、白腹、白眼圈，是很有名的观赏鸟。

**13. 八哥**　八哥隶属雀形目、椋鸟科，又名黑八哥、凤头八哥等，主要分布于我国陕西、云南、河南及长江流域以南各省，为当地的一种留鸟。八哥通体黑色，额前具羽帧（图 3-13），两翅有白色翼斑，飞行时十分明显，似一个"八"字，故有八哥之称。尾羽先端亦白。虹膜橙黄色，嘴乳黄色，跗脚黄色。体长为 24～26cm，体重约 124g。

八哥常在平原的树林及田园的树梢上活动，白天喜在大树上或屋脊上栖息。性喜集群，常 5～10 只甚至几十只一起在田野、树林中活动。夜晚来临，成群舞翔于林中空地或林枝间，然后在竹林、大树上宿栖。鸣声嘹亮，还能仿效其他鸟鸣，而且鸣声多变，经训练的八哥还能模仿人语，深受人们喜爱。八哥雌雄同色，主要是通过鸣叫声辨别雌雄，鸣叫声优美激昂者为雄鸟，鸣声低沉而不悦耳者为雌鸟。

图 3-13　八　哥

八哥属杂食性鸟类，极爱啄食动物身上的寄生虫、蚯蚓、昆虫、蠕虫、植物种子、浆果、蔬菜等。八哥喜水浴，常能在水浴时鸣唱，夏季每天或隔天 1 次，春季和初秋适当减少次数，冬季则很少水浴。水浴时常将浴笼放入水盆中，水深约到八哥跗骨上关节处，水温不能太低。八哥产于南方，习性怕冷，故鸟笼要有笼衣，夜间要挂在室内，不能挂在冷风过道口，冬天要特别注意保暖，晴天多给八哥进行日光浴。

**14. 鹩哥**　鹩哥属雀形目、椋鸟科，又名秦吉子、海南八哥，分布地区较少，仅在我国云南南部、广西西南部及海南岛等地出现。鹩哥的鸣声婉转、极富韵律，善仿其他鸟的叫声和人的声音，是闻名于世的玩赏鸟之一。自然界中的野生鹩哥数量已不多，但人工繁殖已初步成功。

成年鹩哥体长约为 20cm，通体黑色并带有金属光泽，喙与脚为橙黄色，眼至头后面有鲜黄色肉质垂片（图 3-14），两翅具有白斑，飞行时白斑更为明显，雌雄鸟的体羽颜色相同，很难从外观上区分。

图 3-14　鹩　哥

野生鹩哥是杂食性鸟类，爱吃野果及植物种子，也兼吃一些昆虫。野生鹩哥的繁殖期为每年 2—5 月，1 年可繁殖 1～2 次。巢常建于树洞或一些缝隙中。卵为蓝色，但有淡紫和红褐色斑点。雄鹩哥在发情期间十分活跃，鸣声增多且增高，而雌鸟翅下垂抖动，并发出响声，雄鸟边鸣叫边追逐雌鸟，当其情投意合后就进行交配。

## 三、饲养观赏鸟的附属器具

**1. 鸟笼**　用鸟笼养鸟便于携带、放置，也便于观赏，一般是一鸟一笼单养居多，也有多鸟合笼饲养的，如金山珍珠、白腰文鸟、虎皮鹦鹉等。鸟笼以方形和圆形的居多，也有尾舍形、亭台形的。选购或制作鸟笼时，先考虑到养鸟的大小、习性等因素，再考虑自己的爱好。鸟笼有竹材、金属丝笼、优质木材的，有的鸟笼制作精巧，雕镂镶嵌，极其讲究，本身就是十分优美的工艺品，更增添了饲养观赏的情趣。按用途大致分为观赏笼、串笼、水浴笼、繁殖笼、运输笼等。

**2. 鸟架**　一些尾羽长的鸟，如鹦鹉、红嘴蓝鹊、寿带鸟等，笼养易损坏其美丽的长尾，有碍观赏，故用鸟架养；黑头蜡嘴雀、黑尾蜡嘴雀、锡嘴雀、交嘴雀等玩赏鸟，为了便于训练和调教也用鸟架养，用细铁链或线绳将鸟拴于架上。鸟架的制作材料有金属和木质两种，除鹦鹉类因喙强健有力，需用金属架以外，其他鸟均宜用木质架。鸟架的形状可分为直架、弯架和弓形架三种。

鹦鹉鸟架分挂式与直立式两种（图 3-15），由下列几部分组成：一根像栖木一样的 40cm 长的有机玻璃棒，用于鹦鹉栖息。在栖息棒的两头固定食罐、水罐及杂食罐。并备有一根链子，一头系在栖息棒上，另一头系一个活圈上。活圈由铅丝或铜丝制成，套在鹦鹉的跗跖上。有的挂架还在栖木下部设一个接粪的盒子，盒内放入木屑或沙粒，这样粪便就不会直接粘在木盒上。

其他鸟架采用挂式木质鸟架，但需要将活圈的线绳缚于颈项间，活圈也是用铅丝或铜丝制成，蜡嘴雀等可以用 18 号铅丝，黄雀、朱顶雀用 20 号铅丝。直架为 40～45cm 长的硬木直棍，栖架的前端 10～15cm 处用线绳缠上，活圈拴在架的前端。黑头蜡嘴雀、锡嘴雀的鸟架可用梨木、枣木或黄柏木制作，架的直径为 1.3～1.5cm；交嘴雀用六道木制作，架的直径为 0.7cm 左右。弯架为上端弯形，设有食罐、水罐，下端直径 1cm 左右，用金属托固定住的鸟架。由自然弯曲的梨木或酸枣木制作的弯形架是比较讲究的一种鸟架，常用于饲养伯劳等鸟。弓形架通常是把富有弹性、粗细均匀的直木棍弯成规则的弓形架，弓弦用一直棍固定，作为供鸟栖息的栖杠。食罐和水罐置于栖杠两端，下边是一块横木板，用于托粪便，栖杠和托粪板之间要有一段距离，防止粪便污染鸟尾，但又要防止鸟撞，故要有竖直板相隔。弓形架的大小、栖杠的粗细、栖杠与托粪板之间的距离要根据鸟体的大小、尾的长短设计。

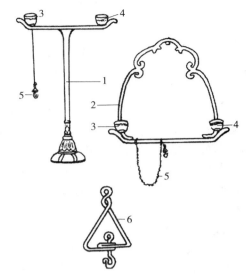

图 3-15　鸟　架
1. 直立式鸟架　2. 挂式鸟架
3. 食罐　4. 水罐　5. 带有活圈的链子　6. 活圈

**3. 栖木和停台**　对于那些善于攀缘的观赏鸟，必须在笼舍中设置栖木和停台。栖木可用木材、竹材或金属丝做成，用木材的较为常见。栖木的大小应根据鸟来确定。一般要求是鸟抓住栖木后留有适当的空隙为宜，为了让鸟站稳不至于滑落且能磨去过长的爪甲，也可在栖木表面贴砂纸。大中型的鸟笼可设置两根栖木，一高一低。有的设可以晃动的栖木，可以使鸟增加活动量。

**4. 食具和水具**　食具和水具是用来盛放饲料、饮水等的器具，以瓷质的为好，既美观雅致，又易于洗刷清洁。由于饲养鸟的种类不同，其食物结构是有差异的，即便是同一种鸟，其食物也是多种多样，食具有多种形式。食罐、水罐不仅是养鸟必备的器具，也是一种装饰。画眉鸟缸常见的有瓷罐、塑料罐、金属罐等。除中大型鹦鹉类的鸟用金属罐外，一般都用美观大方的瓷罐，鸟舍中多用结实耐用、不怕摔的塑料罐，以及大盆、盘或食槽、水槽等。食、水罐的形状和样式多种多样，常见的有缸式罐、柿形罐、桶式罐、六角罐、盂式罐、牛心罐、沙土罐、枕式罐、虫子罐等，按用途有粟子罐、蛋米罐、粉罐、菜罐等。粟子罐有陀螺形、花瓶形、臼形等，一般口小腹大，适合盛放粟、黍、苏子等颗粒饲料，也可以做水罐。蛋米罐呈腰鼓形，体积大。水罐一般可以用粟子罐、蛋米罐代替，也有特制的玻璃弯管，是一种虹吸式饮水器，适合于绣眼鸟、戴菊、柳莺等喜欢淘水罐的鸟使用。菜罐是较深的直筒形罐，罐底贮水，可以使插在罐内的青菜保持新鲜，又便于鸟啄食。此外，还有一种菜插，一般用竹制成，在较重的底盘上有朝天的长钉，可以插上昆虫、肉类、青菜、水果等供鸟啄食。

**5. 巢窝及育雏巢**　一般用小木条、竹条、稻草及羽毛制成，育雏巢一般用稻草编制而成，根据雏鸟的多少，育雏巢可大可小。此外，还有用三合板做的像小房子形状的巢箱，供鹦鹉等使用。

**6. 其他养鸟用具**　包括笼罩、圆筛、饲料杆、加食匙和加水漏管、喂食匙和喂食杆、湿料铲、水壶、研钵、笼刷、粪垫、浴盆、脚环等。

## 四、常见观赏鸟的识别

**1. 操作目的** 掌握常见观赏鸟分类识别方法及各种鸟主要特征。

**2. 操作材料** 分别准备观赏鸟的标本、CAI课件、图片或对动物园观赏鸟及观赏鸟市场进行参观，认真了解以下观赏鸟的外形特点与区别：

（1）鹦鹉科。虎皮鹦鹉、大绯胸鹦鹉、牡丹鹦鹉、鸡尾鹦鹉等。

（2）百灵科。百灵、云雀等。

（3）文鸟科。灰文鸟、金山珍珠、七彩文鸟、白腰文鸟、白头文鸟等。

（4）雀科。金丝雀、金翅雀、黄雀、朱雀等。

（5）鹟科。画眉鸟、红嘴相思鸟、红点颏、蓝点颏等。

（6）山雀科。大山雀。

（7）绣眼鸟科。红胁绣眼鸟、暗绿绣眼鸟。

（8）椋鸟科。八哥、灰椋鸟、鹩哥、丝光椋鸟。

（9）鹰科。苍鹰、雀鹰。

**3. 操作要求** 根据实际情况，对以上所列科的鸟任选1～2个品种，将各种观赏鸟分类，并观察其主要特征，并记载入表3-3。

表3-3 观赏鸟的品种特征识别

| 鸟名 | 分类 | 分布 | 主要特征 | 食性 | 繁殖习性 | 观赏特征 | 经济价值 |
|---|---|---|---|---|---|---|---|
|  |  |  |  |  |  |  |  |
|  |  |  |  |  |  |  |  |
|  |  |  |  |  |  |  |  |
|  |  |  |  |  |  |  |  |
|  |  |  |  |  |  |  |  |
|  |  |  |  |  |  |  |  |

## 五、判断鸟的年龄

**1. 操作目的** 掌握鸟的年龄判定的方法，有利于选择正确的保健方法。

**2. 操作材料** 根据实际情况，选择常见的品种，如虎皮鹦鹉、大绯胸鹦鹉、牡丹鹦鹉、鸡尾鹦鹉、金丝雀、金翅雀、画眉鸟、红嘴相思鸟、大山雀、红胁绣眼鸟、暗绿绣眼鸟、八哥、鹩哥等。

**3. 操作要求** 从以下几方面观察，对鸟的年龄进行判断：

（1）羽毛。年龄小的鸟比年龄大的鸟体羽油光发亮，色彩也鲜艳。

（2）趾腿皮肤。幼鸟趾腿上的皮肤比较细嫩，换羽1～2次后尚没有鱼鳞斑状的皮，随年龄增长，鱼鳞斑状皮越来越明显，皮质也越来越厚。年幼的鸟的腿、趾、爪的皮肤呈褐色，油亮且淡红，随年龄增长，褐红色彩逐渐淡化为白色。

（3）喙部颜色。喙部颜色的变化通常与鸟的年龄有关，如虎皮鹦鹉幼鸟上喙基部蜡膜为浅粉红色，到性成熟时，雄性鸟的蜡膜变成蓝黄色，雌性鸟的蜡膜变为粉红色。年龄越大，蜡膜的颜色越深，到老年时雄性鸟的蜡膜变为深蓝色，而雌性鸟的蜡膜变为姜黄色。

### 🐾 分析与思考

1. 虎皮鹦鹉、牡丹鹦鹉、大绯胸鹦鹉、八哥、鹩哥的地理分布及形态特征、生活习性分别是什么？

2. 百灵鸟、画眉鸟、红胁绣眼鸟、七彩文鸟、白文鸟的形态特征、生活习性分别是什么？

3. 根据哪些方面来判定鸟的年龄？举例说明。

# 任务三  观赏鸟的日常健康检查

人们在爱鸟的同时还要护鸟、惜鸟，这就要求养鸟者每天要有一定的时间认真观察鸟的活动，以便了解鸟的健康状况，发现鸟的健康问题及时解决。观察鸟活动的主要内容有鸟的排泄物、鸣叫、觅食、呼吸及精神状态等。

**学习内容**

1. 观察鸟的粪便
2. 听鸟的叫声
3. 观察鸟的采食量
4. 观察鸟的呼吸
5. 观察眼、鼻、口情况
   （湿润程度，有无分泌物或痂皮）
6. 观察羽毛
7. 观察趾和爪
8. 体重检查

### （一）观察鸟的粪便

鸟类的排泄系统主要由一对后肾及一对输尿管组成。每一肾脏分成前、中、后3叶，每叶间的深沟是肾静脉分支通过的地方。每只鸟肾的总重量占鸟体重的2%左右，肾小体的数量比哺乳动物的多2倍。输尿管较短，是由肾腹面发出，开口于泄殖腔。鸟类无膀胱（鸵鸟例外），因此尿液经输尿管至泄殖腔而排出体外。尿液呈半凝固状，在空气中氧化后呈白色。

注意粪便的颜色、质地和气味。消化正常的鸟，其粪便呈条状，外层呈乳白色或白色，软硬适度；消化不良的鸟，其粪便不成形，并带有黏液或泡沫，甚至混有血液，或有其他异味，泄殖腔周围羽毛常沾有粪便；若粪便出现白色、黑色甚至血红色，呈稀糊状，有恶臭等症状，应考虑是否为消化道感染或肝炎、肾炎等。某些寄生虫感染可在粪便中检查到成虫。

### （二）听鸟的叫声

笼鸟精力充沛时，每天的活动及鸣叫声都比较有规律，是健康的鸟。如果发现其活动时间减少，闭目发呆，急躁不安，鸣叫声没有规律或鸣声异常，精神沉郁，两翅下垂，羽毛蓬松，通常是疾病的标志；歪头斜颈、转圈等现象提示有中枢神经症状。

### （三）观察鸟的采食量

鸟类无牙齿，但有唾液腺，主要分泌黏液。食虫鸟的唾液腺发达，食谷鸟的唾液中有消化酶。口腔上颚有一腭裂，内鼻孔开口于裂缝中。口腔底部有舌，一般呈三角形，细长，尖端角质化，在舌根的后上方有喉头的开口。

鸟类食管与颈的长短相等。某些鸟类在颈基部处的食管膨大成嗉囊，是临时储存食物的地方。食谷鸟类（燕雀、蜡嘴雀）的嗉囊较发达，而食虫鸟与食肉性鸟类的嗉囊小或消失（如红点颏、蓝点颏、伯劳）。嗉囊分泌一种液体，软化食物。有些鸟类的嗉囊在育雏时可制成食糜，如鸽可形成"鸽乳"喂雏鸽，鸬鹚把鱼肉在嗉囊中软化成食糜喂雏。

鸟类的胃由腺胃（前胃）和肌胃（砂囊）组成。腺胃分泌的强酸黏液有助消化作用。肌胃由厚而坚实的肌肉壁组成，内储存沙粒，可将进入的食物磨碎。因此人工饲养的食谷鸟类应定时补给沙粒，以免影响消化。

鸟类的消化力强，消化过程十分迅速。以谷物或昆虫喂饲雀形目鸟，食物通过消化道的时间仅需90min，不能消化的食物残渣以粪便形式排出，如绿嘴黑鸭的食物通过消化道仅30min。这样高度的消化力为鸟类旺盛的能量代谢需要提供了物质基础。因此鸟类每天的食量比其他动物相对大，进食的次数也多。如雀形目鸟类一天所吃食物重量相当其体重的10％～30％。体重1 500g的雀鹰一昼夜能吃800～1 000g肉。一只蜂鸟一天所吃的蜜汁相当其体重的1倍。由于能量代谢旺盛，能量消耗也大。例如，红喉蜂鸟休息时，每克体重在1h内消耗氧气10.7～16.0mL；而在飞翔时，则增加到每克体重每小时消耗85mL。因此饲养鸟类时需重视满足其一天的食量。鸟的采食量常与其活动量成正比，若出现觅食减少情况，需要进一步检查其饲料的种类有无更换、饲料是否变质、环境是否改变等，是否受到阳光直晒或直接吹到寒风，是否煤气中毒或使用过杀虫剂，附近的鸟或家禽是否发生过传染性疾病。

### （四）观察鸟的呼吸

在检查鸟的呼吸情况时，要听有无任何喘息的声音，如果有则有可能患了寄生虫病或真菌病，例如七彩文鸟患气囊病后就有喘息的声音。另外注意鸟尾的运动，可观察出鸟的呼吸状况，当鸟休息时很容易观察到。

鸟肺位于胸腔腹面，是由失去气管环的许多微支气管组成的网状体。因此微支气管是形成鸟肺的基本单位。在中气管与某些次级支气管末端膨大成气囊，共有9个气囊，气囊只起一种暂时储存气体的作用，气囊内的气体可以再次至肺部进行气体交换。因此鸟类的呼吸系统具有双重呼吸作用。正常情况下，鸟的呼吸不易被察觉。如发现鸟呼吸急促，并出现全身颤动，或伴有杂音可能是呼吸道感染的表现，必须及时进行全面分析和治疗。

### （五）观察眼、鼻、口情况

观察鸟眼结膜、眼睑及鼻腔的湿润情况，有无分泌物或痂皮。眼、鼻分泌物增加是鸟患病的特征，常因受寒或受刺激所致。检查喙有无损伤、畸形或咬合不全，口腔内有无假膜或溃疡。

### （六）观察羽毛

观察羽毛的长势，看羽毛是否有光泽，有无脱毛、断毛现象；皮肤有无鳞屑、湿疹、擦伤或出血，有无体外寄生虫。正常换羽期间，羽毛的更换是有规律的，很少形成秃斑，几乎不影响鸟的飞翔能力。如果羽毛粗乱则是营养不良的表现。凤头鹦鹉易患鹦鹉啄羽和羽毛感染症，这种病能传染各种鹦鹉，但凤头鹦鹉患此病的概率最高。啄羽也有可能造成羽毛缺损，有些鸟在新羽刚开始从皮肤中长出时，便将之拔掉，这种习惯一旦形成就很难改善，因此，不要购买有啄羽癖的鹦鹉。雀类较少发生啄羽癖的问题，掉羽通常是因为过分拥挤造成的。

### （七）观察趾和爪

检查鸟的趾和爪是否健康也很有必要，不正常的爪会在栖息时造成困难。金丝雀通常是3个趾向前、1个趾向后来抓住栖木。但有些时候，后趾位置生长不正常，在栖木上容易打滑，这在交配过程中也可能出现问题，因为它不能支持自己和配偶的重量。鹦鹉的栖息方式和金丝雀不同，它们是2个趾向前、2个趾在栖息木后面，因此较少出现上述病症。

### （八）体重检查

如果能用手指摸到鸟的龙骨的任何一侧，表示体重太轻了。缺乏营养的鸟较可能导致体重减轻，患曲霉菌病等慢性疾病时，体重也会减轻。虎皮鹦鹉肿瘤的早期症状是消瘦。此外，还应检查一下鸟的胸骨。健康状况不良的鸟，此部位肌肉萎缩明显，使得胸骨非常凸出。最后检查肛门周围的羽毛是否有污染，如果有粪便污染表示消化状况不佳。

> **分析与思考**
>
> 观赏鸟日常健康检查包括哪些内容？

# 任务四　观赏鸟的疾病预防

> **学习内容**
>
> 1. 疫苗接种
> 2. 药物防治
> 3. 观赏鸟鸟舍、鸟笼、鸟体、饮水器具、食具的消毒方法

## 一、疫苗接种

疫苗接种是预防和控制观赏鸟疾病的重要措施之一，目前笼养观赏鸟免疫接种比较少。

**1. 疫苗接种的方法**　可分为群体免疫法和个体免疫法。

（1）群体免疫法。是针对群体进行的，主要有经口免疫法（喂食免疫、饮水免疫）、气雾免疫法等。这类免疫法省时省工，但有时效果不够理想，免疫效果参差不齐，特别是幼雏更为突出。

（2）个体免疫法。是针对每只禽逐只进行的，包括滴鼻、点眼、涂擦、刺种、注射接种法等。这类方法免疫效果好，但费时费力，劳动强度大。

不同种类的疫苗接种途径（方法）有所不同，要按照疫苗说明书进行，而不要擅自改

变。一种疫苗有多种接种方法时，应根据具体情况决定免疫方法，既要考虑操作简单，经济合算，更要考虑疫苗的特性，最重要的是保证免疫效果。只有正确地、科学地使用和操作，才能获得预期的免疫效果。

**2. 制订免疫程序通常应遵循的原则** 免疫程序是指根据一定地区或养鸟场内传染病的不同流行状况及疫苗特性，为特定动物群制订的疫苗接种类型、次序、次数、途径以及间隔时间。

（1）依据传染病的地区、时间和动物群中的分布、流行规律。有些传染病流行时具有持续时间长、危害程度大的特点，应制订长期的免疫防制对策。

（2）依据疫苗的免疫学特性。疫苗的种类、接种途径、产生免疫力需要的时间、免疫力的持续期等差异是影响免疫效果的重要因素，因此在制订免疫程序时要根据这些特性的变化进行充分的调查、分析和研究。

（3）相对的稳定性。如果没有其他因素的参与，一个地区的观赏鸟在一定时期内传染病分布特征是相对稳定的。若实践证明某一免疫程序的应用效果良好，则应尽量避免改变这一免疫程序。如果发现该免疫程序执行过程中仍有某些传染病流行，则应及时查明原因（疫苗、接种、时机或病原体变异等），并进行适当的调整。

**3. 免疫程序的制订步骤和方法** 目前仍没有一个能够适合所有地区的标准免疫程序，不同地区或部门应根据传染病流行特点和生产实际情况，制订科学合理的免疫程序。

（1）掌握威胁本地区传染病的种类及其分布特点。根据疫病监测和调查结果，分析确定哪些传染病需要免疫或终生免疫，哪些传染病需要根据季节或年龄进行免疫防制。

（2）了解疫苗的免疫学特性。在制订免疫程序前，应对疫苗的种类，适用对象，保存，接种方法，使用剂量，接种后免疫力产生需要的时间，免疫保护效力及其持续期，最佳免疫接种时机及间隔时间等特性进行充分的研究和分析。一般来说，弱毒疫苗接种后 5～7d、灭活疫苗接种后 2～3 周可产生免疫力。

（3）充分利用免疫监测结果。应根据定期测定的抗体消长规律确定首免日龄和加强免疫的时间。初次使用的免疫程序应定期测定免疫动物群的免疫水平，发现问题要及时进行调整并采取补救措施。初生雏鸟的免疫接种应首先测定其母源抗体的消长规律，并根据其半衰期确定首次免疫接种的日龄，以防止高滴度的母源抗体对免疫力产生的干扰。

（4）传染病发病及流行特点决定是否进行疫苗接种、接种次数及时机。主要发生于某一季节或某一年龄段的传染病，可在流行季节到来前 2～4 周进行免疫接种，接种的次数则由疫苗的特性和该病的危害程度决定。

总之，制订免疫程序时，必须充分考虑本地区常发多见或威胁大的传染病分布特点、疫苗类型及其免疫效能和母源抗体水平等因素，这样才能使免疫程序具有科学性和合理性。免疫程序的内容包括疫苗的选择、接种途径、接种时间、接种次数和接种方法等。免疫程序应根据当地的疫情流行情况、雏鸟母源抗体的水平、前次免疫接种的残余抗体水平、免疫应答能力、采用疫苗类型、疫苗接种方法等实际情况制订。

## 二、药物防治

观赏鸟饲养中有些疾病（特别是细菌性疾病和寄生虫病）可以通过在饲料中添加药物的方法预防。目前使用药物预防最有效果的是沙门氏菌病、球虫病和大肠杆菌病。

**1. 常用预防药物**

（1）抗细菌药物。抗细菌药物的作用机制是破坏细菌细胞壁或菌体蛋白的合成，使细菌不能正常进行分裂繁殖，从而很快被消灭。有些抗生素也能直接杀菌。抗菌药物连续使用一般为5～7d，以免蓄积中毒，停用2～3d后可再用。

（2）抗真菌药物。目前使用较多的是制霉菌素，可用于治疗观赏鸟曲霉菌病、念珠菌病、禽冠癣等真菌病，用药时添加多种维生素。

（3）磺胺类药物。能抑制革兰氏阳性菌及一些阴性菌。磺胺类药若使用剂量过大，时间过长会产生毒性，观赏鸟中毒后会出现一系列病理变化，特别是对肾的损害，并影响鸟的生长。

（4）抗寄生虫药。包括抗球虫、抗原虫、抗螨虫及杀灭体外寄生虫等药。此类药物除具杀虫作用外，部分药物还具有增加体重和提高饲料转化率的作用。

（5）添加剂。目前禽用的添加剂种类较多，主要是补充维生素和微量元素的不足，促进体内物质的合成、转化和代谢，提高机体的抗病能力等。

**2. 药物使用方法**

（1）拌料。主要适用于需长期性投药，或不溶于水的药物，或加入水中适口性差的药物。一般抗球虫、组织滴虫、螨虫药要在一定时间内连续用；抗生素用于促生长和控制传染病。这些药物常以拌料投药。

（2）饮水。主要适用于短期或一次性投药，或紧急治疗，或病鸟只饮水不采食，或禽群体较大时。饮水投药可用少量水让鸟于短时间内饮完，也可将药物稀释到一定浓度自由饮水。某些药物虽易溶于水，但不能从消化道吸收进入血液，即不能对消化道以外的病原菌起作用，故不宜经饮水投药。另外，鸟的饮水量约为采食量的2倍，所以饮水中的药物浓度应是拌料中的1/2。无论饮水还是拌料给药，要求浓度均匀，否则易出现部分吃药多而中毒，部分吃不到药而无效的情况。

（3）注射用药。主要是肌内和皮下注射，药物直接进入血液，适用于逐只治疗，特别是紧急治疗。除油剂和长效药物外，多数药物必须每天注射2～3次。也可将药粉与面粉加水制成药丸喂服，这样投药及时、量准，常有良好效果，在个别治疗或紧急治疗时多用。

**3. 选择药物的方法**　根据疗效高、副作用小、安全、价廉、来源可靠等原则选用药物。病情不明不能滥用抗生素；其他药物可治好的病不用抗生素；能用一种抗生素治好的病，不要同时用多种抗生素，尤其不能滥用广谱抗生素，以免使病原体产生抗药性，对以后的治疗带来不利。有些药物有可能影响免疫反应，在免疫接种时，应避免使用该药，防止影响免疫反应。

**4. 使用的剂量**　治疗用药剂量一定要准确，剂量大了易发生中毒，剂量小了达不到疗效，反而使病原体产生抗药性，影响以后的治疗效果。预防用药的药量必须小于治疗量。用药时间：预防用药多在雏鸟阶段使用，也可全程使用。具体针对某一种疾病的预防用药时间应根据该病的发病规律而确定。

**5. 药物配伍**　用药要考虑到药物的协同和拮抗作用，注意配伍禁忌。

**6. 密切注意鸟的动态**　用药期间应密切注意鸟的状态，如疗效如何，有无不良反应或中毒迹象，发现异常及时向兽医人员报告，分析原因加以处理。在用药的同时更要精心管理，这样有助于发挥药物疗效。

总之，药物是防病、治病的重要武器，但应用不当不仅造成经济上的浪费，而且无法控制疫病的发生，甚至产生耐药性和药物残留，造成严重的后果。合理用药的基本原则是选药要准、用药要早、剂量要足、疗程要适宜、换药要勤，并根据药敏试验选择用药。

## 三、观赏鸟鸟舍、鸟笼、鸟体、饮水器具、食具的消毒方法

观赏鸟的鸟笼、鸟架、饮水器具、食具的消毒是观赏鸟疾病预防的重要环节。

**1. 操作目的** 掌握观赏鸟鸟舍、鸟笼、鸟体、饮水器具、食具的消毒方法与技巧。

**2. 操作材料**

（1）器械。喷雾消毒器、量杯、天平或台秤、盆、桶等。

（2）消毒药品。20%过氧乙酸、高锰酸钾、甲醛、5%碘酊、70%酒精等。

（3）其他。清扫洗刷工具、工作服、毛巾、肥皂以及待消毒的鸟舍、鸟笼、鸟体、饮水器具、食具等消毒用具。

**3. 操作要求**

（1）打扫鸟笼舍卫生、清洗污物。地面先洒适量的水，片刻后清扫干净，鸟笼、鸟架、饮水器具、食具等清洗干净，不允许污点存在。

（2）鸟舍、鸟笼、鸟体、饮水器具、食具等用0.2%～0.5%过氧乙酸喷洒，喷洒消毒一般以"先里后外、先上后下"的顺序喷洒为宜。

（3）鸟舍可采用熏蒸消毒，常用甲醛熏蒸，测算鸟舍空间，按每立方米用甲醛25g、水12.5g、高锰酸钾25g计算总用药量，舍内用具、物品适当摆开，密闭门窗，室内温度保持15℃以上。盛药容器用不漏旧铁锅或铁桶、铁箱等代替蒸发器。计量加入甲醛与水混合，再加入高锰酸钾，立即搅拌，人员迅速离开，依次向门口逐个快速操作，尽量缩短人员在舍内停留的时间。将门关闭、密闭熏蒸12～24h，消毒完成后，打开门窗通风。

（4）饮水器具、食具、青菜等可用0.1%高锰酸钾溶液浸泡10～30min，饲喂前冲洗后再用。

（5）鸟体外伤可用3%～5%碘酊涂擦。

**4. 注意事项**

（1）选杀灭病原体效果好，使用简便，容易保存，价格适中，对人、鸟低毒或无毒的消毒药。

（2）消毒药种类比较多，要针对消毒对象和病原体种类选购几种消毒药品。

（3）在选购时要注意认真检查消毒药的外观性状和标签说明（包装、保存条件、药品性状、使用方法、技术要求、作用对象、注意事项、产地、厂名、出厂批号、有效期等）是否一致，确保消毒药质量。

（4）根据消毒对象和预配消毒液的浓度（如体积、面积或空间等），计算出所需药品的选购量，所需药品应准确称量，配制浓度应符合消毒要求，不得随意加大或减少，药品完全溶解、混合均匀再使用。

> 🐾 **分析与思考**
>
> 1. 预防观赏鸟的疾病方法有哪些？
> 2. 制订免疫程序应遵循哪些原则？

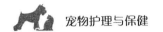 

# 任务五　观赏鸟的保健

## 一、保健的意义

观赏鸟一般生活在鸟笼内，活动空间有限，易污损或折伤羽毛，又因运动不足，爪、喙失去磨炼的机会致使爪、喙过长，或因羽毛被粪便沾污形成积垢，这些都需要给观赏鸟加以清洗，以使羽毛丰满，体姿优美，符合观赏要求。有些观赏鸟（如鹦鹉、交嘴雀等）是以坚果为食物的，若长期缺少坚果的磨咬，使喙尖延长而过分弯曲，妨碍吃食；有些鸟有啄羽癖；还有一些鸟的喙为畸形，因此这些鸟的喙都必须进行修整。

## 二、鸟的保健方法

### （一）清洗被毛

如果观赏鸟的羽毛受到污损，一般的水浴无法达到清洗的作用时，就要及时进行人工清洗。操作时可用右手握住鸟体，使鸟头朝向操作者的胸部，用清水将尾羽、飞羽等污染部分进行清洗，如果污染较为严重，可用棉花或软布蘸一些洗涤剂轻轻擦洗，然后用清水洗干净，清洗后将鸟笼置于温暖环境中。观赏鸟在捕捉、运输、饲养和玩赏过程中，常会造成粪便污染体表羽毛、飞羽或尾羽折断等现象，因而影响观赏效果。玩赏者应依不同情况进行清洗和修整。

清洗鸟时要适当提高环境温度（36～39℃），水温掌握在 37～40℃为宜。清洗者轻握鸟体，同时固定头部和足趾，用棉花或软布蘸温水轻轻擦洗污处，尽可能少洗湿鸟体的皮肤及羽毛，以免因洗浴受凉而造成疾病或死亡。清洗后的鸟及时放回笼中，宜放置在向阳无风的室内，以有利于体羽迅速干燥；也可在洗浴后速用脱脂棉或干的软布适当地擦吸湿羽，以利速干。若鸟体羽污染严重，不宜一次清洗时间过长，可以隔 1～5d 后，视鸟体力恢复情况，再进行第 2 次清洗。

### （二）修整羽毛

观赏鸟的尾羽或飞羽折断或残缺时，可依鸟的体质强弱情况加以修整。当主要观赏的饰羽折损时，在鸟体健康无病的情况下，可采取人工强迫换羽的方法，促使新羽早日再生。其方法是捕捉后观察其羽基有无伤损，确定羽基部正常，再拔除已折断的旧羽。拔羽时左手适度握住鸟体，并用食指与拇指压按住要拔掉的羽毛基部的上下皮肤，然后用右手拇指和食指捏紧已伤残羽毛的羽干，用力猛向羽基垂直方向拔除。在拔除残羽时不宜向上下左右摇晃，以防伤及羽毛基部组织而引起炎症。如一只鸟的残损羽毛过多时，则不宜一次全部拔除，每次只能拔除 1～3 根，以后再次拔除之前应视鸟有无不适表现来定。若第 1 次操作后，鸟精神、活动、采食及消化均正常，可隔 3～5d 后进行第 2 次拔羽，否则需延长两次拔羽的间隔时间。鸟在拔除陈羽期间，需特别注意供给营养丰富而易于消化适口的饲料，矿物质饲料、绿色、红色及黄色饲料供给也很重要。更应防止强风和受寒。健康的鸟体可在 4～5 周后生齐新羽，满足观赏的需求。观赏鸟所折损的羽毛，若非重要观赏部位的羽毛，或只折损 1～2 根，不影响观赏时，则可由损伤羽毛的羽基处剪断，待换羽期时残羽会自行脱换。

### （三）鸟的羽毛着色

为了增加鸟类的观赏价值，使其羽毛的颜色更加靓丽、更加醒目，而采用杂交增加鸟的羽毛颜色种类，或在鸟的饲料中增加带有色素的食物，或通过选择合适的外界环境，保证鸟羽的颜色。着色的方法有以下两种：

（1）天然着色。目前，天然着色并未找出很好的方法，略有突破的是红色，如红金丝雀。红金丝雀主要是通过杂交使羽毛获得了一种能够遗传的红色色素。另外，让鸟多食用胡萝卜、番茄等含红色色素的食物，可以使红色素在鸟的羽毛中沉积，增加羽毛的红色。饲喂朱雀、红点颏等鸟时，应适量饲喂色素饲料，即胡萝卜加叶红素。也可多喂一些含有胡萝卜素的蔬菜以增加羽色的深度；把鸟笼尽可能放到光线幽暗的地方，保持适宜的温度和湿度，也可保持羽毛的色泽。

（2）人工着色。色泽不那么自然，有些颜色过深。如果拿一根羽毛来看，人工着色的全羽都是红色，天然的只在羽毛的尖端有一点红色，其余部位都是带粉红的白色。目前日本、东南亚地区的红金丝雀等几乎全是人工着色。

### （四）喙、爪的整理

观赏鸟由于活动减少，喙和爪常因生长过长而变形，影响正常的活动和摄食。过长的爪有时还会插入笼的缝隙而折断胫骨和趾。故应及时人工修整鸟的喙、爪。修理喙、爪时，应固定好鸟，用锋利的刀或剪从喙、爪的末端开始削剪（注意要避开血管）。具体操作方法是：一人握好鸟体，把鸟的头部及足趾固定好，另一人用锋利的刀将喙的远端剪去，或修整喙的畸形部分。注意不能一次削得过深、过多，一般不应超过喙长的 1/3，以免造成大量出血。修整后可迅速用指甲锉或细砂纸轻磨因修整所造成的棱角，以利于采食。观赏鸟生活的环境若不清洁，如栖杠积满的排泄物就会污染鸟的足趾。因此必须进行人工清洗，否则造成观赏鸟的足趾残缺。人工清洗趾爪的操作方法：先准备一盆清水（冬天要用温水），一人握好鸟体，固定好鸟的身体、头和尾。然后，将粘有粪污的足趾浸泡在清水中，用棉花或软布蘸水轻轻擦洗。污染轻的足趾一般清洗 1 次就可以了，污染严重的则要隔天再清洗。无论是修喙还是修爪，都应准备好消毒药和止血药，如碘酊、75% 酒精、磺胺结晶等。

### （五）沙浴

有些鸟类如百灵、云雀等喜欢沙浴。在野生状况下，它们用沙浴的方法清洁羽毛和降低体温。因此在笼养时也应提供其沙浴条件。可在笼底铺垫一层 0.5cm 厚的细沙。一般用细河沙，经水洗后过筛晒干、晾干或烘干后使用。笼中的细沙必须定期更换，一般 2～3d 换 1 次，当发现鸟整天不进行沙浴时应立即更换细沙。如果细沙不易获得，换下的细沙可过筛，水洗晒干或烘干后重复使用。

### （六）水浴

鸟是很爱清洁的动物，大多数玩赏鸟喜欢水浴。水浴可将鸟放入洗浴笼内，然后将鸟笼放在盛有水的浅盘中，让鸟沐浴。也可在笼中放入盛有水的浅盘供鸟沐浴。如果鸟暂时还不习惯于在笼中沐浴，可将水滴从笼顶滴洒到鸟体上。鸟水浴时不能时间过长，应控制在鸟的羽毛不湿透为标准。不同的季节水浴的次数不同，一般情况下，1～2d 水浴 1 次，冬季和早春气温低，4～5d 水浴 1 次，换羽期的鸟应减少水浴次数。如果因为气温太低，鸟水浴受冻时，可将鸟的羽毛擦干，置于避风向阳的温暖处，也可直接将鸟笼移近暖气片，让羽毛尽快干燥。

### 三、抓鸟的方法与注意事项

（1）抓取捕鸟罩内的鸟，先以左手拇指压住鸟背部，其余 4 指轻握腹部，用右手食指和中指夹住鸟爪，然后头上尾下从罩中缓缓取出鸟。

（2）要将鸟交给别人时，以右手压住鸟的背部中央及翅膀。大拇指压住鸟颈部左侧，将中指、小指放在腹部，并以无名指和小指将鸟爪夹住，这样就很方便地把鸟交给别人。

（3）从别人手里接收鸟，再将鸟放入鸟笼的方法，均与前面介绍的抓鸟法相同。

（4）室内抓鸟时用网罩捕捉鸟，不要大声喧哗，动作轻快、迅速，禁止粗鲁地驱赶鸟群，以免引起炸群；徒手抓鸟时，不可捏住鸟的双翅或双爪，以免鸟拼命挣扎，导致关节扭伤或挣脱许多羽毛，从而影响鸟的健康。此外，鸟的捕捉方法还有张网捕捉法、扣捕法、踏笼诱捕法、淘窝捉雏法。

### 四、遛鸟

遛鸟是指每日清晨或傍晚提着鸟笼散步。遛鸟的主要目的是使鸟运动，遛鸟时，笼鸟随人的行走而摆动，鸟为了保持平衡，全身肌肉会有规律地收缩，起到使鸟运动、避免肥胖的目的。遛鸟时步子要稳而均匀，时间随各种鸟而不同，一般为 0.5～1h。冬、春季遛鸟时，大多数鸟应罩上笼衣，以免受凉或受惊吓。

在笼的上部安装一根活动栖木，犹如秋千，鸟飞上栖木后，前后摆动，可达到与遛鸟同样的目的，并能提高观赏效果。有些不宜遛鸟或用活动栖木的鸟，可在喂料时，用饲料逗引，促使其多活动。

**分析与思考**

1. 观赏鸟的日常保健内容有哪些？
2. 观赏鸟的喙应该怎样修整？

## 任务六　特殊生理时期鸟的保健

**学习内容**

1. 雏鸟期的保健
2. 换羽期的保健
3. 繁殖期的保健
4. 四季保健
5. 鸟的技艺训练

## 一、雏鸟期的保健

人工饲养条件下，成年鸟由于要继续产卵而无法养育雏鸟时，就要人工来饲养。也有的雏鸟失去了双亲不得不转为人工饲养。饲养雏鸟时要细致认真，不管是晚成鸟的雏鸟，还是早成鸟的雏鸟，刚出壳时都应放在保暖箱内，温度控制在 33℃ 以上。以后逐步降温，早成鸟降温速度可以快些。晚成鸟的雏鸟发育一般分为绒羽期、针羽期、羽片期、齐羽期 4 个时期。

**1. 绒羽期**　雏鸟眼睛尚未睁开，全身除少量绒羽外，光秃秃无毛，头只能勉强抬起。这段时间应喂以菜泥、熟蛋黄为主的浆状饲料，用喂食小匙轻碰雏鸟嘴。当雏鸟张嘴乞食时，快而稳地把料填入。每天喂 6～8 次，每次喂到雏鸟不再张嘴为止。

**2. 针羽期**　指出壳 1 周后，这时雏鸟的体表已开始长出羽轴，睁开眼，会张嘴"唧唧"乞食，此阶段一般喂给以熟鸡蛋、菜泥、豆粉为主的稠料，并开始要加入钙粉、骨粉等矿物质饲料，每天喂 5～6 次，喂到鸟颈部粗凸，不张嘴为止。温度控制在 25℃ 左右。

**3. 羽片期**　是在雏鸟正羽长出，约出壳 2 周后。一般喂给熟鸡蛋、鱼粉、玉米粉、菜叶等粉料，呈半湿状，每天填喂 4 次，并逐步训练鸟自己吃食，在粉料中逐步加入成年鸟吃的粟或昆虫等。温度控制在 20℃ 左右。

**4. 齐羽期**　雏鸟羽毛已长全，约出壳后 6 周，体型和成鸟相似。饲料可完全改用成年鸟饲料，不需人工填喂和保温。

雏鸟保暖箱温度较高，要注意清洁卫生，防止羽蚤等寄生虫生长。饲喂完雏鸟后，要用湿布擦去鸟嘴角上残留的饲料。对粪便要及时清除，并保持干燥。但也要保持 40% 的相对湿度，否则会影响雏鸟的生长发育。

## 二、换羽期的保健

每年的 7—11 月都是鸟类主要的换羽期，也有的鸟每年要换 4 次羽毛。40～60d 可长出新的羽毛。换羽期鸟类显得比较娇弱，容易患病，这段时间要特别照顾。

**1. 环境要求**　把鸟笼挂在无穿风处，减少或停止水浴。经试验研究发现，光照、温度和饲料对鸟换羽有很大影响。换羽期有足够光照和温度时换羽顺利，温度低会延缓换羽。

**2. 营养要求**　在换羽期前，给以营养丰富的饲料也会延缓换羽期。所以一般在换羽期前（6 月），为促使鸟迅速换羽，当旧羽毛脱落后，即喂高蛋白质、富含脂肪、多维生素的饲料，以促使新羽生长。对于少数没能自然脱落的羽毛，可由人工根据具体情况帮助拔去，以促进其换羽。

## 三、繁殖期的保健

鸟类从求偶、交配、营巢到产卵、孵化、育雏整个繁殖期是最辛苦的，短的需 50d，长者则需半年左右。要对繁殖鸟进行配对，调整饲料，供给蛋白质丰富、维生素充足的营养，补充鸟在繁殖过程中的营养消耗。要提供繁殖场地、巢箱、巢草，要注意孵化情况，对不孵的卵进行代孵或人工孵化；要关心照料雏鸟等。大群笼舍饲养鸟类可以让它们自由配对。在箱笼或中笼中饲养 1～2 对鸟，往往需要人工帮助择偶配对。通过放对观察配对是否成功，若未成功，则必须重新选配。人工给鸟选择配偶时，一般要选择年龄相似的，且雄鸟体型大于雌鸟，因为一般说来，雄性性成熟比雌性晚。在群养笼舍中，提供的繁殖巢箱要多于配对的鸟数，否则会发生争巢现象。在繁殖期间，还要保持相对安静，少惊动繁殖鸟，尽量减少检查卵、雏等次数，要多通过亲鸟孵化时间和觅食等行为观察其孵化、育雏情况。一些鸟有边产卵边孵化的特点，为使鸟多产卵，常采用以假卵换取真卵的办法。当鸟产满一巢卵后，再把假卵全部取走，诱使鸟继续产第2巢卵。对取出的卵，可以由义鸟代孵，也可进行人工孵化。开展这项工作时，要将取出来的卵轻放在干燥、阴凉、通风的箱盒内，隔天转动一下，保存时间不宜过长，一般经7d左右集中放入孵箱进行孵化。

## 四、四季保健

观赏鸟的饲养环境要求：室内可饲养1~2对鸟，超过5对时，最好设立饲育室或鸟舍，以利于防病和管理；阳光有助于促进鸟发情，也可杀菌防病，在室内饲养也应保证充足的阳光。

**1. 春季保健** 春季气候温和，春暖花开，应多外出遛鸟，让鸟尽情鸣唱，呼吸新鲜空气，每天可以捉一些昆虫喂鸟，以调换鸟的口味。但春季早晚温差较大，所以移鸟到室外或外出遛鸟，都要考虑天气阴晴和气温的高低，还要注意观察鸟的健康状况和适应能力，采取循序渐进的方式进行，以免鸟适应不了突变的环境而生病。春季鸟类普遍发情，显得格外精神、活跃，特别喜欢鸣叫。除正在繁殖或将要配对的种鸟外，单只饲养的雄鸟应减少脂肪性饲料的供应，多喂一些树芽、野菜芽之类的青绿饲料，以防鸟因过分发情而惊撞，把翅羽、尾羽拍打掉，甚至终止鸣叫。对第1次产卵的鸟要精心照料，加喂蛋小米等发情饲料。对孵卵的鸟除验蛋外要减少惊动。要注意观察雏鸟发育状况，如同时有几窝同类的雏鸟育出，可调整亲鸟育雏的数量，以避免亲鸟弃雏或雏鸟发育不良。等雏鸟能自己吃食时，则应与亲鸟分笼饲养，以利于亲鸟恢复体力和提高繁殖率。春季除加强日常管理，注意食、水卫生，保持鸟笼、鸟巢的清洁，加强螨病防治外，要经常观察鸟的活动和粪便，发现异常现象，要查找出原因，赶紧采取防治措施。

**2. 夏季保健** 夏季气温升高，要注意鸟笼、鸟舍的通风和防潮。尽可能供给浴水和浴沙，充分满足水浴要求，切不可缺少饮水，尤其在饮食上要特别注意。每天换食换水，尽可能保持饲料和饮水清洁，饲料要少喂勤添。

蔬菜、瓜果在鸟吃饱后，应即刻取走剩余的部分以免变质，引起鸟患肠道疾病。要停止日光浴，并将鸟笼置于阴凉通风处。如果鸟笼是亮顶的，可用深色布片盖在笼顶。气温高时不要将鸟关在过于狭小的笼中，已长成的幼鸟要及时与亲鸟分笼，饲养密度不要太高。将鸟笼置于宽敞处有助于改善笼内的通风条件。如果饲养密度较高，天气炎热时可在室外（如房顶）洒水降温，在笼舍的过道中用电风扇促进空气流通有利于通风，但要注意不能直接对着鸟笼正面吹。夜间对放鸟笼的房间喷洒杀虫剂灭虫、灭蚊，或用纱布笼罩罩上鸟笼，以防蚊虫叮咬。经常清理、洗刷、消毒鸟笼及用具，保持笼内清洁。如果发现螨虫，要将鸟舍、鸟笼彻底清扫和消毒。夏季有些鸟开始换羽，这时要适当增加蛋白质饲料的比例，停止饲喂脂肪性饲料。如果到了盛夏有的鸟还不换羽，可喂一些蛋壳内衣或蝉蜕、蛇蜕等高蛋白质饲料，促使其早日换羽。保持环境安静，不要让鸟过度运动。有些繁殖的亲鸟会因孵化、育雏等体力消耗大，更要精心照顾，充分加强营养。饲料中的蛋白质成分要有所增加，给予适量油脂食物（约占饲料总量的10%）和含色素的食物。

**3. 秋季保健** 秋季天气转凉，要让鸟增加皮下脂肪，做好越冬的准备。因此，在秋季鸟的饲料中，应适当增加脂肪性饲料的比例，一般应达到 20%。主食粒料的鸟，可直接喂油料作物的种子；主食粉料的鸟，可将油料作物种子粉碎后拌入日常饲料中喂给；食虫鸟宜增加鲜羊肉末或黄粉虫（面包虫）等。对还未脱换羽毛的观赏鸟，除增补维生素外，还要增喂蛋白质饲料。对秋冬季节繁殖的鸟，应做好各方面的准备工作。秋季也是一些鸟换羽的季节，要增喂蛋白质含量高的动物性饲料，如黄粉虫、蝗虫，以及晒太阳，以增加钙质在体内的吸收，对保持羽色有一定作用。对于一些即将开始产卵的鸟，应增加蛋小米等发情饲料及油菜籽和无机盐等营养饲料，但应注意营养不能过剩。

**4. 冬季保健** 冬季天气寒冷，尤其北方更冷，所以要时刻注意环境温度。需要注意的是，给鸟供热时必须保证热源的持续供应，时冷时热、环境温差太大很容易造成鸟的体质下降，导致感染病菌，这是观赏鸟死亡的主要原因。遛鸟活动要视情况而定，从初秋一直坚持的可继续进行，时间最好在相对温暖的中午，否则就停止遛鸟。防风是观赏鸟防冻的重要措施，冷风的吹袭会破坏羽毛的保温层，使鸟的体温迅速下降。画眉鸟在遛鸟时要罩上厚笼罩。在家时鸟应放在室内暖和向阳处，将笼罩掀起进行日光浴。应减少水浴次数，每周 1～2 次即可，还要保证有适宜的水温和室温。同时注意让鸟自行水浴，绝对不能强迫。由于冬季鸟的活动少，体力消耗不大，饮食营养不宜过多。每天可少喂些蛋白质含量较高的动物性饲料。体胖的鸟不爱活动，而活动是使体温升高的一种途径。过量的脂肪会使皮肤处于油脂的浸润状态，收缩性和柔韧性变差，羽毛的附着力降低，容易发生掉羽现象，这对鸟的防冻是不利的。越冬的鸟对水的需求也是必须予以重视的。在供水的同时还应提供些叶菜、瓜果等含水分较多的食物，既能防止鸟因水罐中的饮水结冰而受渴，又提供了较多的维生素和矿物质，保证了鸟正常代谢的需要。繁殖鸟的鸟舍温度要控制在 18～20℃。如果鸟舍温度到了 10℃以下，一般雏鸟会被冻死。

## 五、鸟的技艺训练

鸟技艺训练的生理学基础是条件反射，特别是以引诱食物为信号的条件反射。通过训练来达到养鸟者的目的，给养鸟者和观赏者带来生活的乐趣，同时也使鸟类发挥出其潜能。

被训的鸟主要有八哥、鹩哥、鸦科的红嘴山鸦、大绯胸鹦鹉、葵花凤头鹦鹉、灰鹦鹉。

**1. 训鸟说话** 以八哥为例，教八哥学"说话"前，要先对八哥的舌进行"捻舌"，才能教其"说话"。"捻舌"的做法是：两人操作，一人用双手握住鸟体保定，另一人用左手从枕部向前握住鸟头，将鸟嘴撑开，再用右手食指沾些香灰伸入鸟嘴，使香灰包裹鸟舌，随后两指左右捻搓，用力由轻加重。经过捻舌后，舌端会脱下一层较硬的"舌鞘"，并有微量出血，可涂些紫药水，放回原笼，饲喂软的蒸蛋小米，隔 2 周后，再用上述方法捻搓 1 次，捻下极薄而不完整的一层膜，再休养 2～3 周即可教其"说话"。

训鸟说话从幼鸟开始，把鸟平时喜欢吃的食物用手拿着喂它，并先给以声音信号（呼名、打口哨），达到人一叫鸟就有反应的程度。人们在调教鸟学"说话"时，应选择在每天环境安静的早晨和鸟空腹时进行，边教边喂给它少量喜欢吃的食物，音节由少渐多。开始先教"您好""再见"等 2 个音节的话，如此类推，要有耐心，不能着急，每学会一句话后要巩固一定的时期（5～7d），然后再教下一句话，鸟在刚开始学说第 1 句话时，鸟儿很难开口，一旦学会第 1 句，以后就容易了。另外，人们在调教鸟学"说话"时对着镜子会学得快些。

**2. 百灵鸣唱**　上台鸣唱训练，要求在幼鸟时就培养上台的习惯。常用的方法是常在鸣台上喂它喜欢吃的活食，或用小棍子经常捅鸟爪，促使其上台，百灵的鸣叫训练讲究"十三套"（即会模仿 13 种声音）。但具体内容说法不一，通常有以下几种声音：麻雀噪林、喜鹊迎春、燕子细语、母鸡报蛋、猫叫、犬吠、黄雀喜鸣、小车轴响、雄鹰威鸣、蝈蝈叫、油葫芦、水梢铃、吱吱红。口灵的百灵模仿得惟妙惟肖，令人陶醉。"呷口"训练最简单的方法是用有口的成年百灵去"带"幼鸟。为了能使幼鸟"上口"快、口清，最好将成鸟挂于高处，并保持环境安静。若想"呷"自然界鸟的鸣叫，则要在清晨将百灵挂在有鸟鸣叫的地方，使其倾听。口灵的幼百灵几天就能"上口"。

**3. 多种技艺训练**　常被训练学习多种技艺的鸟有黑头蜡嘴雀、黄尾蜡嘴雀、锡嘴雀、黄雀、文鸟、金丝雀等。

（1）放飞。准备训练放飞的鸟，最初宜单只用鸟架饲养，用软索系住脖子，软索另一端系于鸟架上。训练的手段主要是利用食物的诱惑，故白天鸟应处于饥饿或半饥饿状态。但每天傍晚必须喂给足够的食物，使鸟晚上能正常休息，第 2 天才能精神饱满地接受训练。训练时，养主手中托着鸟爱吃的食物，给鸟打信号或呼唤鸟的"艺名"，诱使它下架来啄食，以后训练时，逐渐将系脖的软索加长。为了谨慎起见，第 2 步可在室内训练其出笼来啄食。这时脖子上不用套绳索，离笼的距离逐渐增加。当鸟能听从命令，自由上下架或进出笼后，可在院内进行短距离试飞。在其飞出一定距离后，及时发信号令其回到手上啄食和进笼，以后逐渐增加飞行的距离和高度。经过这样的逐步训练，鸟与养主建立了感情，并形成了每飞一回就有一顿美餐的条件反射，然后就让其远走高飞。训熟后的鸟类每次放飞时都不能吃饱，每次放飞的时间也不能太长（约 15min），否则它会对食物失去兴趣。加之大自然的诱惑，它就会乐而忘返。放飞时，也不能被猫、犬吓着，否则会对"家"产生恐惧而不愿回来。

（2）空中叼物。将放飞成功并处于半饥饿状态的鸟放出笼来，养主手中托着食物在鸟面前来回晃动，诱其前来啄食。经过几次训练后，当鸟飞起前来啄食时，可将食物抛向鸟的头上方，诱它在空中接食。当鸟能在空中接食时，可减少正常饲喂方式，改以这种抛撒喂食为主。而后用大小和重量适当的玻璃球或牛骨制的光滑弹丸代替食物。当鸟接住空中的球弹因吞咽不下而吐出时，即奖励一点食物。反复训练多次后，鸟能熟练准确地接住球弹并送回到养主手中换食，这时可将球弹抛得更高更远，最后可用弹弓射入空中。优秀的鸟 1 次可接取球弹 3～4 颗，这种训练是蜡嘴雀的强项。

（3）提吊桶。黄雀和锡嘴雀等还可训练其提吊桶的技艺。因这一技术要喙、爪兼用，训练难度比其他技术要大。吊桶和灯笼不能太大和太重，可用轻质材料制成，并用粗细合适的粗糙麻绳或棉线吊于鸟架或鸟笼的栖木上。训练鸟提吊桶时，在吊桶内放少量鸟爱吃的食物，让它学会从吊桶中啄食。经过几次反复训练后，可将吊桶的绳子放长，使鸟不能轻易啄取到桶内的食物。这时鸟就会在绳索上东啄西啄，当它衔住绳索把桶提起发现了桶内的食物时，就会想办法用爪将绳子踩在栖木上，再啄取桶内的食物。而后逐渐放长系桶的绳子，鸟慢慢学会一段一段地反复衔起吊桶并踩住绳子。训熟的鸟喙爪配合协调，动作利索，能很快将桶提到所需的位置啄取食物。也可把吊桶换成灯笼。

（4）拉抽屉找吃。在鸟放飞训练成功的基础上，可进行拉抽屉找吃的训练。训练的手段仍然是让其处于半饥饿状态，利用食物奖励使其形成条件反射。拉抽屉适于蜡嘴雀和嘴力较大的鸟，抽屉的重量要合适。训练时，用 1 根细索系住抽屉的拉手，一端系一粒鸟爱吃的食物，然后开笼发出口令，诱使鸟来啄取绳端的食物。经过一段时间的训练后，绳端不系食物，鸟也会叼住绳子用力拉拽，当其每拉开一次抽屉时，就奖励一点食物。而后可将食物放在抽屉里，当鸟拉开抽屉后，发现抽屉里有食物就会自食，慢慢就形成了"拉开抽屉找吃"的习惯。

（5）戴假面具。供作鸟戴的假面具多用银杏外壳制成。将银杏外壳对半切开，清除果肉后，用细金属丝对称系于果壳两边，果壳的外面多画上各种京戏脸谱。训练时，将鸟爱吃的食物置于果壳内，诱鸟啄食，而后将食物粘在果壳的金属丝上，用手势或口令诱鸟啄食，当鸟叼住金属丝把面具衔起时，立即奖励一点食物。其后金属丝上不黏附食物，命令鸟叼住金属丝戴上面具，每戴上一次就奖励食物。再后逐渐训练鸟一次活动戴几种不同的面具。戴上面具后的鸟前来求食时，一纵一跳的姿态十分滑稽，非常有趣。

（6）叼物换吃。将鸟爱吃的食物粘贴在牌签、纸币、糖果或香烟等物体上或藏在这些物体中，诱使鸟前来啄食。经过一段时间后，在物体中不放食物，当鸟偶尔叼起一件东西时，即赏给一点食物，使它逐渐形成"叼物换吃"的习惯。而后用手势和口令来训练其叼物换吃。驯熟的鸟可在主人命令下为客人送糖送烟，令宾主捧腹开怀。

**分析与思考**

1. 观赏鸟在雏鸟期、换羽期、繁殖期如何保健？
2. 观赏鸟四季保健需注意哪些主要问题？

# 项目四　异宠的护理与保健

随着中国经济的发展，饲养异宠的人越来越多，如龟、兔、龙猫、仓鼠、蜥蜴、貂等。许多异宠由于生存环境变化，被人类有意或无意地杀死，巢位被人类或动物侵占等原因，已经成为保护物种，有的甚至成为濒危物种，被列入保护行列，因此饲养时要查阅当地濒危动物保护法律相关内容，若属于保护范围则不可饲养，要爱护地球上的这些小动物们。

## 任务一　宠物龟的护理与保健

**学习内容**

1. 适合饲养的龟品种
2. 宠物龟的喂养
3. 宠物龟的日常护理

龟是一种爬行动物，多分布在热带和温带。在动物界中，龟隶属于脊索动物门、脊椎动物亚门、爬行纲、龟鳖目。龟在漫长的进化过程中不断繁衍成陆栖龟、水栖龟、半水栖龟等类型。若按龟的食性可将龟分为动物食性龟、植物食性龟、杂食性龟3种。其中水栖龟类的食性一般为杂食性；半水栖龟类多数为动物食性；陆栖龟类大多为植物食性。

龟长寿，有灵性，品种繁多，颜色多变，形态各异，因而深受人们的宠爱，近年来成为新兴的宠物，而不单纯地作为观赏龟出现。

### 一、适合饲养的龟品种

**1. 三线闭壳龟**　又称金头龟、红肚龟、金钱龟、红边龟等（图4-1）。生活于水中，主要以蚯蚓为食，此外也吃河里的鱼、虾、昆虫以及一些植物性食物。

常见龟品种

**2. 地图龟**　它们是变化多端的一类龟，每一类都有着不同的习性、食谱和栖息环境。最主要的特点在于它们的皮肤和盾片上的那些富有特色的细线（图4-2），这正是地图龟这个名字的由来。

**3. 猪鼻龟**　也称大洋洲猪鼻龟（图4-3），别名飞河龟，四肢为像海龟那样的鳍状肢，这在淡水龟类中是很少见的。头部无法缩入壳内，鼻部长而多肉，形似猪鼻，所以有猪鼻龟的称誉。

图 4-1 三线闭壳龟

图 4-2 地图龟

**4. 麝香龟** 杂食性。麝香龟小的时候龟壳都是墨黑色，并且龟壳很粗糙，到成年后龟壳转为圆滑，颜色也淡化成棕色到黑色，有两道白色的线条由吻部延伸到颈部。麝香龟背甲上具有棱突，椎盾呈覆瓦状，棕色或橙色，接缝处有深色的镶边，可能有深色的点状或辐射条纹状的图案。腹甲小，粉红色或黄色，具有单枚的喉盾。头部有深色的斑点或条纹（图4-4）。

图 4-3 猪鼻龟

图 4-4 麝香龟

**5. 火焰龟** 又称锦龟、火神龟（图 4-5），属水栖龟类，杂食性。

**6. 中华草龟** 在我国龟类当中分布最广。中华草龟在市场上十分畅销（图 4-6）。

图 4-5 火焰龟

图 4-6 中华草龟

**7. 黄喉拟水龟** 为水龟中最原始、最古老的品种，民间素有"古石龟"之称。具有一副几乎是全黑色的底板（图 4-7）。黄喉拟水龟还具有耐热、耐寒、耐饥渴的特点，是生命力极顽强的龟种之一。

**8. 地龟** 又名枫叶龟、黑胸叶龟、十二棱龟、金龟（图4-8）。属半水栖的龟类，体型较小，头部浅棕色，头较小，背部平滑，上喙钩曲，眼大且外突，自吻突侧沿眼至颈侧有浅黄色纵纹。

图 4-7 黄喉拟水龟　　　　　　　　　　图 4-8 地 龟

**9. 棱皮龟** 体大，头大，颈、尾短，四肢桨状，无爪，前肢特别发达（图4-9）。

**10. 绿海龟** 是各种海龟中体型较大的一种，腹甲为白色或黄白色，背甲则从赤棕含有亮丽的大花斑到墨色不等。背甲中央为5盾，左右列各为4盾，眼睛上方具鳞片1对。绿海龟俗称黑龟或石龟，可能与其身躯远望过去像个大黑圆石有关（图4-10）。

图 4-9 棱皮龟　　　　　　　　　　图 4-10 绿海龟

**11. 枯叶龟** 又称为玛塔龟（图4-11）。它有呈三角形的扁平头、管状的鼻，下颌有触须，形态像一片枯叶，呈枯黄色，在湖中可见。因其龟壳酷似枯叶，故被称为枯叶龟。

**12. 日本石龟** 学名日本水龟（图4-12），整体呈棕色的，略带黄色。而背甲上具有清晰的特征性的年轮。

图 4-11 枯叶龟　　　　　　　　　　图 4-12 日本石龟

**13. 斑彩龟**　又名南美彩龟（图 4-13）。龟体裸露在甲壳外面的部分都长着极不规则的粗细不等的黄绿色条纹，而头部的红色粗条纹则很对称地镶嵌在眼下的两侧。

**14. 阿拉莫泥龟**　背甲较为平坦、狭窄，呈椭圆形，背部没有凸出的脊椎龙骨（图 4-14）。盾甲四周边缘重叠成瓦状。背甲后方的边缘比较直，但并不向外侧展开或向内弯曲。颜色一般是棕褐色、棕色及橄榄色，盾甲间有黑色的接缝线。透过半透明的盾甲时常可以看到下方骨骼的接合处。

图 4-13　斑彩龟　　　　　　　　　图 4-14　阿拉莫泥龟

**15. 花面蟾龟**　又称花面龟、杰佛里氏蟾龟（图 4-15）。背甲呈灰褐色、椭圆形，顶部扁平。腹甲呈灰黄色，每块盾片上无斑点，间喉盾将喉盾隔开，但不完全隔开肛盾。头较宽大，顶部呈灰色，较扁平，具鳞片，眼睛后部有 2 条淡黄色条纹延伸至头顶后部，喉部、颈腹部呈灰白色，下颌具 1 对灰白色触角。四肢背部和腹部均呈灰色，趾间具有发达的蹼，尾短。

**16. 缅甸陆龟**　又称为龙爪龟、旱龟、枕龟等（图 4-16）。头中等大小，头顶具 1 对前额鳞及 1 片大的、常分裂的额鳞，其余鳞片小而无规则；吻短，上颚具有 3 个锯齿。背高而甲长，有一颈盾，脊部较平；臀盾单枚，向下包。腹甲大，前缘平而厚实，后缘缺刻深。四肢粗壮，覆盖鳞片，鳞片呈黄绿色至黄褐色，有不规则黑色斑点，前肢扁圆，后肢呈圆柱形，趾间无蹼，尾短。

图 4-15　花面蟾龟　　　　　　　　图 4-16　缅甸陆龟

**17. 印度星斑陆龟**　因背甲上的每一个鳞甲都有一个星星图案而得名（图 4-17）。依花纹的粗细又可分为印度星龟与斯里兰卡星龟。前者星纹线条较细且头尾粗细相同；后者线条较粗且末端会放大。米字星纹在原产地属保护色，置身于草丛中的星龟很难让掠食动物发现。

**18. 苏卡达龟**　又称苏卡达象龟和苏卡达陆龟，是一种活动性十分强的陆龟。背甲隆起高，头顶具对称大鳞，头骨较短，鳞状骨不与顶骨相接，额骨可不入眶，眶后骨退化或几乎消失；方骨后部通常封闭，完全包围了镫骨；上颚骨几乎与方轭骨相接，上颚咀嚼面有或无中央脊。背腹甲通过甲桥以骨缝牢固联结。四肢粗壮，呈圆柱形。有爪，无蹼（图4-18）。

图4-17　印度星斑陆龟　　　　　　　　图4-18　苏卡达龟

**19. 饼干龟**　又称为石缝陆龟、薄饼陆龟、东非薄饼龟、非洲软甲陆龟。最突出的特点就是其扁平却有着美丽图案的龟壳。饼干陆龟的体型比较小（图4-19）。

**20. 安哥洛卡象龟**　又称安哥洛卡陆龟，草食性。背甲呈显著的圆顶状，颜色呈浅棕色，每块甲上有明显的年轮。椎盾为黄褐色，肋盾为深绿色。每一缘盾前缘均有暗褐色三角形斑纹，有一喉盾特别突出（图4-20）。

图4-19　饼干龟　　　　　　　　　　图4-20　安哥洛卡象龟

**21. 星丛龟**　有三个种类：几何星丛龟、锯缘星丛龟和帐篷星丛龟。三种都有星状花纹，和印度星龟十分神似，只是体型比较娇小，也有人称其为非洲星龟。几何星丛龟的背甲边缘没有锯齿状突出，可以和其他两种区分开，帐篷星丛龟因为花纹变异大，因此又可以分出亚种（图4-21）。

**22. 云南闭壳龟**　与三线闭壳龟非常相似，但颈部没有显眼的橄榄绿色，背甲稍扁，腹甲后缘有明显的缺刻，最主要的是背没有三条黑色的纵线（图4-22）。

**23. 亚洲巨龟**　又称大东方龟，杂食性。背甲呈棕褐色，高耸呈拱形，后端为锯齿状，中央有明显突起的脊棱（图4-23）。头部呈灰绿色至褐色，点缀黄色、橙色或粉红色的斑点。黄色的腹甲上每块盾片均有光亮的深褐色线纹，组成显著的放射状图案。趾间有蹼。

**24. 星点水龟**　属于小型龟类。全身以黑色为主，腹甲有黑色斑块，盾板上有数个黄色斑点似星形状，故称为星点水龟。头部亦呈黑色，具有黄色斑点，其分布位置多在眼部后方

图 4-21 星丛龟

图 4-22 云南闭壳龟

及鼓膜周围（图 4-24）。

图 4-23 亚洲巨龟

图 4-24 星点水龟

**25. 刺山龟** 又称太阳龟。背甲红褐色或棕色，显著下陷，龙骨钝圆，甲长约等于甲宽，壳扁平，中央有一浅褐色的脊棱。最明显的特征莫过于背甲的周围绕着一圈略向上翘的尖棘，所以得名太阳龟（图 4-25）。

**26. 圆澳龟** 背甲为无花纹的棕红色、椭圆形，缘盾边缘和缘盾的腹部为淡粉红色（图 4-26）。

图 4-25 刺山龟

图 4-26 圆澳龟

**27. 西氏长颈龟** 又称扁头长颈龟。背甲棕褐色，呈椭圆形，腹甲黄色，较长且窄，无任何斑点；头顶部、颈背部为深灰色，头顶部平滑，下颌、颈腹部为淡灰色。西氏长颈龟以特长的颈部而得名，颈部不能完全隐匿于体侧四肢，背部呈深灰色，腹部呈淡灰色，尾短（图 4-27）。

**28. 鳄龟**　长相奇特，背甲呈卵圆形、棕褐色，每块盾片具棘状突起，后部边缘呈锯齿状，从棘的顶点向左、右、前3个方向形成放射状条纹（图4-28）。

图 4-27　西氏长颈龟

图 4-28　鳄龟

**29. 丽龟**　又称太平洋丽龟、姬赖利海龟。背甲呈橄榄色、心形，长与宽几乎相等，背甲黄褐色后部边缘呈锯齿状。腹甲呈黄色。头顶部有对称的大鳞片，前额鳞2对，喙略呈钩形。四肢呈桨状，有大的鳞片，尾短（图4-29）。

**30. 玳瑁**　体型较大，背甲呈棕红色，有光泽，有浅黄色云斑；腹甲呈黄色，有褐斑（图4-30）。

图 4-29　丽　龟

图 4-30　玳　瑁

**31. 缺颈花龟**　背甲呈淡栗色、长椭圆形，中央脊棱较明显，每块缘盾腹面上具有黑色斑点。腹甲呈淡黄色，每块盾片上均具有大小不等的黑色斑点（图4-31）。头顶呈草绿色，侧面具淡黄色镶嵌黑色的条纹，上喙中央缺刻。颈部布满淡黄色镶嵌黑色的条纹。四肢为灰褐色，无淡黄色条纹，趾间具蹼。尾短有淡黄色和黑色镶嵌的条纹。

**32. 河伪龟**　又称河龟、甜甜圈龟。背甲呈绿色，每块盾片上布满黄色与绿色镶嵌的条纹，幼龟背甲上的花纹似C形，腰甲呈黄色，有黑色斑纹。头部呈绿色，黄色条纹较粗，四肢呈绿色，布满黄色粗条纹，尾短（图4-32）。

**33. 豹纹龟**　又称豹龟（图4-33）。背甲呈椭圆形，隆起较高，黑色或淡黄色，每块盾片上均具乳白色或黑色斑纹，似豹纹，无颈盾。按照豹纹龟背甲的底色不同，可分为白豹龟和黑豹龟。

**34. 绿毛龟**　所谓绿毛龟（图4-34）其实并非是一种通常意义的龟类，而是背上生着龟背基枝藻的一类淡水龟的统称。因龟背上的藻体呈绿色丝状，在水中如被毛状，故称绿毛龟。人们一般将龟背基枝藻接种在黄喉拟水龟或平胸龟、眼斑水龟等龟体体表上，绿毛长度在4cm以上，毛越长越好看，越长越名贵。绿毛龟的"绿毛"就是绿缨丛毛状的基枝藻，根据藻体附着在龟体上的部位不同命名为不同名称，名称有五子夺魁、天地维、天雄、单缨、牡丹头等。

图 4-31　缺颈花龟

图 4-32　河伪龟

图 4-33　豹纹龟

图 4-34　绿毛龟

## 二、宠物龟的喂养

龟的饲喂需用配制好的饵料，即龟食。除考虑龟是否食用之外，还应考虑食物的营养价值与成分，应为龟类提供合适的蛋白质、脂肪、糖类、维生素和矿物质，保证其正常生长发育。另外，龟的采食行为、消化吸收也与其他因素如环境温度、湿度、光源、群体密度和龟的自身消化系统有关，甚至饲料的类型也影响龟的采食。

### （一）饵料主要成分

**1. 脂肪**　脂肪虽是新陈代谢重要的能量来源之一，但是饲料中含量应适量，饵料中的脂肪如果含量过多，长期蓄积在体内并大量沉积在龟体内脏四周，对龟的健康会产生不良的影响。选择或配制饵料时最好控制脂肪含量在 $0.2\%\sim0.8\%$。

**2. 糖类**　糖类是能量的主要来源，作为主要供能物质。在许多情况下龟的能量需求依靠蛋白质的转化来满足。常用大麦、小麦等作为饵料主原料。建议饲料中糖的含量为 $7\%\sim13\%$。

**3. 蛋白质**　蛋白质是构成龟体的重要成分，饵料中蛋白质成分不足会导致龟体体重下降、肌肉退化、消瘦、易继发感染、繁殖障碍、伤口愈合不良，甚至生长停滞。蛋白质来源有大豆、糠虾、白鱼粉、苜蓿芽、豆芽、粗粮、无脊椎小动物等。

**4. 矿物质**　包括常量元素和微量元素，矿物质不仅是龟体内代谢作用的辅助成分，还具有稳定神经的作用，其中钙是骨骼构成的主要成分。矿物质的补充非常重要，应当尽量供给全价、营养平衡的饲料，并可在饲喂时适当添加矿物质添加剂粉。

**5. 维生素** 维生素起到协助营养物质的吸收、利用，促进生长的作用，也起代谢作用的辅助作用，龟体所需的维生素主要是从饵料中来，因此需要在饲料中添加多种维生素，或利用维生素含量丰富的原料制作饵料。

**6. 粗纤维** 粗纤维是植物细胞壁的主要组成成分，包括纤维素、半纤维素、木质素及角质等成分。含粗纤维的饵料可以促进肠胃运动，在一定程度上帮助消化，是有益处的，但粗纤维也能够阻碍消化道内的消化酶与食糜的接触从而降低养分的消化率，此外，粗纤维还能阻碍肠道对一些小分子养分物质的吸收，添加时应注意控制用量。

**7. 水** 水是维持生命必需的物质，机体的物质代谢、生理活动均离不开水的参与。水有利于体内化学反应的进行，在生物体内还起到运输物质的作用。

### （二）龟的食性及常见饵料

由于长期的进化、地理位置、气候及食物链原因，生活在不同环境的龟有不同的食性。龟的食性可分为杂食性、动物食性、植物食性。一般来说，水栖龟类多为杂食性，食海藻、鱼类、甲壳类动物等。半水栖龟类多为动物食性，食蚂蚁、黄粉虫、猪肉等。陆龟类则以植物食性为主，食黄瓜、白菜、瓜果蔬菜及草类等。日常饲养中动物性饲料包括猪肉、小鱼虾、猪肝、家禽内脏、蚯蚓、血虫、黄粉虫等。

**1. 常见活体动物性饲料**

（1）水蚯蚓。水蚯蚓又名红丝虫、赤线虫。外形像蚯蚓幼体，属环节动物中水生寡毛类，体色呈鲜红或肉红色、橙黄色。它们多生活在排放污水或废水的阴沟污泥中。水蚯蚓的营养价值极高，投喂前要在清水中反复漂洗。

（2）血虫。某些摇蚊科、摇蚊属昆虫的水生幼虫，体色血红，俗称红虫。为淡水中常见的底栖动物，多生活在有机质、腐殖质含量较多的污水沟、排水口等处，含有丰富的蛋白质、脂肪、矿物质和多种维生素。

（3）蚯蚓。蚯蚓俗称地龙，又名曲蟮，是环节动物门、寡毛纲的代表性动物。蚯蚓营腐生生活，生活在潮湿的环境中，以腐败的有机物为食。

（4）蝇蛆。蝇蛆为苍蝇的幼虫。主要生活在人畜粪便堆、垃圾、腐败物质中，取食粪便及腐烂物质，也有的生活于腐败动物尸体中。蝇蛆营养成分全面，高蛋白质、低糖且低脂肪，并含有丰富的矿物质元素、维生素、微量元素及抗菌活性物质。

（5）蚕蛹。富含蛋白质、脂肪，其中主要成分是不饱和脂肪酸、甘油酯，少量卵磷脂、固醇、脂溶性维生素等。

（6）福寿螺。为瓶螺科、瓶螺属软体动物，外观与田螺极其相似，个体大、食性广、适应性强、生长繁殖快、产量高。其肉质可食用，但口感不佳，是饲养鳄龟的优良饵料。

（7）黄粉虫。黄粉虫又名面包虫，原产于北美洲，含有磷、钾、铁、钠、铝等常量元素和多种微量元素，被誉为"蛋白质饲料宝库"。

**2. 植物性饲料** 包括面包、馒头、饭粒、面条、豆腐、菠菜、芹菜、莴笋、瓜、果、甘薯、板栗等。投喂前要仔细检查是否含有害虫，必要时处理后再投喂，杜绝给龟带入病菌和虫害。

### （三）具体龟种饲喂举例

以金钱龟为例，投喂的动物性饲料常用瘦猪肉、动物内脏、鱼、虾、贝肉、蚯蚓等，植物性饲料常用南瓜、菜叶、香蕉（去皮）和苹果等，或适当投喂商品饲料。应以动物性饲料为主，各种饲料穿插运用，植物性饲料的投喂次数约为动物性饲料投喂次数的 1/7。投喂时依季节、水温以及龟的生长情况而定，一般日投喂量掌握在龟体重的 5% 左右。投喂时要将饲料切碎，坚持定时、定量、定质投喂，根据龟吃食状况随时调整，让龟吃好吃饱，每次投喂量以投喂后 1h 内吃完为度，投喂 1.5h 后铲除残饵，洗擦饲料台，防止污染或霉变。冬眠期，金钱龟无摄食行为，不必投喂，重点是做好保温等其他工作。

## 三、宠物龟的日常护理

### （一）日常饲养护理

**1. 饲养池或水族箱的准备及消毒**　龟饲养池或水族箱应建于室内，一般为长方形。池底和池壁内面润滑，池底的一端底面成角度的倾斜，一端蓄水并装置排水口。饲养龟后，在池内无规则地放置一些遮蔽物或水族箱专用置景物，以模仿户外的自然环境，让龟在安静舒服的状态下成长。放养前，应用消毒溶液彻底消毒饲养池 12h，然后把药液排出池外，并用清洗水冲刷净饲养池内的残留药液。

**2. 挑选水源及调理水质**　龟饲养可挑选洁净的江河水、水库水、井水、自来水为水源，但井水和自来水最好在室外蓄水池中曝晒 2d 以上再运用。龟饲养过程中，需依托换水来调理水质。换水应用胶管喷水把饲养池冲刷洁净，并用适当淋浴办法模仿人工降雨。

**3. 调整好光照和温度**　利用人工的办法，在饲养池上方吊装电灯泡来调理光照和温度，以改进室内饲养池的光照条件。假如室内温度过高，则要想办法降低室内温度。

**4. 做好疾病防治与敌害防护**　为避免龟在饲养过程中患病，有必要做好消毒工作，以防治多见的细菌性疾病；适时投喂药饵；适时置于室外晒背。并且还要防护龟的主要敌害如鼠、蛇、猫、蚁等。

### （二）龟常见疾病

**1. 腐皮病**　龟腐皮病由单胞菌感染引起。因饲养密度较大，龟互相撕咬，病菌侵入后引起受伤部位皮肤组织坏死。水质污染也易引起龟患病。肉眼可见病龟的患部溃烂，表皮发白。防治方法为首先清除患处的病灶，用药膏涂抹，切忌放水饲养，以免加重病情。

**2. 出血性败血症**　龟出血性败血症由嗜水气单胞菌引起，具有传染性。龟皮肤有出血的斑点，严重者皮肤溃烂、化脓。防治方法为将病龟按患病轻、重程度分档移池。对轻度病龟投喂麦迪霉素、乙酰螺旋霉素等药物，并进行药物浸泡。

**3. 疥疮病**　龟疥疮病由嗜水气单胞菌点状亚种引起，病菌常存在于水中、龟的皮肤、肠道等处。水质环境良好时，龟为带菌者，一旦环境被污染，龟体若受外伤，病菌会大量繁殖，引起龟患病。表现为龟颈、四肢有一粒或数粒黄豆大小的白色疥疮，用手挤压四周，有黄色、白色的豆渣状内容物。防治方法为首先将龟隔离饲养然后，将病灶的内容物彻底挤出，用优碘搽抹，敷上金霉素粉，再将蘸有金霉素或金霉素药膏的棉球塞入病灶洞中。若龟是水栖龟类，可将其放入浅水中。

**4. 肠炎**　是龟病中常见疾病。患肠炎的病龟起初精神不振，食欲减少，粪便不成形，严重时呈蛋清状、黑色或生猪肝色。防治方法为病龟及早隔离治疗，以免传染。常用药物为磺胺脒或磺胺噻唑，使用时将药物混入饵料中。

**5. 白眼病**　龟白眼病由于饲养密度过大，没有及时进行换水，导致水质变坏而引起。

病龟眼部发炎充血，逐渐变成灰白色且逐渐肿大。眼球的外部被白色的分泌物掩盖，眼睛不能睁开，眼皮上有死皮。防治方法为保持水质清洁，对已经患病的龟，应单独饲养，可用聚维酮碘（或碘伏）擦拭眼睛。若眼睛已不能睁开，应每日在龟眼皮上涂氯霉素滴眼液，并在浅水中饲养。

**6. 摩根氏变形杆菌病**　龟感染摩根氏变形杆菌后，初期鼻孔和口腔中有大量的白色透明泡沫状黏液，后期流出黄色黏稠状液体。防治方法为隔离饲养，肌内注射卡那霉素、链霉素。

**7. 感冒**　龟感冒的主要原因多数是温差过大引起，表现为打喷嚏、流鼻液、嗜睡，经常用前肢挠眼睛、鼻塞、不愿下水等，严重的会少食或拒食。防治方法为保持恒温和适宜的湿度，多提供饮水，口服感冒药，喂服阿莫西林、头孢类的药物。

**8. 水霉病**　龟水霉病最常见的是由水霉和绵霉引起。菌丝寄生侵入组织，分泌消化酵素分解周围组织，进而贯穿真皮深入肌肉，使皮肤与肌肉坏死崩解，形成灰白色如棉絮状的覆盖物，又称覆棉病或水棉病。

**9. 颈溃疡病**　龟颈溃疡病由病毒及水霉菌引起，有传染性，龟颈有棉絮状的丛生物，颈部活动不便，食欲减退。防治方法为用土霉素、金霉素等抗生素药膏涂抹病龟患处。

**10. 腐甲病**　龟腐甲病由于龟甲壳受损、并且环境湿度过大或环境太脏，导致细菌大量滋生，使病菌侵入龟甲内，导致甲壳溃烂、发臭、壳软，龟表现出疼痛，颜色与其他甲片不同。防治方法为剥离浮动的死甲，用过氧化氢溶液清洗消毒，敷上少许高锰酸钾粉，辅以口服土霉素或注射硫酸阿米卡星等。

**（三）特殊时期日常饲养护理**

**1. 繁殖期日常饲养护理**　亲龟的培育场地要求安静、清洁、水源来源方便、水质无污染。亲龟饲养池选址尽量安排在安静、向阳、避风处，特别要避免附近有突发巨响，如靶场、开山炸石、飞机场的突发巨响会影响其产卵。为促进雌龟在产卵后能迅速恢复体质，确保来年性腺发育良好，必须加强产后管理，加强投喂，多投喂蛋白质、脂肪含量较高的动物性饲料；对产卵过程中受伤的龟加强治疗；环境卫生要到位，减少外来病源的侵袭。

**2. 越冬期日常饲养护理**　龟是变温动物，冬眠是其基本生活习性，加强冬眠期的管理工作对提高龟的生命力具有重要作用。越冬期前应加强投喂，以精饲料为主，使越冬龟体内储存一定量的营养物质。并对龟进行全身检查，主要检查龟的体表和体内是否有寄生虫。仔细观察龟的粪便是否正常，并且排空粪便。选择合适的越冬池并将越冬箱放置在室内，内铺垫上少许稻草或棉垫，以起保温作用。注意加强管理，主要是保持环境的相对恒定和防止敌害侵袭。必要时采取加温饲养使其不冬眠，正常喂食、管理。

**🐾 小知识　龟年龄的估算**

为了护理及管理需求，个别情况下需判断龟的年龄，可以使用下面的方法估算龟的年龄：

龟年龄计算常以龟背甲盾片上的同心环纹（生长年轮）多少计算，1 个环纹为 1 年的生长期。随大自然的周期性变换，乌龟有明显的生长期和冬眠期，生长期背甲盾片和身体一样生长，形成疏松较宽的同心环纹圈，冬眠期乌龟进入蛰伏状态，停止生长，背甲盾片几乎停止生长，形成的同心环纹圈狭窄紧密。如此疏密相间的同心环纹圈同以树木的年轮推算树龄相似，当经历1个停止发育的冬季，就出现1个年轮。依此可以判断乌龟的年龄，即盾片上的同心环纹多少，然后加1，就等于龟的实际年龄。

这种方法只有龟背甲同心环纹清楚时方能计算，龟的年轮在10龄前较为清晰，在稚龟出生不久，在其背壳中央的盾片外坚皮肤上就可看到一些放射状纹，并无圆轮状，有几个轮圈的龟背甲纹就是龟龄几岁，年龄越长越难用肉眼辨认。当然不同龟种、环纹清晰度和孵出时存在环纹等因素也会影响年龄的准确度。

### 分析与思考

1. 适合饲养的龟有哪些？
2. 龟的饵料有哪些？
3. 龟的日常护理方法应注意什么？

## 任务二　宠物兔的护理与保健

### 学习内容

1. 适合饲养的宠物兔品种
2. 宠物兔的喂养
3. 宠物兔的日常护理

## 一、适合饲养的宠物兔品种

### （一）适合家庭饲养的宠物兔品种

根据美国兔仔繁殖者协会（ARBA）的统计资料，全世界的纯种兔约45种，依据用途可以分为肉用兔、毛用兔及宠物兔；不同种类的兔体型差别较大，依据体型大小可分为巨型兔、大型兔、中型兔、小型兔，部分体型代表见表4-1。兔亦有长毛与短毛、竖耳与垂耳之分。一般情况下，小型品种常作为宠物兔来饲养，以下内容重点介绍下适合家庭饲养的宠物兔品种。

表4-1　宠物兔的体型分类

| 分类 | 体重（kg） | 品种 |
| --- | --- | --- |
| 小型兔 | 0.9～2.7 | 荷兰兔、荷兰侏儒兔、侏儒海棠兔、迷你雷克斯兔、美国长毛垂耳兔、侏儒垂耳兔、杰西伍莉兔、哈瓦那兔、喜马拉雅兔、荷兰垂耳兔、波兰兔、英国银兔、鞣兔、佛洲大白兔、比利时野兔、狮子兔 |
| 中型兔 | 2.7～4.1 | 雷克斯兔、法国安哥拉兔、英国安哥拉兔、英国斑点兔、来因兔、缎子安哥拉兔、暹罗兔、维也纳兔、法国银兔 |

（续）

| 分类 | 体重（kg） | 品种 |
|---|---|---|
| 大型兔 | 4.1～5.0 | 新西兰兔、法国垂耳兔、美洲金吉拉兔、德国安哥拉兔、荷达兔、银狐兔、美洲黑貂兔 |
| 巨型兔 | >5.0 | 英国垂耳兔、美洲兔、巨型斑纹兔、金吉拉巨兔、美洲纹路巨兔、巴塔哥尼亚巨兔、巨型佛蓝得兔、标准金吉拉兔 |

**1. 荷兰兔** 又名道奇兔、霍兰兔、猫熊兔，原产于荷兰，属于小型宠物兔，标准体重为 1.6～2.5kg（图 4-35）。

**2. 狮子兔** 又名狮子头兔，原产于荷兰、美国、比利时等地，属于小型宠物兔。颜色有白、棕、青等多种颜色。面部和身形均较圆，鼻子扁平，前脚较长，被毛蓬松浓密，颈部布满呈 V 形的长毛，酷似狮子，耳朵竖起呈三角形。性格胆小谨慎，喜爱干净，温和乖巧（图 4-36）。

常见宠物
兔品种

图 4-35　荷兰兔

图 4-36　狮子兔

**3. 荷兰侏儒兔** 又名侏儒兔、迷你兔，原产于荷兰，属于小型宠物兔（图 4-37）。身形矮胖，头大、浑圆、饱满，似苹果，面圆，鼻扁，耳朵小而直立，短毛，没有肉垂，属于宠物兔中最小的品种之一。性格温顺活泼，听话胆小，动作灵活，表情丰富。

**4. 侏儒海棠兔** 又名侏儒荷达特、侏儒熊猫兔，原产地为德国，属于小型宠物兔（图 4-38）。体型娇小，头大，耳短，一般为全身白色，眼睛周围的毛是黑色的，构成黑眼线，酷似熊猫。性格活泼、警觉，好奇心旺盛，容易和人相处，属个性相当可爱的品种。

图 4-37　荷兰侏儒兔

图 4-38　侏儒海棠兔

**5. 迷你雷克斯兔**　又名迷你力斯兔、绒毛兔、丝绒兔，原产于美国得克萨斯州，属于小型宠物兔（图 4-39）。体重 1.2～2.0kg，外形与荷兰侏儒兔相似，短毛，毛质像丝绒而有光泽，耳朵较细且竖起，胡须上有一点小卷。性情温顺，十分适合家庭饲养。

**6. 法国垂耳兔**　别名法种垂耳兔，原产于法国，体重 4.5～5kg，属于大型宠物兔（图 4-40）。有黑、蓝、巧克力、紫等多种颜色，耳朵较大且下垂，身形圆大，健壮结实，是体型最大的垂耳兔。个性温和，憨态可掬，行动敏捷，善于跳跃。

图 4-39　迷你雷克斯兔　　　　　　　图 4-40　法国垂耳兔

**7. 美国长毛垂耳兔**　又称费斯垂耳兔、猫猫兔，原产于美国，属于小型宠物兔（图 4-41）。体型较小，黑色眼珠，头圆短颈，面部扁平，长耳并下垂，被毛长而浓密，有 19 种认可的颜色。性格文静胆小，属于夜行性动物。

**8. 喜马拉雅兔**　又称五黑兔，产于喜马拉雅山脉南北地区，属于小型宠物兔（图 4-42）。眼睛为红色，身体的末端（尾、足、耳、鼻）为黑色，其余部位全为白色，黑色是由于隐性基因决定的，会因外界温度的变化而改变自己的保护色。性格温和，喜寒，好动。

图 4-41　美国长毛垂耳兔　　　　　　图 4-42　喜马拉雅兔

**9. 磨光兔**　原产于英格兰，属于小型宠物兔（图 4-43）。体型较小，鼻子较短，鼻尖塌陷，常见黑色，两耳短小、直立，被毛柔亮光滑。性格乖巧，适合儿童饲养。

**10. 安哥拉兔**　原产于土耳其安卡拉，可分为英国安哥拉兔、法国安哥拉兔、德国安哥拉兔、缎毛安哥拉兔、巨型安哥拉兔 5 种，绝大多数体型较大，以英国安哥拉兔最为出名。既是世界著名的毛用兔，又可作为宠物兔。因其毛细长，貌似安哥拉山羊而得名（图 4-44）。

图 4-43　磨光兔

图 4-44　安哥拉兔

除上述外，波兰兔、迷你垂耳兔、多瓦夫兔、泽西长毛兔、蝴蝶兔、荷兰垂耳兔、金吉拉兔、杰西伍莉兔、银狐兔、大耳白兔、英国斑点兔等也是世界著名宠物兔品种，同样适合家庭饲养。

### （二）宠物兔的选择方法

**1. 雌雄鉴别方法**

（1）初生仔兔。主要根据阴部的孔洞形状和距离肛门远近来区别。孔洞呈扁形，离肛门较近者为母兔；孔洞呈圆形，距肛门较远者为公兔。

（2）断奶幼兔。主要观察外生殖器。将幼兔头、腹朝向检查者，用手轻压阴部开口处两侧皮肤，母兔呈 V 形，下边裂缝延至肛门，没有突起；公兔呈 O 形，并可翻出圆柱状突起。

**2. 年龄鉴别方法**　宠物兔的门齿和爪随年龄增长而增长，这是年龄鉴别的重要标志。在没有记录的情况下，年龄可以从爪的颜色和长相、牙齿生长、皮板厚薄三方面来识别。

（1）青年兔。眼神明亮，行动活泼，门齿洁白、短小、排列整齐。白色兔趾爪基部呈红色，尖端呈白色；有色兔趾爪较短而平直，隐藏在脚毛之间。皮板薄而紧密。

（2）老年兔。眼神呆滞，行动迟缓，门齿黄暗、厚而长，排列不整齐，有时破损。有色兔的趾爪随年龄的增长逐渐露出脚毛之外。皮板厚而松弛。

**3. 健康情况鉴别要点**　选择适合家庭饲养的宠物兔，不仅要注重年龄和性别，更应该重视健康情况。在市场上选择宠物兔的过程中，要注意以下几个方面：

（1）购买来源要选择正规的宠物店或各种兔场。

（2）要有健全的免疫记录，预防重要传染病。

（3）细致观察宠物兔的眼睛，应清澈、明亮、有神，无眼眵和泪痕。

（4）健康的宠物兔处于警觉状态时，耳朵往往竖起来，并且转动自如；当宠物兔处于亚健康状态或不安全的环境，耳朵多是耷拉下来的。

（5）看宠物兔鼻盘是否干净，有无脓性鼻液。

（6）看宠物兔被毛是否顺滑，有无脱毛现象。

（7）看宠物兔身上是否有臭味，肛门附近是否干净。

（8）看走路姿势是否正常，有无肌肉组织或神经受损。

## 二、宠物兔的喂养

### （一）宠物兔的饲料种类

**1. 青绿饲料**　青绿饲料种类繁多，主要包括野草、野菜、天然牧草、栽培牧草、青刈作物的茎叶、树枝叶和水生植物等。青绿饲料水分含量较高，体积大，能量含量低，维生素含量丰富，蛋白质品质好，营养全面，适口性好，消化率高。青绿饲料喂兔力求多种搭配，如禾本科和豆科牧草搭配，树枝叶与青草和植物茎叶等搭配，比单一饲料效果好。

**2. 多汁饲料**　多汁饲料种类很多，包含块根、块茎、瓜类、青贮饲料等。利用多汁饲料时要注意与粗饲料搭配喂给，不要单一喂兔，否则淀粉及水分含量高会引起消化不良。一般应与蛋白质、粗纤维含量高的饲料混合喂给。

**3. 粗饲料**　适合喂兔的粗饲料来源广、数量大、种类多，包括干草、秸秆、树叶等。在利用粗饲料时，最好将其粉碎后与精饲料拌成粉料，或制成颗粒饲料喂给。

**4. 精饲料**　精饲料包括各种农作物籽实及其副产品。高能量的饲料有玉米、大麦、高粱、米糠、麦麸、甜菜渣和豆腐渣等；高蛋白质饲料主要是各种豆类籽实和一些油料加工副产品，如豆饼、花生饼、菜籽饼、棉籽饼等，可用来调整日粮中的蛋白质含量，以达到所需要的营养水平。

**5. 动物性饲料**　动物性饲料主要包括如鱼粉、骨粉、血粉等。动物性饲料含有品质优良的蛋白质、钙和磷，还含有植物性饲料中所缺乏的维生素 $B_{12}$ 与维生素 D，特别是必需氨基酸含量较多，所以可在兔日粮中适当添加一些动物性饲料。

**（二）宠物兔日粮配制**

**1. 配制原则**

（1）宠物兔日粮配制应根据宠物兔的品系、生理阶段选择适当的饲养标准，满足宠物兔的营养需要。

（2）宠物兔为草食动物，日粮选择应以青绿饲料为主，辅以精饲料。日粮中精饲料与粗饲料比例要适当，尽量选用多种饲料配合，可起到营养互补作用。

（3）选用适口性好、易消化的饲料，宠物兔喜欢带甜味的饲料。

（4）在保证营养全价的同时，注意有效性、安全性和无害性，不用发霉变质和有毒有害的饲料配制日粮。

**2. 配制方法**　较常用、简便的是试差法。具体步骤如下：

（1）根据饲养标准查出生长兔的营养需要。

（2）选择饲料并查出其营养成分含量。

（3）初步确定各原料的配比，并计算粗蛋白质和能量水平。

（4）与标准比较，调整能量和蛋白质水平。

（5）与标准比较，调整钙、磷及氨基酸的含量，如果钙、磷不足，可用矿物质饲料补充。必需氨基酸低于标准，可用添加剂进行补充。

**（三）宠物兔的饲喂**

**1. 宠物兔的饲养用具**

（1）兔笼。兔笼大小应根据兔的体型、年龄、性别等确定，一般应以兔体能够在笼内自由活动为原则，笼宽为兔体长的 2 倍，笼深为兔体长的 1.3 倍，笼的平均高度为兔体长的 1.2 倍。在选购兔笼时，兔笼壁要求平滑无突出物，防止勾脱兔毛和损伤兔体，同时还有利于清洁卫生。如用金属做笼壁，表面要涂一层油漆，防止生锈。装钉时应让钉尖向外，并把笼的梁柱盖住，以防兔子啃咬。

（2）饲槽。主要用于添加精饲料或颗粒料，有竹制、木制、水泥制、陶制、铁皮制的，要求材料坚实，安放坚固，不易打碎或翻转，便于清洗和消毒，饲槽常固定在笼的前壁或门上。

（3）草架。草架多用木条、竹片或铁皮制成，呈 V 形，一般固定在兔笼的前壁上或前门上，运动场应放置较大的草架。

（4）饮水器。一般家庭养兔或小型养殖场多用瓷碗或瓷杯，也可以用竹筒。一般固定在兔笼前壁上，也可用倒置玻璃瓶，瓶口接一条橡皮管，将玻璃瓶固定在笼壁上，把橡皮管通过笼壁伸入兔笼内。

（5）磨牙石。由于兔有磨牙的习惯，所以需要为兔准备一个磨牙石。兔的两颗门齿是持续生长的，如果没有东西磨牙，会造成门齿过长，导致口腔不能闭合，继而导致口腔溃疡，不能进食而死亡。

（6）站板。兔长期站在铁丝网上极易导致脚皮炎。兔的身体结构决定了兔两后肢的关节处为全身最重的受力点，如果此处长期受到挤压，就会溃烂继而导致脚皮炎，由于该病是难以治愈的顽症，所以预防就显得极为重要。

（7）厕所。如果条件允许，可以再配 1 个兔专用的厕所，可以培养兔定点排泄的好习惯。

（8）滚珠水壶。兔的口腔结构决定其只能用滚珠水壶饮水，用水槽喝水会导致湿性皮炎，下颌发炎溃烂，甚至发展为败血症而死亡。

**2. 宠物兔的饲喂原则**

（1）定时定量。兔比较贪食，定时、定量可以培养其良好的进食习惯，有规律地分泌消化液，促进饲料的消化吸收。否则就会打乱进食规律，引起消化机能紊乱，造成消化不良。

（2）合理搭配、饲料多样化。兔生长快，繁殖力高，体内代谢旺盛，需要充足的营养。因此，日粮的组成应由多种的饲料组成，并根据饲料所含的养分，取长补短，合理搭配，这样既有利于生长发育，也有利于蛋白质的互补作用。

（3）调换饲料时逐渐增加。饲料更换要有一个过渡期，新换的饲料量要逐渐增加，使兔的消化机能与新的饲料条件逐渐相适应起来。若饲料突然改变，容易引起宠物兔的肠胃病而导致采食量下降。

（4）注重饮水。水为生命之源，因此必须经常注意保证水分的供应，应将宠物兔的饮水列入日常的饲养管理规程。供水量根据宠物兔的年龄、生理状态、季节和饲料特点而定。

**3. 宠物兔的饲喂方法**

（1）仔兔的饲喂。初生仔兔的器官发育尚未完全，调节能力差，适应能力弱，很容易死亡。因此必须采取有效措施，提高仔兔的成活率。

①睡眠期仔兔的饲喂。仔兔出生后至开眼的时间称为睡眠期。睡眠期的仔兔生长发育很快，应尽量让其吃足乳。特别是母兔产后 1～2d 分泌的初乳营养丰富且具有轻泻作用，有利于促进仔兔生长、排尽胎粪，应保证仔兔吃足初乳。此期的仔兔，只要能够吃饱乳、睡好觉，就能保证正常的生长发育。

②开眼期仔兔的饲喂。仔兔出生后 12d 左右开眼，从开眼到断奶的这段时间称为开眼期。开眼后的仔兔生长发育很快，而母乳已开始减少，满足不了仔兔的营养需要，必须及早补料。这个时期的仔兔要经历一个从吃乳转变到吃植物性饲料的变化过程，饲养重点应放在

仔兔的补料和断奶上。一般仔兔在 15 日龄左右就会出窝寻找食物，此时就可开始补料，应喂给少量营养丰富且容易消化的饲料，如豆浆、豆渣或切碎的幼嫩青草、菜叶等。20 日龄后可加喂适量麦片、麸皮、玉米粉和少量木炭粉、维生素、无机盐、大蒜、洋葱等，以增强仔兔体质。30 日龄时应以饲料为主、母乳为辅慢慢过渡。

（2）幼兔的饲喂。断奶至 3 月龄的小兔称为幼兔。这个阶段的兔生长发育快，但抗病力差，要特别注意护理，否则发育不良，易患病死亡。饲喂的饲料要清洁新鲜，富有营养。带泥的青草一定要洗净晾干后再喂。青饲料 1d 喂 3 次，精饲料 1d 喂 2 次，加喂矿物质饲料、少量鱼粉、豆饼等。喂时掌握早多、午少、晚吃足的原则，饮水要充足，夏季喂凉水，冬季喂温水，加少量食盐。夏季饲料以青草为主，兼喂麦麸、玉米、高粱等精饲料。青饲料水分含量多，要在太阳下晒干，减少水分。这样可有效地控制幼兔腹泻和胃肠鼓胀。

（3）青年兔的饲喂。青年兔一般指 3 月龄至初配阶段的兔。青年兔机体各系统已经发育比较完善，此时期主要是生长骨骼和肌肉的阶段，对蛋白质、矿物质元素和维生素的需求较多，抵抗力和对粗饲料的消化能力已经逐步增强。饲料中蛋白质含量一般为 12%～15%，粗纤维含量应该为 17% 以上，为防止过肥，应该适当控制能量饲料的饲喂量，多喂青饲料，促进青年兔的骨骼发育和强壮体质的形成，为初次配种做好准备。

（4）成年兔的饲喂。

①公兔的饲喂。成年公兔的配种能力取决于精液品质，精液的质量与饲料中蛋白质的数量和质量关系最大，饲粮中加入动物性蛋白质可使精子活力增强，精子密度增加。维生素和矿物质元素对精液品质也有显著影响，缺乏时精子数目减少，异常精子增多，导致精液品质降低。饲粮中配有谷物和糠麸时，一般磷不致缺乏，但应注意钙磷比例。公兔饲养要注意营养的长期性。在配种期要提高饲料质量，适当增加动物性饲料的比例，如鸡蛋、鱼粉等。

②母兔的饲喂。空怀母兔是指从仔兔断奶到再次配种妊娠前这一段时期的母兔。这期间饲养管理的关键是补饲催情，通过日粮调整，使母兔在上一繁殖周期下降的体况在短时间内迅速得以恢复。空怀母兔养得不要过肥也不要过瘦，对体况较差的母兔，应适当增加精饲料，每天加精饲料 50～100g，供给充足的青绿饲料；体况较好的母兔，要以青绿饲料、粗饲料为主，减少精饲料，使其保持中等体况。饲料营养要全面，维生素和微量元素的供给量要充足，配种前半个月进行短期优饲。在青绿饲料缺乏季节要增喂胡萝卜、大麦芽等富含维生素的饲料，以促进发情与提高受胎率。

妊娠期母兔除了维持自身的生命活动所需营养外，还要供给胎儿生长发育及乳腺的发育所需的营养，因此妊娠期母兔需要大量的营养物质。应给予母兔富含蛋白质、维生素和矿物质的饲料，提供充足和全价的营养以满足妊娠的需要。

哺乳母兔要分泌大量乳汁，加上自身的维持需要，每天都要消耗大量的营养物质，而这些营养物质必须从饲料中获取。因此哺乳母兔的饲粮要求营养全面，富含蛋白质、维生素和矿物质，在自由采食颗粒料的同时适当补饲青绿多汁饲料。在宠物兔妊娠期的不同阶段要注意饲料的及时调整，妊娠前期每天喂青草 500～750g，精饲料 50～100g，15d 以后逐渐增加精饲料，20～28d 可每天喂青草 500～750g，精饲料 100～125g，28d 以后喂给适口性好、易消化、营养价值高的青绿多汁的饲料，产前 3d 要适当减少精饲料。

## 三、宠物兔的日常护理

### （一）宠物兔的生活习性

随着家养宠物兔的数量不断扩大，宠物兔的主人更加关心宠物兔的健康情况，因此宠物兔的日常护理工作变得尤为重要。要想做好宠物兔的护理工作，首先要了解兔的生活习性，以便对其进行更科学的饲养护理。

**1. 夜行性**　宠物兔白天表现安静，静卧休息，黄昏至清晨表现相对活跃。根据这一习性，饲养管理中应注意进行夜间补饲，对临产期的妊娠母兔，要加强夜间检查和护理。

**2. 啮齿行为**　宠物兔门齿为恒生齿，终生生长，为了保持适当齿长便于采食，宠物兔养成了经常啃咬物品的习惯。日常饲养管理中，可在兔笼中放一些树枝或木块等，以满足啮齿行为需要。

**3. 喜干燥、怕湿热**　宠物兔抗病力弱，在潮湿污秽的环境中易染疾病，其被毛浓密，比较耐寒，除鼻镜处有极少的汗腺外，全身无汗腺，故散热能力差。所以在日常管理中，要保持兔舍的干燥、清洁和卫生，在夏季要做好兔舍的防暑降温工作。

**4. 嗅觉、味觉发达**　宠物兔的嗅觉相当发达，靠嗅觉识别仔兔和食物，味觉也相当发达，喜食具有甜味、苦味和辣味的食物。

**5. 跖行性**　宠物兔后肢长，前肢短，后肢飞节以下形成爪垫，静止时呈蹲坐姿势，运动时重心在后肢，整个爪垫全着地，呈跳跃式运动，这种运动方式称为跖行性。

**6. 合群性较差**　宠物兔性格孤僻，群居性较差，特别是成年公兔间争斗相当激烈。

**7. 穴居性**　宠物兔听觉灵敏，在健康情况下，常常竖起耳朵来听声响，对声响和异物非常敏感，一旦有声响就变得十分紧张。

### （二）宠物兔的抓抱

正确抓兔方法是先对其进行抚摸，使其勿受惊，然后一手抓住颈部皮下肌肉轻轻提起，另一手迅速托住兔的臀部，让其重量落在托住兔体的手上（图 4-45）。抓兔时不要只提双耳，以免造成兔耳损伤，同时要防止兔后躯上卷抓伤操作者。对于妊娠母兔不要长时间单手提抓，以免造成流产。

图 4-45　抓兔的方法

### （三）宠物兔的常规护理

**1. 洗澡**　给宠物兔洗澡次数不宜频繁，应根据宠物兔的身体洁净情况来确定洗澡的时间。如果只是身体局部脏，没有必要全身清洗，只要局部清洗即可。具体的洗澡方法如下：

（1）准备工作。洗澡的用品主要包括澡盆、沐浴露、毛刷、毛巾、吹风机等。宠物兔的沐浴露应选择不残留、易清洗、不刺激的，或者有详细中文说明的宠物兔专用清洁剂。洗澡的地点应选择在空间大小合适、温暖舒适的地方。洗澡时间宜选在温暖的午后进行，尽量不要在潮湿的天气中进行。

（2）水温要求。为宠物兔洗澡的水温要适合，不宜太高和太低，水温保持在 38～39℃即可。在洗澡前让宠物兔先试下水温，在宠物兔不排斥的前提下方可进行。

（3）清洗注意事项。清洗时要小心，不要将洗澡水或者沐浴露浸到宠物兔的眼睛或耳朵内。清洗过后，要及时用毛巾和吹风机将其毛发吹干，防止着凉感冒。如果是局部清理，可选择宠物兔专业的干洗粉，将干洗粉适量地撒在兔身上，然后用毛刷将干洗粉均匀地梳理开，从而达到清洁的效果。

**2. 梳毛** 兔天性喜爱干净，每天都花很多时间舔自己的被毛，因此可能把被毛吞入肚中，一旦食入过多（尤其好发于换毛季节），容易堵塞肠道，造成肠道蠕动缓慢而导致毛球病。所以不管是长毛还是短毛兔，饲养者要经常为其梳毛，帮助宠物兔换毛及预防毛球等。

梳毛的周期通常为 1 周 1 次，如果遇到换毛季节，可增加为 1 周 2 次以上。成年兔的换毛季节是春秋季节，而幼兔的换毛比较频繁。有些长毛兔甚至间隔一段时间还要修剪被毛，避免被毛太厚而难以散热。

**3. 臭腺清理**

（1）臭腺的位置。兔臭腺的分泌物是浅黄色，而且有异味。如果长时间不清理，就容易结成深黄色的硬结，不利于兔的健康。兔的臭腺分布在肛门两侧，被修长的被毛所遮盖，需用手拨开被毛才能找到。

（2）清理的方法。清理兔的臭腺，首先需要准备棉签、纸巾和清水（酒精、过氧化氢）。将兔子的尾巴向上翘起，使肛门突出，操作者处于面向肛门的位置。在清理的过程中，用拇指和食指分别在肛门的左右两边挤压，由内向外，由轻到重，用纸巾擦拭挤出的分泌物。如果周围有较多分泌物且已硬结成块，必须先用清水浸湿臭腺，待分泌物软化后用棉签清理。最后可用 75% 的酒精对肛门周围皮肤消毒，以防止感染。

**4. 修剪趾甲** 宠物兔的趾甲是无限生长的，不像野兔那样经常奔跑、挖洞筑巢，趾甲自然就磨掉了。因此为了卫生和饲养安全，要定期给宠物兔修剪趾甲。

（1）修剪工具。选用宠物兔专用的趾甲剪，跟犬、猫用的差不多，只是型号略小，也可以购买小号的犬、猫专用趾甲剪。

（2）修剪方法。通常需要两个人，一人对兔进行怀抱保定，另一人一手握宠物兔爪，另一只手操作趾甲剪。兔趾甲的生理构造与犬、猫一样，其中有血管，肉眼观察局部呈红色区域为血管，一定要在血管前预留 1.5～2mm，其余剪掉。深色毛的兔指甲一般为深色，不易观察到血管，特别要注意修剪长度。如果修剪趾甲过程中造成出血，要及时在局部涂抹止血粉。

（3）修剪周期。注意观察，可根据兔趾甲生长的情况来定，一般每月 1 次。

**5. 清理耳道** 清理耳道是饲养宠物的必修课，尤其是垂耳兔耳道相对封闭，更容易发生耳道感染，所以定期为兔清理耳道可以有效地防治耳朵疾病发生。

（1）清理工具。兔专用洗耳剂、纸巾、医用棉签。

（2）清理方法。在开始清理之前，操作者轻轻抚摸兔耳，可以做简单的耳朵按摩，让兔保持放松，然后侧卧保定。将兔耳朵轻轻抬起约 45°，然后将清耳剂滴入靠近身体的耳道。操作者用手将滴入清耳剂的耳朵合拢，用手轻轻捏住，另一手固定兔的身体，持续按摩兔耳约 1min 后可放开兔子，利用兔甩耳反射行为把溶解的耳垢甩出。清理完毕后，用棉签或卫生纸将耳缘残留的清耳剂擦干。

**6. 宠物兔的免疫**

（1）疫苗的种类。预防单一传染病的疫苗称单苗，预防多种疫病的疫苗称联苗。兔用的单苗包括兔瘟疫苗、巴氏杆菌疫苗、兔型产气荚膜梭菌疫苗、支气管败血波氏杆菌疫苗等。常用的联苗主要有兔瘟-巴氏杆菌二联疫苗、兔瘟-巴氏杆菌-魏氏梭菌三联疫苗、兔瘟-巴氏杆菌-波氏杆菌-魏氏梭菌-大肠杆菌五联疫苗等。

（2）疫苗选用。

①疫苗商品应具备 3 个要素，即有效性、安全性、有批准文号。

②尽可能使用单苗，少用联苗，特别是多联疫苗要慎用。

③要有相对稳定的免疫程序，2 次疫苗注射的时间间隔原则上不能少于 15d。一般40～45 日龄注射兔瘟疫苗，60～70 日龄注射波氏杆菌-巴氏杆菌二联疫苗，80～90 日龄注射魏氏梭菌疫苗，100～120 日龄加强免疫兔瘟疫苗。

（3）免疫方法。兔常用的免疫方法是皮下注射，绝大多数的疫苗均可采用此方法接种。注射的部位多为颈部或背部皮肤松软处。首先剪毛，用酒精消毒，操作者用拇指和食指捏起皮肤呈三角形，将注射器刺入皮下 1.5cm，松开皮肤，回抽无血后注入药液。

**7. 宠物兔的驱虫**

（1）易感寄生虫的种类。寄生虫能够吸取宿主的营养，并在宿主体内生长繁殖，严重者可危害宿主的生命，所以饲养宠物兔一定要定期驱虫，以确保其健康生长。兔易感的寄生虫多为球虫、螨虫、肠道线虫等，除此之外，弓形虫、锥体虫、豆状囊尾蚴、肝片吸虫、隐孢子虫、双腔吸虫、棘球蚴、支原体等病原体亦能感染兔子。

（2）驱虫程序。

①驱球虫。球虫病是兔常见而危害最严重的一种疾病。球虫属于单细胞原虫，寄生于兔体肝、胆管上皮细胞内和肠道上皮细胞内。患球虫病的兔临床表现为消瘦、贫血、被毛粗乱、发育停滞，最终导致死亡。常见的抗球虫药有莫能菌素等药物。

②驱除其他体内外寄生虫。多使用阿维菌素粉剂，每月连用 4～5d，3 个月为 1 个周期。拌料时要混合均匀，当天拌料当天喂完。有发病个体的用阿维菌素针剂注射。主要驱除豆状囊尾蚴，以及寄生在肝、肺、胆囊、肠道等器官的寄生虫。

**（四）宠物兔的特殊护理**

**1. 分娩母兔的护理**

（1）分娩前的准备。当母兔妊娠 27d 时，应将洗净消毒过的产箱放入笼中，箱内铺垫清洁的干草。干草的数量夏季可少一点，冬季要占产箱容量的 1/2，并把箱的 4 个角垫实，中间形成一个 20cm 大小的圆窝。在分娩前，母兔会将腹部、胸部及乳房周围的毛用嘴拉掉衔入箱内铺好，作为产褥，供给仔兔保暖。但也有少数初产母兔不会拉毛，可人工辅助拉毛放入产箱，以诱导母兔拉毛。

（2）分娩时护理。兔有在夜间弱光下产仔的习惯，分娩时要尽量减弱笼内光线。产仔多在夜间或清晨进行，胎儿进入产道后，胎衣破裂，羊水流出，仔兔连同胎衣一起产出。每隔2～3min产仔1只，产完一窝仔兔需20～30min。母兔边产仔边将仔兔脐带咬断，吃掉胎衣，舔干仔兔身上的血迹和黏液。产仔结束后，母兔给仔兔哺乳1次，再拉一些毛盖在仔兔身上，尔后跳出产箱喝水。在此期间要保持安静，不能惊扰，否则会延长产程或造成难产。

（3）分娩后护理。母兔将仔兔产完后喂乳3～5min，然后跳出产箱饮水，此时可喂给事先准备好的红糖水或淡盐水，并喂给青草。然后要马上将产箱拿出进行整理，清除污毛、血毛、死胎和胎盘，清点仔兔头数。如遇没有拉毛的母兔，要用人工的方法把腹部和乳房周围的毛拉光，以刺激母兔产乳和便于仔兔吃乳。

**2. 新生仔兔的护理** 自出生到断奶前的小兔称为仔兔。在整个仔兔生长过程中，出生前3d死亡的仔兔数占很大比例。因此，做好新生仔兔的护理工作就显得尤为重要。

（1）保证初乳。仔兔生下后，要逐只检查是否吃上初乳，尽量在10h之内让仔兔吃上初乳，否则仔兔不易成活。

（2）整理产箱。如果仔兔已经吃上初乳，要及时整理产箱。

（3）恢复体温。仔兔生下来以后，需要保证适应环境所需温度，否则影响仔兔的成活率。

（4）仔细检查。仔兔吃完乳以后，要逐只检查仔兔吃乳情况，如果仔兔没有吃饱，要单独饲喂，一定要让每只仔兔吃饱，每天还要逐只检查仔兔健康情况，防止仔兔因呼吸道不畅窒息死亡。

---

**分析与思考**

1. 哪些兔品种适合饲养？
2. 兔的饲料种类有哪些？
3. 怎样进行兔的常规护理？
4. 兔的驱虫方法有哪些？

---

# 任务三 龙猫的护理与保健

**学习内容**

1. 适合饲养的龙猫品种
2. 龙猫的喂养
3. 龙猫的日常护理

龙猫，学名南美洲栗鼠，又名美洲栗鼠，又称绒鼠、绒毛鼠，属于哺乳纲、啮齿目、豪猪亚目、栗鼠科动物，原产于南美洲的安第斯山脉，生活在海拔500～1 000m的山洞及石缝中。在欧美等发达国家，龙猫作为异宠之一已经成为消费者的新宠，我国异宠的饲养之风

刚刚兴起，其趋势越来越热。

## 一、适合饲养的龙猫品种

### （一）适合家庭饲养的龙猫品种

**1. 龙猫的分类**　龙猫根据体型和尾巴长短可分为短尾龙猫、皇帝龙猫、长尾龙猫。其中纯种野生的短尾龙猫差不多已绝种。皇帝龙猫是一种有 40cm 长的巨型龙猫，数百年前已绝种。长尾龙猫多为人工繁殖品种，适合家庭饲养。

按颜色分类又可分为以下品种：

（1）标准灰。有黑灰色的耳，黑色眼，白色底，全身灰色（图 4-46）。

（2）米色或杏色。有粉色耳，红色眼或黑色眼，白色底，全身米色（图 4-47）。

常见龙猫品种

图 4-46　标准灰

图 4-47　米色或杏色

（3）金色或香槟色。有粉色耳，红色眼，白色底，全身浅金黄色（图 4-48）。

（4）丝绒黑。黑色耳，黑色眼，黑色面和黑色身，白色底，毛色黑而闪亮，有光泽（图 4-49）。

图 4-48　金　色

图 4-49　丝绒黑

（5）丝绒咖啡色。粉色耳，大而明亮的眼睛，白色底，黄啡色至深啡色的面部和身体（图 4-50）。

（6）银白色。灰色耳，黑色眼，白色底，有灰色毛平均分布在全身，俗称银龙猫（图 4-51）。

（7）纯黑色。全身黑色，不带一点杂毛，毛质特别黑而闪亮，有光泽（图 4-52）。

（8）红眼白色。粉红色耳，红眼睛，全身白色（图 4-53）。

图 4-50　丝绒咖啡色

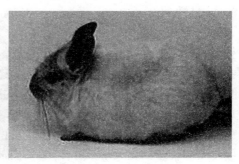

图 4-51　银白色

图 4-52　纯黑色

图 4-53　红眼白色

除此之外还有粉白色、金斑色、银斑色、紫灰色、蓝灰色、全黑色龙猫等，也深受饲养者青睐。

### （二）龙猫的选择方法

龙猫日渐成为一种深受人们喜爱的宠物，选购品相好又健康的龙猫变得十分重要。一般建议去专卖龙猫的宠物店，可以保证所采购龙猫健康，可以从体型、毛发、粪便、牙齿、尾巴等几个方面进行分辨。

健康龙猫的标准：

（1）看体型。体型短圆，体毛细腻、浓密、浓厚，毛皮无大面积缺损。双眼距离要够宽，眼睛明亮，两撇胡子似弓形。

（2）看精神。健康的宠物龙猫性格开朗活泼、机灵好动，喜欢跑跳而且动作敏捷，食欲旺盛。龙猫喜欢在白天睡觉，在有陌生人靠近时，也会发出吱吱的叫声。

（3）看眼睛。健康的宠物龙猫眼睛周围无眼垢，无红肿，没有流眼泪或异常分泌物的情况。

（4）看粪便。健康的龙猫肛门要干净，无稀便或脏物。正常的粪便应该较硬，呈 0.5cm 左右长的椭圆形，如粪便为黑绿色或黑褐色，多提示消化不良。

（5）看年龄。适合家庭的饲养年龄最好为 3～6 月龄，不建议购买 2 月龄以下的龙猫，过早脱离母龙猫容易出现健康问题，死亡率也较高。

## 二、龙猫的喂养

### （一）龙猫的饲养用具

龙猫对生长环境要求较为严格，一般采用笼养，还要为其准备必需的生活用具。常用的

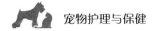 

饲养用具如下：

**1. 居住用具**

（1）笼子。目前市场上常见笼子差别较大，价格便宜的主要有电镀笼、不锈钢笼、喷漆笼，这几种笼子简单实用，但舒适性较差。笼子的缝隙应适当，过大会造成体型较小的龙猫逃出。价格较贵的是笼柜（图4-54），是为龙猫定制的专用笼，这种笼子设计精美，温馨亮丽，但是难以清洁，而且通风性较差，夏天不推荐使用。龙猫能承受的极限温度在32℃以下，因此夏天要注意不能放在阳光直晒的地方。

图 4-54 木制笼柜

（2）粪尿托盘。专用做接粪尿用，尺寸大小随鼠笼而定。

（3）垫材。放置于托盘内吸收尿液，需定期更换。常用的垫材有木屑、猫砂、玉米芯等。木屑吸水性好，玉米芯吸附异味能力较好，混合使用最佳。

**2. 食具**

（1）食盒。即颗粒料盒，装精饲料用，建议用镀锌铁皮制作。食盆以直径在10cm左右的瓷盆为好，过小容易踩翻，过大占用空间，不宜太深，以方便取食。

（2）干草盒。装粗饲料用，可用铁皮、铁丝网制作。

（3）饮水瓶。以150～200mL小瓶为宜，配以胶塞滴管即可做成。

**3. 生活用具**

（1）沙浴箱。龙猫每天都要进行1～2次沙浴。沙浴对龙猫的毛绒生长、毛绒清洁有一定作用，因此是必须有的设备。沙浴箱可以放在笼的侧面，也可以放在笼内。沙浴使用的沙子可以是一般黄沙或白沙，但在使用前都必须经过消毒处理。先将沙子筛去尘土和大粒，取中间细沙，用开水浸泡洗涤取出后晒干或烘干，再加入1%～2%滑石粉调匀备用。

（2）软木块。笼内放软木块或浮石供龙猫啃咬磨牙，软木块不宜过大，形状不限，但要注意不能带有松树油或樟木气味。

（3）磨牙用品。龙猫有不断生长的牙齿，因此必须提供磨牙用品，可用磨牙木或磨牙石。

（4）跳板。龙猫是非常喜欢上下跳跃的动物，在笼子里安装跳板可以让龙猫玩耍兼磨牙。

**（二）龙猫的饲喂方法**

**1. 龙猫的日粮组成**　龙猫的饲养管理较为简单，和其他宠物一样，也需要满足其生长发育所需的各种营养物质。龙猫的日粮组成也较为固定，主要包括以下几种：

（1）主粮。野生的龙猫主要以干草、草本植物种子、树皮和树根为食。对于人工饲养的龙猫，目前很多宠物商家已经为其研发出专门的龙猫颗粒饲料，它是龙猫饮食营养的重要组成部分，切忌用其他宠物的日粮来代替。

（2）干草。龙猫的辅粮为新鲜的干草，纤维素食物对龙猫的胃肠道和牙齿健康都很重要。干牧草和草饼块都可以。比较合适的干牧草有提摩西草、牧场草、果树草和苜蓿草。不仅要确保干草的供应充足，同时要保证干草的新鲜。每天及时更换，禁止喂发霉变质的干草。

（3）零食。龙猫喜欢吃零食，如生菜、蒲公英叶、胡萝卜果蔬类零食，或提子干、苹果等干果类零食。市场上也可以买到专门为龙猫设计的零食。值得注意的是虽然它们非常喜欢这类食物，但切记不要饲喂过量，否则会引起偏食或肠胃不适。

（4）维生素及矿物质。在龙猫饲粮中，可以视情况在饮水中添加一些维生素，另外可以放一块小动物专用的矿物石或木块，可让它们磨牙及吸收矿物质。

**2. 饮水**　龙猫每日饮水量在 50mL 左右，必须保证饮水器具的卫生，纯净水最佳，并使用专用饮水器。

**3. 龙猫的饲喂方法**　龙猫每天喂 1 次即可，颗粒饲料 20g、干草 10g，投喂时间一般在傍晚，每天早晨应观察食盒内饲料的消耗情况，确定龙猫的食欲和消化是否正常，一般龙猫夜间采食量占总采食量的 80%，若发现龙猫一夜未食或剩食较多，提示可能身体出现异常，这时要仔细观察粪便情况，若发现粪便稀软，可能有消化机能障碍。喂零食一般选择在龙猫出笼闲玩时饲喂，喂量不能过多。

## 三、龙猫的日常护理

### （一）眼部护理

龙猫是一种可以昼伏夜出的小动物，所以眼睛可在黑暗中视物。遇上强光的时候，它们便会觉得恹恹欲睡，甚至闭起眼睛来。龙猫是少数可以将瞳孔完全闭上的动物，所以有时感觉龙猫像是睁着眼睛睡觉的。

龙猫眼部常见的问题是有异物入眼，表现为眼睛畏光流泪，结膜红肿，甚至会化脓。情况严重者必须先把眼内的脓汁挤出，然后再滴加消炎眼药水。如因外伤或化学药品等刺激造成的角膜炎，必须去除病因，同时给予药物局部治疗。

### （二）牙齿护理

龙猫属于啮齿类的动物，所以门齿持续生长，严重者影响采食。龙猫在饲养的过程中，特别要注意牙齿的护理。

**1. 断牙**　其原因主要是在其玩耍运动中，因坠落或冲突等引起龙猫的牙齿的折断，或给太多的葵花子会导致缺钙，或过度啃咬笼子，也可能导致龙猫的牙齿咬合不正，牙齿会很容易断。年老的龙猫因严重缺钙，导致牙齿变白，所以牙齿很容易断裂。因此应该多给富含钙的食物。

**2. 龋齿**　饲喂较多糖类含量高的零食，其患龋齿的概率就会变大，严重者可能会直入牙根，引致脓疮。其症状变现为口水分泌增加、面部肿胀和厌食症。所以日常饮食中不要给过多的零食。

**3. 牙齿过长**　龙猫在日常生活中需要不断地磨牙，保证牙齿的锋利，一般要为其准备磨牙棒或木块，正常咬硬的食物、苹果木、坚果等可以磨损它们的牙齿。一颗破裂的牙齿、齿龈受损或感染和一些先天问题都会引致牙齿过度生长。老年龙猫由于不能再像以前一样啃咬坚硬的食物，牙齿磨损减少，同样也会牙齿过长。过长的牙齿会阻塞口部，导致饥饿而死。由于龙猫的牙齿生长得很快，应该每个月检查 1 次，如果有任何过长的迹象，就需要剪牙。

### （三）耳朵护理

正常龙猫的耳朵呈粉红色，若是散发出异味或是耳朵附着异物时，需要及时清理。清理

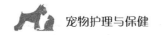

的具体步骤如下：

**1. 检查耳朵**　首先把龙猫的头用双手固定住，翻开耳朵，检查是否堆积耳垢，或较多红褐色的粉状物体黏在耳壁上；用指腹轻轻触摸耳壁，看是否有过多的油脂。

**2. 清洗**　用棉棒蘸取硼酸水轻轻洗去耳朵里的残留物，清洗后滴入耳油，把耳朵拉起，让滴耳液流入耳朵深处，1 只耳朵 2～3 滴即可。

**3. 按摩耳朵**　用手轻轻按摩耳朵根部，让耳油分布均匀。此时双手依然固定住头部，坚持大约 0.5min，让耳油完全进入耳朵里，然后松开。

### （四）洗澡

龙猫一般不用水洗澡，有专用的沙和粉，比例是 3：1，放在专用的洗澡盆或木桶里。干燥的天气每隔 3～4d 洗澡 1 次，尤其是南方最潮湿的天气下几乎每天都要洗澡。沙粉铺满底部就可以，不用太厚。龙猫会自己跳进去洗澡，带盖木桶的比较好用，能有效地避免大范围的扬尘。沙浴可吸去附在毛与毛之间的湿气和油脂，保持龙猫的清洁。

### （五）梳毛

通常龙猫每 3 个月便会换毛 1 次，不是按季节规律换毛的，而是随毛发的生长情况而定，因此龙猫在一年中是不定期换毛的。旧的毛会从颈部开始换掉，直至尾部。通常脱掉的毛都会落在笼子的底盘上，有些会附在铁丝网上，在龙猫换毛期梳掉脱掉的毛，可以防止毛发乱飞，保证卫生。

龙猫基本上是不需要像猫、犬那样美容，只需做常规的梳理。梳毛的方法很简单，先用一条旧毛巾盖在腿上，捉住龙猫的尾部，然后用一把圆齿、较疏的梳子由背部、尾至头慢慢梳去脱掉的毛，再梳两边，而颈下至腹部的白毛可以不梳理。

### （六）妊娠期龙猫的护理

**1. 性格变化**　妊娠后的龙猫性情会发生变化，表现为敏感、急躁、好斗，不再允许配偶交配。因此饲养者应注意观察，以判断是否需要将公龙猫分出，防止争斗引起的早产或流产。

**2. 饮食变化**　龙猫妊娠初期，食欲有所减退，但后期食量增大，临产前 2d 可能吃得很少甚至绝食。饲养者在这段时期应注意保证其全面、充足的营养摄入，可适当补充一些维生素、钙等。需要特别注意的是：食物既要有营养又要易于消化，可以在主粮中拌入少量乳粉，同时给予鲜苜蓿，每天喂点苹果，保证干净充足的饮水，少喂零食以免影响食欲。

**3. 作息变化**　妊娠后的龙猫在整个妊娠期运动量会减少，睡眠时间会有所增加，到后期会表现出喜欢侧卧甚至侧仰卧。饲养者在这段时期应注意保证其有一个安静、通风良好、凉爽、干爽的休息环境。

**4. 体能变化**　妊娠后的龙猫随着胎儿发育变大，活动耐力明显下降，饲养者在这段时期应注意逐步缩短放风时间，且极力避免其进行剧烈运动。因为这时胎儿会消耗母体的血液含氧量，剧烈运动极易导致休克甚至猝死，尤其是在夏季闷热的时候。

**5. 体重变化**　妊娠后的龙猫在 1 个月后会出现体重明显增长，增长量与怀胎数有关。每天的增长量为 1～6g，临产前体重出现平稳增长或下降。饲养者在这段时期应注意坚持每天或隔天为其称重，这是掌握妊娠龙猫身体状况及胎儿发育状况的有效手段，有助于饲养者及时发现问题，并找出原因进行调整。

**（七）产后护理**

龙猫跟兔不同，出生已具备毛发及牙齿，且已开眼，故尽量提供一个平底笼或育婴笼给雌龙猫生产和哺乳，这个时期应减少运动，不要安装跳板。产后的初期护理尤为重要，如产多胎、乳汁不足或母性较差，人工喂乳不可避免，可选择龙猫专用乳粉或犬、猫乳粉代替。必须将乳粉用温水冲兑，浓度不可太稀，后用针筒喂食，一般选择 1mL 为宜。开始喂时，切忌伸入口腔太深，以免伤及气管和组织黏膜。正确的方式是放在口边，滴入喂食，速度不可太快。

> 🐾 **分析与思考**
>
> 1. 哪些品种的龙猫适合饲养？
> 2. 龙猫的饲养用具有哪些？
> 3. 健康龙猫的标准有哪些？
> 4. 龙猫的饲喂方法有哪些？
> 5. 妊娠期龙猫的护理方法有哪些？

# 任务四　仓鼠的护理与保健

**学习内容**

1. 适合饲养的仓鼠品种
2. 仓鼠的喂养
3. 仓鼠的日常护理

## 一、适合饲养的仓鼠品种

### （一）加卡利亚仓鼠

加卡利亚仓鼠俗称三线鼠、短尾松鼠、趴趴鼠、枫叶鼠（图 4-55），是最适合初养者饲养的宠物鼠。

**1. 形态特征**　加卡利亚仓鼠体重一般为公鼠 35～45g、母鼠 30～40g；身长为公鼠 7～12cm、母鼠 6～11cm。

常见仓鼠品种

图 4-55　加卡利亚仓鼠

根据毛色可分为：三线野生色（棕色，背上有很明显的三条黑线）；紫仓（或称为紫水晶，淡紫色，背线淡化）；银狐（白色，背上有黑色的背线）；金狐（眼睛为黑色，毛色雪白，背部有一条黄色的背线）；布丁（淡黄色，眼睛均为黑色）；奶茶（毛色像珍珠奶茶的颜色，眼睛呈黑色）；冬白（野生色或紫仓冬天变为白色）。

**2. 生活习性**　加卡利亚仓鼠和其他品种仓鼠的习性一样，白天休息，晚上活动，嗜睡，亲人，可爱。雄鼠在伴侣生产期间，会帮助雌鼠完成一些工作。雄鼠的这种助产行为在哺乳动物中非常独特。但是像其他的哺乳动物一样，雄性在传统上是远离分娩的，然而雌性仓鼠的配偶确实其生育时的忠实伴侣。

### （二）叙利亚仓鼠

叙利亚仓鼠俗称金丝熊（图 4-56）。产于亚洲西部的叙利亚、黎巴嫩、以色列等地，1938 年引入美国后才正式成为宠物，属鼠类。其形态像熊，成年体重 0.2kg 左右，20 世纪90 年代在中国浙江建德等地引种饲养。性情较温顺，是仓鼠当中最早成为人类宠物的品种。毛色棕黄，有的带褐色斑点或白色毛，适应性强，各地均可饲养。主食各种植物种子。

图 4-56　叙利亚仓鼠

**1. 形态特征**　雌性叙利亚仓鼠体长 12～18cm，体重 90～150g，雄性体长 10～15cm，体重60～110g；尾长 1.53cm 左右。叙利亚仓鼠最原始（自然界中）的颜色是金棕色的背毛和灰白色的腹部，之后经多年人工培育，已经有 40 多种不同的颜色，以黄色体毛者（奶油色）最常见。体毛有短毛、长毛、缎毛、曲卷的波浪毛之分。

脸部较其他仓鼠大。眼睛颜色有粉色、红色、深紫红、褐色、黑色等。叙利亚仓鼠的数量是仓鼠中最多的，体型也是最大的。短毛叙利亚仓鼠的毛是非常短的，全身覆盖天鹅绒般密集的毛。长毛叙利亚仓鼠幼年时毛看上去很蓬松，成年时毛会很柔软并且密集地长长。缎毛叙利亚仓鼠全身覆盖缎子一样的毛，在任何情况下都不可让 2 只缎毛叙利亚仓鼠交配，因为这样会使后代毛量稀少，最后变成裸鼠（并非真正意义上的裸鼠，只是几乎没有毛），所以缎毛叙利亚仓鼠必须与非缎毛的叙利亚仓鼠交配。卷毛叙利亚仓鼠则有波浪形卷毛，卷毛为隐性基因。

**2. 生活习性**　主食为各种杂草种子和粮食，偶尔猎食昆虫，有储存食物的习性，家养仓鼠不冬眠，但防止伪冬眠，它们会储存食物过冬。人工饲养情况下可喂鼠粮、水果干、适量的蔬菜。喂养时一般喂食叙利亚仓鼠专用的鼠粮，在以鼠粮为主的时候，也要注意喂一些黄粉虫和小鱼干。叙利亚仓鼠有把食物储存在颊囊里的习性。

叙利亚仓鼠几乎没有对抗敌人的武器，所以会翻过身来用 4 只爪抵抗，整理体毛的时候就是放松的状态，它们最喜欢自己的味道。有些特别胆小，尤其是睡觉的时候，千万不要吓到叙利亚仓鼠。叙利亚仓鼠睡觉姿势一般有蜷着睡、躺着睡（侧身）或是四脚朝天睡，天气寒冷时、身体状况不好时也会蜷起来。有些饲养的叙利亚仓鼠会用鼻子上面的毛在铁丝之间摩擦，使得鼻子上面变秃。这种行为可以让叙利亚仓鼠磨牙，控制牙齿的长度。

### （三）坎贝尔侏儒仓鼠

坎贝尔侏儒仓鼠属仓鼠科、侏儒仓鼠属，通常称俄罗斯仓鼠、西伯利亚仓鼠或加卡里安仓鼠（图4-57）。

图 4-57　坎贝尔侏儒仓鼠

**1. 形态特征**　侏儒仓鼠属最大的特点在于其脚背与脚底都布满毛，其他种仓鼠则只有脚背有毛，因此侏儒仓鼠属又被称为毛足属。

在外形上，雄性坎贝尔侏儒仓鼠体型较雌性大，触感较硬，富有肌肉，呈长条状，在成年雄鼠尾巴前可以清楚辨别出藏在腹腔内的睾丸。而雌性坎贝尔侏儒仓鼠体型较雄性略小，触感较软，皮毛与皮下脂肪层较厚，呈水滴状。最准确地分辨方法是观察仓鼠的生殖器官与肛门之间的距离，雌鼠的生殖器官与肛门是紧靠着的，雄鼠则有间隙。

**2. 生活习性**　坎贝尔侏儒仓鼠是曙暮性动物，大多在破晓和黄昏时最活跃。天敌包括猫头鹰、狐、隼和黄鼠狼等。不像叙利亚仓鼠，坎贝尔侏儒仓鼠有着社交互动，可以群落聚集的方式来饲养。如果仓鼠是在年轻时（通常是8周前）聚集，它们能够以同性或雌雄混居的形式共存（因仓鼠会不断繁殖，所以必须注意避免混居）。

在野外生活的坎贝尔侏儒仓鼠会以多种谷物、种子及蔬菜为食物。此外，要避免喂食许多适合一般啮齿目动物的食物，包括杏仁、芹菜、大蒜（对仓鼠来说是剧毒）、腰果、洋葱、马铃薯芽、大黄、番茄及葡萄干（可能会卡在颊囊中）。如所有的仓鼠一样，坎贝尔侏儒仓鼠也是啮齿目动物，因而需要不断地啃咬磨牙，以避免上门齿过长造成健康问题。

### （四）罗伯罗夫斯基仓鼠

罗伯罗夫斯基仓鼠也称沙漠侏儒仓鼠或罗伯罗夫仓鼠，是所有的宠物仓鼠中体型最小的一种，它们也是生长速度最快的。平均来说它们是宠物仓鼠中最长寿的，寿命可达3～3.5年。

它们容易被吓到且害羞，但好奇。它们是社会性动物，通常睡在一起。它们并不适合有儿童的家庭，也不适合喜欢逗弄宠物仓鼠的人士。体型只有拇指大小，可以轻易钻出笼子的间隙，所以必须慎重地考虑、选择笼子。它们最适合偏好观察宠物的人饲养。毛色略带黄色，有着白胡子和白眉毛，圆耳朵，感觉像老爷爷，所以称"老公公"（图4-58）。

**1. 形态特征**　罗伯罗夫斯基仓鼠性情温顺、动作快、怕生、极其胆小。雄性肛门与生殖器距离较远，可看到睾丸；雌性两者距离较近，而且成年雌鼠的乳头较明显。体长：雌性

图 4-58 罗伯罗夫斯基仓鼠

4～5cm；雄性 4～5cm。体重：雌性 15～30g；雄性 15～30g。尾长：0.8～1.2cm。

**2. 生活习性** 属群居类仓鼠，拥有较高的合笼率，天性胆小怕生，受惊吓后难以亲近人类。建议幼年期时不要过多打扰，类似"温水煮青蛙"的方法可以提高上手玩耍的可能性。

喜食植物种子，是沙漠生态系统的重要成员。野生罗伯罗夫斯基仓鼠一般在夜晚寻找食物，每次路程相当于人类的马拉松竞赛路程的 4 倍。它们不会像大多数沙漠动物一样因为寒冬而迁徙，所以在以前冬天来临之前，常常会在洞穴附近看到它们。

## 二、仓鼠的喂养

**1. 仓鼠的饲养环境** 最适宜温度 20～28℃，避免阳光直射或直接风吹的地方，但要注意通风透气。不要离电视机、音响、电脑太近，仓鼠可以听到人类听不到的声音，应避免辐射和嘈杂。

夏季：最好不开空调，因为空调的开和关会使温差过大，仓鼠对温度很敏感，容易感冒。

冬季：放在室外仓鼠会因为太冷而伪冬眠。多铺木屑等垫材，为仓鼠配置木制或草制小屋用于保暖。或多给一些棉花让仓鼠自己做窝，脱脂棉就可以，最好用天然棉。最简单的方法是把笼子整个放进纸箱内，但要注意透气。不要用棉线织成的物品给它们做窝，这样虽然暖和，但仓鼠会把棉织物品咬开钻到里面睡觉，因此有些未断开的棉线会容易造成仓鼠窒息。

**2. 食物选择** 仓鼠常食的食物有：①蔬菜类：青菜类（如青江菜）、红萝卜、番瓜（绿黄色蔬菜为佳）。②种子类：葵花子、花生、核桃、松子（适量）。③水果类：苹果、草莓、樱桃、香蕉、葡萄（因糖分很多请不要给太多）。④谷物类：鸡的饲料、鸠的饲料、小鸟用饲料、小麦、玉米、小米。⑤植物类：三叶草、蒲公英、葛类、车前草。⑥动物性蛋白质：牛肉、鸡肉、水煮蛋的蛋白、奶酪、牛乳、优酪乳、小虫、宠物用小鱼干等。

供给仓鼠的食物量宜多不宜少，因为仓鼠有储藏食物的习惯，如果食物少了它会很不安。所以，如果每次加食物时发现食盆总是空着就说明食物加得太少了，同时也要注意及时清理未吃掉的食物，特别是水果等水分含量高的食物，防止变质。

## 三、仓鼠的日常护理

**1. 香腺的清理** 香腺位于雄鼠肚脐处，是雄鼠魅力之所在，不过雌鼠也有。雄鼠在成年后，香腺开始分泌一种具有强烈气味的分泌物用来吸引雌鼠，且雄鼠会把香腺的分泌物擦在所经过的物品上用来确定势力范围。因为香腺会不断地分泌出分泌物，若是仓鼠不自行去清理，香腺就容易堵塞。若不帮仓鼠清理，就容易发炎、化脓，甚至出现脓肿，所以要多注意清理。

实际上，仓鼠都会自行清理香腺，并不是每只仓鼠都需要帮它清理，所以平时要多观察仓鼠的香腺部位是否有黄色的堆积物，若有才需要帮仓鼠清理。即使没有黄色堆积物，最好也定期用稀释过的碘酊消毒，避免发炎。

**2. 牙齿的护理** 仓鼠也属于啮齿类的动物，所以门齿一直在生长。为了维持牙齿的长度，需要啃咬硬物。如果仓鼠没有任何疾病而不吃食物时，有可能是因为牙齿太长，所以一定要注意。如果只给蔬菜或软食的话可能会产生这种情况，所以仓鼠的饲料也要做成固体的硬物。

### 分析与思考

1. 加卡利亚仓鼠的形态特征与生活习性有哪些？
2. 叙利亚仓鼠形态特征与生活习性有哪些？
3. 坎贝尔侏儒仓鼠形态特征与生活习性有哪些？
4. 罗伯罗夫斯基仓鼠形态特征与生活习性有哪些？
5. 仓鼠如何喂养？
6. 仓鼠的饲养环境要求是什么？
7. 仓鼠的食物如何选择？

# 任务五　蜥蜴的护理与保健

### 学习内容

1. 适合饲养的蜥蜴品种
2. 蜥蜴的喂养
3. 蜥蜴的日常护理

蜥蜴俗称"四脚蛇"，在世界各地均有分布。属于冷血爬虫类，其种类繁多，在地球上分布有3 000种左右，其生活环境多样，主要是陆栖，也有树栖、半水栖和土中穴居。多数以昆虫为食，也有少数种类兼食植物。蜥蜴是卵生，少数为卵胎生。

虽然个别蜥蜴品种外貌奇特，但其因具有不黏人、不脱毛、不需要外出、省去遛宠物时间等优点而深受人们的宠爱，近年来成为年轻人喜爱的新兴的宠物品种。

注：本任务中介绍的部分物种由于非本土生长培育，缺少天敌及制约环境，该外来物种能在当地的自然或人工生态系统中定居、自行繁殖和扩散，最终明显影响当地生态环境，损害当地生物多样性，影响遗传多样性，选择时应慎重。部分品种由于牙爪尖锐，甚至有毒，激怒时易咬抓人，使人受到伤害，饲养时请注意自身安全，避免受伤、感染或中毒，选择时应慎重。

# 一、适合饲养的蜥蜴品种

常见蜥蜴品种

**1. 鬃狮蜥**　鬃狮蜥又称中部鬃狮蜥（图 4-59），全长约 40cm，最大可达 50cm。半树栖性，食物以昆虫和植物为主。体型粗大，背部及颈背上覆满棘状鳞，位于体侧的棘状鳞生长方位均不尽相同。当遭受威胁时，这种蜥蜴会张开嘴及将带刺的咽喉膨大做展示动作，故被称为鬃狮蜥。

**2. 中国水龙**　中国水龙（图 4-60）属树栖性、半水栖性蜥蜴。性格十分温顺，并且喜爱游泳，体背呈橄榄棕色或灰色或浅棕黑色，可随环境及光线强弱改变体色，通常具有灰色或浅黄镶黑边的斑点以及三条断续的纵纹。成年的中国水龙外形特征为深至浅绿色，腹部呈现白或浅黄色。

图 4-59　鬃狮蜥　　　　　　　　　　　　　　图 4-60　中国水龙

**3. 红眼鹰蜥**　红眼鹰蜥（图 4-61）属于中小型蜥蜴，以昆虫为食，全长 18～25cm。眼睛周围有一个橘红色的大眼圈，从正面看好像 2 只大红眼睛，颇有威吓掠食者的功用，因此得名红眼鹰蜥。

图 4-61　红眼鹰蜥

**4. 双冠蜥**　双冠蜥（图 4-62）共有 4 个亚种，最常见的就是棕双冠蜥，其次是条纹双冠蜥（也称红双冠蜥）和西部双冠蜥，最后是绿双冠蜥。严格来说，只有绿双冠蜥头冠分为 2 片，是名副其实的双冠蜥，其他 3 种都是单片的。这种鲜绿色的蜥蜴身上通常有浅蓝色或黄色的斑点，在头上有 2 个鸡冠状突起。眼睛内有亮橙色的虹膜，尾巴很长，可在爬树时或奔跑时平衡身体，脚趾很长，可用后肢站立快速行走。

**5. 海帆蜥**　海帆蜥（图 4-63）头顶部极为平滑，头部后方有宛如船帆般的皮肤构造，有可从头部延伸至背部正中央的鬃状突起。遭遇外敌时，会先将其上半身略抬起，并低头张开头冠和鼓胀喉部，使身体因而膨胀，以达到恐吓的目的。因其头上的冠很像船帆，而且可以随意伸缩，故得名海帆蜥。

图 4-62　双冠蜥

图 4-63　海帆蜥

**6. 砂巨蜥**　砂巨蜥（图 4-64）背部同时具有亮色斑点及大型黑色斑点。鼻孔浑圆，位置较接近吻部，其开口朝向背部。背部呈现暗褐色或黑色，背上有无数乳白色或黄色的细小斑点。尾部极为结实，尾端位置具有袋状斑纹且 1/4 为黄色，在奔跑时尾巴能完全抬离地面。

**7. 避役**　俗称变色龙（图 4-65），因为它们的体色可随环境的变化而改变。变色既有利于隐藏自己，又有利于捕捉猎物。体长 15～25cm，身体侧扁，头上的枕部有钝三角形突起。四肢很长，趾非常适于握住树枝。它的尾巴长，能缠卷树枝。眼睛十分奇特，眼帘很厚，呈环形，2 只眼球突出，上下左右转动自如，左右眼可以各自单独活动，各自分工前后注视，既有利于捕食，又能及时发现后面的敌害。

图 4-64　砂巨蜥

图 4-65　避役

**8. 新疆岩蜥**　新疆岩蜥（图 4-66）为鬣蜥科、岩蜥属动物，体型较大，背腹扁平，四肢健壮，指、趾及爪发达，头略呈三角形，鼻孔较小，位于近吻端两侧，眼大小适中，耳孔较大，无外耳道，鼓膜位于表面。尾圆柱形，基部微平扁。多生活于黄土及黄土沙质荒漠地带，以洞穴为生。新疆岩蜥为昼行性动物。

图 4-66　新疆岩蜥

## 二、蜥蜴的喂养

**1. 蜥蜴的获取途径**　获取途径主要有 3 类：

（1）市场购买。市场购买是最常见的方法，市场上不但种类丰富、数量繁多，而且挑选空间大，饲养的配合设备及饵料充足，但是个别市场鱼龙混杂，好坏不一，应注意辨别。

（2）个人转让。就是原饲养者将其饲养或繁殖的蜥蜴转让给他人继续饲养，这类蜥蜴一般适应性较好，饲养起来较为容易，并且还可以方便地与原饲养者、繁殖者沟通，但是一般品种单一，可挑选余地小，而且相关设施需要自行采买配置。

（3）野外捕捉。即在原栖息地直接捕捉，饲养成本较低，捕捉时可记录捕捉环境，为日后饲养环境构建提供参考，若为当地品种，不饲养时可放归原环境，但应注意捕捉时人身安全及避免进入自然保护区捕捉，避免捕捉珍稀品种。

**2. 蜥蜴的挑选**　获得个体健康的蜥蜴非常重要，一般挑选时要注意以下几点：挑选时间一般在上午或中午进行，此时蜥蜴一般处于采食或喂食时间，可以根据其进食情况进行分辨，若错过时间段，还可以从蜥蜴的行为、外表来判断。一般情况下，健康的蜥蜴眼神明亮，眼睛有神并且保持对环境的关注，有时用舌来探索四周或完成特定相关动作。四肢灵活有力，爬行时可将身体撑起，爬行动作灵活，能主动行动。若出现双眼紧闭，口鼻有黏液或分泌物，肛门略松并沾有黏性排泄物，爬行时四肢乏力无法支撑身体，常常睡卧等不良状况，多为健康状况欠佳，应谨慎购买。

**3. 蜥蜴的运输**　因蜥蜴个体差异较大，因此运输时需要注意。总体要以蜥蜴的自身安全为主，尽可能减少蜥蜴在运输过程中产生的疲劳、惊吓、伤害。运输过程中，应尽量减少运输时间，尽量避免剧烈晃动，并且避免强光照射。运输前尽量不投食，以防因晃动造成蜥蜴呕吐及不适。在夏季或冬季运输时要注意室内外温差变化，尽量保持温度的一致性或相似性。夏季要注意避免高温环境，冬季要注意保温。

运输空间要充足，一般一个运输容器中装入单只蜥蜴或进行容器分隔，以免挤压受伤或引起蜥蜴争斗，防止蜥蜴受到损伤。运输容器中可适量添加减震材料，如碎报纸，可避免其在运输过程中滑动或震动，也可以在运输容器中铺供蜥蜴抓握的材料，便于其抓握，并附以隐蔽物，增加其安全感。

运输容器需考虑其安全性、透气性、容量大小、坚固程度。透气性可用容器周边开口气孔数量及大小来调整，运输体型纤细的蜥蜴时应注意，以免其从气孔中逃出。运输容器大小要适宜，要给予蜥蜴一定的活动空间，以免对其造成压迫从而消耗大量体力，或造成伤害。

**4. 蜥蜴的饲养**　首先饲养者要对想要饲养的蜥蜴有所了解，包括其生活习性、生活环境，并且准备好饲养箱等设备，所有设备应预运行一段时间，一切正常无问题后，才可以引入所要饲养的蜥蜴。

引入蜥蜴后，要进行一些疾病的预防及治疗，故个别情况还需要采购相关的设备及药物。饲养过程中，要做好清洁管理工作，若蜥蜴在运输过程中受到伤害，还需要进行必要的处理。

绝大多数蜥蜴属于肉食性动物，投食应以活饵为主，中小型一般以昆虫为主，如黄粉虫等，中大型蜥蜴一般以鼠类为主，如小鼠等。

日常饲养应做到三定原则，即"定时""定量""定点"。一般每日投喂 1 次，切记过度投喂，否则会造成暴饮暴食，引起胃肠损伤。如果投喂过量且无不良症状，可停饲几日，待其恢复后再投喂。如果出现腹泻等不良症状，则要配合用药进行治疗。投食品种单一容易造成营养缺乏，可在投食前对活饵进行处理，如在其身上沾上钙粉或维生素等，给予补充。

在饲养管理上，要做到勤观察，经常注意蜥蜴的采食、排泄、运动等情况，发现饲养问题要及时纠正并处理，发现蜥蜴患病要及时治疗。

如果需要进行繁殖，建议从达到繁殖年限的蜥蜴中挑选健康个体进行繁殖。将雌雄个体一同饲养，繁殖时蜥蜴会挖坑、打洞，并将卵产于沙土中，因此要在繁殖期加厚饲养箱底部的垫材。在其产卵后将柔软的卵移到孵化箱进行人工孵化，移动时要注意动作轻柔，要注意移动顺序，上下位置不可颠倒。

人工孵化箱底部铺清洗、消毒过的沙，在人工孵化的时候将卵平放在沙上，然后在卵上覆盖沙或纱布，营造出温度在 25～30℃、相对湿度在 70%～100% 的孵化环境。若孵化温度较高则幼子多为雄性，孵化温度较低多为雌性。

**5. 蜥蜴的驯化**　由于部分蜥蜴是由野生捕捉获得，需要饲养者进行驯养。这些野生个体从原栖息地突然被捕捉到人工环境，生活状态、生活环境、食物来源均发生改变，而且还要作为宠物与人类密切生活在一起，对于蜥蜴本身是一种不良刺激。如果驯养不好，蜥蜴无法进食，就会造成饲养困难。驯养的目的就是让其尽快适应新的生活环境和生活状态，采食人类投食的食物，不惧怕人类，与人类密切接触，并且健康地生活下去。

在驯养初始阶段，蜥蜴会将人类饲养者当成"敌人"，当人类靠近的时候，蜥蜴会到处乱跑乱窜，撞击陌生的饲养箱体，甚至会防卫性地攻击人类。过度惊吓、撞击可导致受伤、拒食等现象。这时要做的就是让其慢慢适应新的环境：

第一，保持安静，将饲养箱放置在一个相对安静不受干扰的环境中，室内光线此时不应太强，饲养箱灯光可正常开启。第二，饲养箱内应放置足够的隐藏物，供其隐藏躲避，增加其安全感，不至于到处乱跑乱撞，除喂食、换水、简单清理等工作外，不要过多地接近它们。待其慢慢适应人类的存在，然后再逐渐增加接近次数，对于没有攻击性的无毒蜥蜴，可尝试用手或镊子投食，依照其接受程度，加以触摸头部及身体，最终达到抱出行走的目的。第三，食物方面，可先投喂与原捕捉地相近的食物，待其慢慢进食后，改为人工饲养的昆虫或小动物以及蔬菜、水果等，直至恢复正常采食量及食欲才算驯养完成。

**6. 饲养环境**

（1）环境布置。一般饲养分类中，对于中大型蜥蜴，饲养箱较大，以木饲养箱饲养为主，甚至个别大型种类要人工搭建饲养室，并且从管理和观赏角度出发，正面为透明材质，多为玻璃，便于观察。饲养环境要透气，有充足的空气流通，布置以简洁为主，便于清理，内部使用的材料及装饰隐蔽物、攀爬物等不需要太多的配件及装饰，因个体较大，内置的造景石或木应选择密度高、质量重、便于固定、能够承载蜥蜴个体的，防止因蜥蜴个体大而造成移动或反转。

对于中小型蜥蜴，根据其生活环境不同可将饲养箱布置成近似沙漠、雨林等环境。沙漠类一般多用木质饲养箱配合爬虫专用沙，适量枯木及造景石即可。并且配合加热灯，营造出单一的、非多样化的沙漠类环境。而雨林类的则要在饲养箱内搭配艳丽的颜色并且配合仿真植物，有时甚至需要构建水陆各半的状态，湿度也是在布置时需要考虑的，故而这种饲养环境不便于清理。个别变色龙类可以选用爬虫专用饲养网箱，内设藤条类植物，或缠绕相应的仿真植物。

（2）饲养箱选择。饲养蜥蜴的过程中建立一个饲养箱是非常重要的，饲养箱能够为蜥蜴提供一个专属的环境，一般来说，饲养箱的长度至少要达到蜥蜴体长的 2 倍、宽度为蜥蜴长度的 1 倍以上才能保证蜥蜴生活的宽松舒适。另外需要考虑的是蜥蜴的生存习性，树栖型的蜥蜴需要比较高的垂直高度才能满足它们上下活动的空间要求，而地栖型蜥蜴则只需要宽敞的平面活动面积就可以，对饲养箱的高度要求并不是那么严格。一般来说，常见的饲养箱是玻璃材质的饲养箱，这样非常方便日常的观察和打理。商品化产品在材质、通风和器材安装等方面的设计都十分考究和成熟，可以直接购买来使用，但是唯一的缺点是价格比较昂贵。也可以个人根据需求参考这些成熟产品的设计自己动手制作饲养箱，自己画好设计图然后可以请木工或玻璃店帮忙制作，价格比商品化产品可以便宜不少。

（3）垫材选择。由于蜥蜴品种繁多，垫材需求各有不同，多数通用商品型垫材均可使用，使用过程中注意美观，便于清理、防霉、防潮等。常见垫材有椰土、沙土、兰花土、水苔、木屑、树皮、纸、砖、专用爬沙等。

（4）水源。饲养箱中应设立水源，提供饮水，个别蜥蜴需用滴水式或喷雾式饮水器供水。如果个别种类蜥蜴喜水，则要放置一个较大水盆或水槽，以供其清洁身体，水盆不要太高，放入水后以浸没蜥蜴全身为宜。水源要注意清洁，及时换水，换水时要注意水温与环境温度差异。

（5）隐蔽物。蜥蜴常常敏感胆小，饲养时要为其提供隐蔽物，供其攀爬躲藏，隐蔽物常常是一些花盆、竹筒、岩石、树干等。还要设立攀爬物，如树枝、树藤等，可以供蜥蜴攀爬和更有利地晒太阳。可适当放置仿真植物以达成效果。

（6）温度。蜥蜴的饲养环境温度，白天一般维持在 27～35℃，夜晚维持在 20～25℃。通常在饲养箱的角落里悬挂加热灯作为热源。一般只要做到饲养箱一角有较高温度就可以，蜥蜴可自行选择不同温度的区域。由于白天和夜晚温度不同，为了便于操作，同时悬挂日灯和夜灯，用电路控制开关，若要防止蜥蜴被加热灯烫伤，可以加装灯罩。

中波红斑效应紫外线灯（UVB 灯）的作用是促进钙和一些微量元素的吸收，通常是和维生素 $D_3$ 钙粉一并使用的，照射时间依品种不同而不同，一般每天 4～8h，常见 UVB 灯 15W 左右，不易烫伤蜥蜴。

控温也可以使用没有任何灯光的陶瓷加热器，小型夜行蜥蜴一般使用加热垫，加热垫只要贴在盒子的外侧就可以使用，不要直接放入，以免烫伤蜥蜴。若要智能控制温度，可以加装温控器。

（7）湿度。对于某些种类蜥蜴来说，还要保持饲养箱内适宜的湿度，可用喷雾器喷水来使箱内湿度发生改变，做出适当调整。

## 三、蜥蜴的日常护理

不同种类的蜥蜴需要根据各自特点进行护理，以下介绍最普通的日常护理。

为了完成常见日常护理，要正确地拿捉蜥蜴，拿捉过程中不要用一只手从上面抓住它身体的中部，然后提起来，应该用两只手平均用力，从下面将其托起来。

　　首先要完成趾甲清理，最好能把这些爪修整齐，因为如果这些爪太长，可能会伤害到它自己，或者对其他蜥蜴造成伤害，甚至伤害到饲养者。最常见的方式是用为鸟或猫、犬用趾甲剪修剪。修理时，最好准备一些止血药，万一受伤了可以用来止血。修理时，只将其趾甲的尖端剪掉，不要把整个趾甲剪掉。

　　适当洗澡，个别蜥蜴是很爱干净的。偶尔帮助蜥蜴泡水，不但可以保持卫生，而且对它们的皮肤有好处，也有助于它们蜕皮。水的温度要适宜，一般与蜥蜴的体温相当为好。一般给其泡水 15～30min。

　　关于蜕皮，有些蜥蜴在一生中都会不断地蜕皮，幼年的蜥蜴蜕皮更加频繁一些。有些蜥蜴蜕皮是在一段时间内慢慢完成的。在它们蜕皮时，不要尝试去帮其把皮撕下来，以免造成不必要的伤害。

　　关于断尾，有些蜥蜴在饲养的过程中可能会发生断尾。在自然界的野外环境中，有些蜥蜴是通过自行断尾这种方式来逃脱猎食者的猎捕。在人工饲养的情况下，常常是由于饲养者抓它的尾巴导致断尾的，因此在抓某些蜥蜴时千万不要抓它的尾巴。如果尾巴不幸断了，那么最好注意饲养环境的卫生，以免其受到感染。

　　关于碰撞损伤，许多人工饲养的蜥蜴都会有鼻子破损的现象，尤其是那些养在玻璃缸或铁丝网笼子里的蜥蜴。这是因为它们对饲养环境不适应或受到惊吓，就会一次又一次地试图冲出牢笼，结果导致鼻子的伤痕累累。如果发现鼻子破损要适当处理，并注意保持良好的环境卫生。

　　关于便秘，一般来说，蜥蜴会每间隔固定时间段排泄一次，有的可能间隔不是很规律，但是差异不大。如果发现蜥蜴排泄时间不正常，那就有可能便秘了。常见缓解办法是将其泡在水里（温度要适中），过一段时间它就会排泄。如果这个方法还不行，可以帮它按摩一下腹部，以刺激排泄。

　　关于拒食，蜥蜴拒食的原因有很多，如温度低、环境嘈杂、神经紧张、体内寄生虫等。如果发生拒食现象就要仔细查找原因，做出相应处理。

　　关于疾病，蜥蜴疾病如果能做到"早发现，早治疗"，其治愈率就较高。对于饲养者来说，有病早治、无病预防、防先于治是饲养护理的原则。若发生一些常见疾病要及时处理。

## 🐾 分析与思考

　　1. 哪些品种的蜥蜴适合饲养？

　　2. 蜥蜴的获取途径有哪些？

　　3. 蜥蜴的挑选方法是什么？

　　4. 蜥蜴的运输方法是什么？

　　5. 蜥蜴的饲养方法是什么？

　　6. 蜥蜴的驯化方法是什么？

　　7. 蜥蜴的饲养环境布置要求是什么？

　　8. 蜥蜴的日常护理要求是什么？

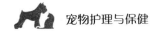 

# 任务六　宠物貂的护理与保健

1. 适合饲养的宠物貂品种
2. 貂的喂养
3. 貂的日常护理

宠物貂分为安格鲁和玛雪儿两种，都属于肉食动物、鼬科，身体细长，体型和家猫相似，公貂体长约40cm，体重0.8～2kg，母貂体长35cm，体重0.5～1.5kg。寿命在8～12年，属于一种极地动物，比较耐寒，但是没有汗腺，耐热能力较差。

近代宠物貂的驯化是在200多年前开始的，但是早在公元前3000年，埃及就已经出现了家庭饲养的貂，将其同波斯猫放在一起哺育。而后在11世纪，貂被当作有实用价值的物种带到欧洲。16世纪，貂被从欧洲运到美国，用于扼制啮齿类动物的增长，人们将它们放出笼子，去追逐躲藏起来的田鼠。

## 一、适合饲养的宠物貂品种

常宠物貂
品种

**1. 安格鲁貂**　又称安格鲁宠物貂（图4-67），属于较常见的宠物雪貂之一，但实际为鼬属，体长一般在30～50cm，以胎生繁殖。带有较大的臭味，正规厂家出售的安格鲁貂都做过除臭腺手术。安格鲁貂的寿命在8～12年，年轻的貂顽皮活泼，生性好动。安格鲁貂可以驯养，而且智商比猫和犬高，智力甚至相当于2.5岁的儿童，平时可以教它做许多高难度动作，例如在地上打滚。

图4-67　安格鲁貂

**2. 玛雪儿雪貂**　玛雪儿雪貂不仅非常聪明可爱，它们也被驯养得比其他的幼貂更加温顺听话。玛雪儿雪貂为人工饲养，从小习惯躺在人的怀里，喜欢与人接触。玛雪儿（Marshall）雪貂（图4-68）自1940年开始在美国marshall农场养殖，至今已经超过80年的历史。驯化程度良好、性格温和、血统纯正者，其寿命在健康状态下可长达20年。

图 4-68　玛雪儿雪貂

## 二、貂的喂养

**1. 幼貂的饲养管理**　由于刚分窝的幼貂消化功能不健全，所以在饲养过程中最好添加一些有助消化的药物，如酵母片、胃蛋白酶等，喂养的饲料加工要细，蛋白质含量要高，这样才能满足生长过程中骨骼和肌肉快速生长的需要。幼貂每天饲喂 2～3 次，每次饲喂时不要限制饲料量。

断奶半个月后要及时进行疫苗接种，并且为了培养人与幼貂之间的感情，要经常在喂养前后对幼貂进行抚摸、逗引训教，直到驯服。

**2. 成年貂的饲养管理**　成年貂在生长的各个时期所需的营养成分各不相同，需要根据每个时期的生理特点和生产水平，针对性地采用相应的管理措施来促进貂的生长。

配种期时貂的能量消耗较大，此时要加强供给优质全价、适口性好的、容易消化的饲料，并且要提高动物性蛋白质的供给比例，多补充些蛋黄、肝、肉、乳等优质饲料，并且要保证能够及时供给清洁的饮水。

妊娠期母貂的新陈代谢比较旺盛，对各种营养物质的需求更加严格，并且从日粮中获得的养分除为自己所需外还要有一定量的储备，便于日后哺乳，所以要做到营养全面，用优质原料配制日粮，尤其是蛋白质、维生素和矿物质的需要。

产仔哺乳期的中心任务是养好母貂，提高母貂的泌乳量，保证母仔健康，此时对饲料的要求更高，配合日粮原料要多样化，要选择营养丰富的饲料，并且加工要精细，避免突然更换饲料，否则会引起母貂和仔貂的应激反应。

## 三、貂的日常护理

经常梳理宠物貂的皮毛，定期洗澡、剪指甲、刷牙以及清理耳朵。宠物貂非常爱玩，所以必须配备玩具以避免其无聊。每年定期给宠物貂检查肠内寄生虫以及牙齿。定期给宠物貂注射犬瘟热以及狂犬病疫苗。定期做心丝虫预防药的投药。笼子内应垫木屑、旧报纸或碎布等垫料。准备类似猫砂盆的器具供宠物貂排泄。保持室温适宜，相对湿度不要超过 55%。经常供给宠物貂新鲜饮水。

## 分析与思考

1. 哪些品种的貂适合饲养？
2. 貂的饲养用具有哪些？
3. 健康貂的标准有哪些？
4. 貂的饲喂方法有哪些？
5. 貂的日常护理方法有哪些？

# 参 考 文 献

王锦锋，曾柏邨，2013. 宠物饲养 [M]. 北京：中国农业出版社.

高林军，2001. 养猫必读 [M]. 北京：中国农业出版社.

孙伟平，王传峰，2007. 宠物寄生虫病 [M]. 北京：中国农业出版社.

王丽华，2009. 宠物保健与美容技术 [M]. 北京：高等教育出版社.

王丽华，2013. 宠物美容 [M]. 北京：中国农业出版社.

**图书在版编目（CIP）数据**

宠物护理与保健/王丽华，卓国荣主编 . —北京：
中国农业出版社，2020.5（2023.12 重印）
高等职业教育农业农村部"十三五"规划教材
ISBN 978-7-109-26858-6

Ⅰ. ①宠… Ⅱ. ①王… ②卓… Ⅲ. ①宠物－饲养管
理－高等职业教育－教材 Ⅳ. ①S865.3

中国版本图书馆 CIP 数据核字（2020）第 083113 号

---

中国农业出版社出版
地址：北京市朝阳区麦子店街 18 号楼
邮编：100125
责任编辑：李 萍 文字编辑：张庆琼
版式设计：王 晨 责任校对：刘丽香
印刷：中农印务有限公司
版次：2020 年 5 月第 1 版
印次：2023 年 12 月北京第 2 次印刷
发行：新华书店北京发行所
开本：787mm×1092mm 1/16
印张：14.25
字数：340 千字
定价：38.50 元

---